全国高等农林院校"十三五"规划教材
都市型现代农业特色规划系列教材
Program Course Book Series Featuring in
Modern Urbanized Agriculture

乡村景观规划设计

付 军 主编

中国农业出版社

都市型现代农业特色规划系列教材
编 审 委 员 会

主 任 委 员 王慧敏（北京农学院院长）
　　　　　　　邢克智（天津农学院院长）
　　　　　　　崔英德（仲恺农业工程学院院长）
副主任委员 范双喜（北京农学院副院长）
　　　　　　　孙守钧（天津农学院副院长）
　　　　　　　向梅梅（仲恺农业工程学院副院长）
编委会委员 张喜春　李奕松　乌丽雅斯
　　　　　　　马文芝　王立春　卢绍娟
　　　　　　　朱立学　石玉强　洪维嘉

都市型现代农业特色规划系列教材
学 术 委 员 会

主　任 范双喜
副主任 孙守钧　向梅梅
委　员（按姓名笔画排序）
　　　　马文芝　马吉飞　马晓燕　王厚俊　朱立学
　　　　乔秀亭　刘开启　刘金福　李　华　李奕松
　　　　杨逢建　吴宝华　吴锡冬　宋光泉　张喜春
　　　　陈　俐　周厚高　郭　勇　阎国荣　梁　红
　　　　潘金豹

主　编 付　军
副主编 王树栋　赵　妍　葛书红　冯　丽
编　委（按姓名笔画排序）
　　　　　　王树栋（北京农学院）
　　　　　　付　军（北京农学院）
　　　　　　冯　丽（北京农学院）
　　　　　　刘　媛（北京农学院）
　　　　　　闫晓云（内蒙古农业大学）
　　　　　　安永刚（北京农学院）
　　　　　　孙薇薇（北京农学院）
　　　　　　李玉仓（北京农学院）
　　　　　　李素英（北京林业大学）
　　　　　　吴祥艳（中央美术学院）
　　　　　　赵　妍（北京市大兴区林业工作站）
　　　　　　聂庆娟（河北农业大学）
　　　　　　葛书红（北京北林地景园林规划设计院）

[总 序]

都市型现代农业作为一种新型的农业发展模式,自20世纪90年代进入迅速发展阶段,目前已显示出明显的经济、社会和生态效益。尽管国家间、地区间发展很不平衡,但随着人们生活水平的提高、城市人口的扩张以及资源与能源供求的集聚,都市型现代农业必将成为大城市及城郊经济社会发展的重要组成部分,其重要意义和独特优势已不同程度地显现出来。都市型现代农业要在满足不断增长的城市需求的过程中获得高效益,又要做到资源节约和环境友好,其发展必须依靠产业的融合和多学科的交叉以及现代高新技术的应用。实现都市型现代农业的高水平发展,科技是动力,人才是保证,这为都市型农业院校提出了一个既具体又有一定创新性的任务,即责无旁贷地要为都市型现代农业发展提供科技和人才支撑。长期以来,由于常规农业的发展需要和相应人才培养方案的惯性延续,使人才培养和都市型现代农业发展需求之间存在一定差异。参照国内外都市农业发展对人才种类需求的调查结果,都市型现代农业对以下三大类型人才有共同的需求。

第一种:经济功能类人才。这类人才是推动都市农业发展的关键因素,是实现各类新兴农业和涉农产业经济效益的核心。这类人才包括:懂科技、能经营、会管理的涉农企业家与经营管理人才;厚基础、复合型、多学科的科技创新人才;懂技术、高技能的技能型人才;懂科技、有经验的科技成果转化和推广人才。

第二种:生态功能类人才。建设都市农业对内强化生态功能,因此对生态环境功能有更高要求,对这类人才将有更大需求。这类人才包括:环境公益类人才、生态类人才、环境改造及创意类人才、区域规划和布局类人才、安全食品产业链监控人才等。

第三种：服务功能类人才。适应都市农业服务功能的需要，以服务带动农业产业发展。这类人才包括：旅游管理人才、物流人才（包括涉农外贸）、会展人才、农业信息技术人才等。这就要求都市型高等农业教育要更加注重都市型现代农业发展需求，适时调整教育目标和教学内容。其中，深化高校教学改革是都市型高等农业院校发展的主旨与核心，而做好高质量教材建设与创新是教学改革的重点。如何构建适应都市型现代农业发展与高校人才培养的特色教材体系是众多都市型高等农业院校面临的现实任务，也是长期任务。

基于北京农学院、天津农学院、仲恺农业工程学院等地方高等农业院校的区位特点和办学特色，为了强化对地区经济的服务功能，逐步完善支撑都市型现代农业发展的课程体系及课程内容，2008年天津农学院主持召开了"都市型现代农业规划系列教材"编写会议，确定了编写教材的指导思想、特色要求等内容，成立了以三校校长、分管教学的副校长、教务处长及有关专家组成的编审委员会。2009年9月以北京农学院院发〔2009〕46号、天津农学院农院政〔2009〕34号、仲恺农业工程学院仲字〔2009〕7号联合发布了"关于都市型现代农业特色教材建设指导性意见"，进一步明确了都市型现代农业特色规划系列教材的定位、遴选原则、组织领导、出版使用等方面的要求。在系列教材编写过程中，三校多次组织、邀请各参编高校开展特色教材编写研讨会，并聘请各高校同行专家对教材初稿进行全面审阅，共同商榷，认真修改，集思广益，确保教材的高质量出炉。同时也陆续得到了更多兄弟院校的支持，并纷纷加盟。

都市型现代农业特色规划系列教材的编写注重都市农业特点，注重人才培养目标领域的拓宽，注重由"教材"向"学材"转变，注重教材内容实用性的优化，重点强调以下几方面的特色：注重学科发展的大背景，拓宽理论基础和专业知识，着眼于理论联系实际与可应用性，突出创新意识；体现都市型现代农业发展的特征；借鉴国内外最新的资料，融合当前学科的最新理论和实践经验，用最新的知识充实教材内容；在结构和内容的编排上更注重能力培养，强化自我学习能力、思维能力、解决问题能力；强化可读性，教材中尽量增加图表内容，将深奥的理论通俗化，图文并茂。

感谢参加本系列教材编写和审稿的各位教师所付出的大量卓有成效的辛勤劳动。由于编写时间紧、相互协调难度大等原因，本系列教材还存在一些不足。我们相信，该批特色规划系列教材的编写作为都市型高等农业院校教学改革的重要环节，将会为培养 21 世纪现代农业高等人才提供重要保障，对都市型现代农业多功能的充分发挥和更好地服务于大都市和农村将具有重要的推动作用。在各位老师和同行专家的努力下，本系列教材一定会不断地完善，在我国都市型高等农业院校专业教学改革和课程体系建设中定能发挥出应有的作用。

2013 年 7 月

[前言]

我国城乡一体化建设以及城镇化水平不断提高，广大的乡村地区正在经受着前所未有的变革，这种变革包括经济、文化、社会、自然环境等方方面面。乡村景观是乡村地区范围内，经济、人文、社会、自然等多种现象的综合表现，开展乡村景观规划建设，能够改善农村生态环境，增强农业综合生产发展能力，美化村容村貌，促进人与自然和谐，构筑和谐村镇，为开展生态、民俗、观光旅游和扩大农民通过生态建设就业奠定基础，对全面推进城乡绿化美化一体化、构建社会主义和谐社会、统筹城乡和谐发展具有重要意义。

乡村地区保留着完整的生态系统以及延续百年甚至千年的历史文化，具有朴素的自然美和人文美且地域特色明显，保护生态环境、留住历史记忆、延续乡村文化、提供优美人居环境……都将成为乡村景观规划建设的重要课题。

需要指出的是，乡村景观规划涉及生产、生活、生态层面，规划过程中要考虑自然环境、经济条件、社会发展三大系统及其子系统与诸要素，要解决土地利用、居民点调控等诸多问题，科学的乡村景观规划建设需要风景园林、城乡规划、建筑、经济、人文、旅游、生态等多个学科领域共同协作完成。我国的乡村景观规划建设还需要通过制定科学合理的政策、法规和规范，使规划有法可依、有章可循。本书绿化篇的部分章节，因与城市相关区域绿地规划有共性，因此参照了城市绿地规划的相关内容和规范。

本教材包括两大部分，第一部分为乡村景观的基本内容，第二部分为乡村绿化。本教材得到了"北京农学院第二批京津粤都市型现代农业特色教材"和"2013年北京市教委专项教育教学——人才培养模式创新试验——卓越农林人才培养计划（项目编号：PXM2013—014207—000025）"的项目资助。除了书中署名的编写人员外，李宇、李方园、张艺丽、解辉、郭雅琪、乔博、靳远协助了部分章节的编写和图片整理工作。

目前我国的乡村景观建设还处于不断的探索阶段,关于乡村景观规划建设的相关规范也非常有限,因此本书的有些内容还需要进一步完善,不足之处也在所难免,敬请广大读者批评指正,使得本书渐趋科学和完善。

编　者

2016 年 12 月

[目 录]

总序
前言

第一篇 景观篇

第一章 乡村景观概述 ······ 3
- 一、乡村景观的概念 ······ 3
- 二、乡村景观的功能 ······ 4
- 三、乡村景观的分类 ······ 4
- 四、乡村景观的主要特征 ······ 9
- 五、乡村景观的构成要素 ······ 10
- 六、乡村景观在国内外的发展 ······ 12

第二章 乡村景观规划概述 ······ 16
- 一、乡村景观规划的意义 ······ 16
- 二、乡村景观规划的特点 ······ 16
- 三、乡村景观规划的一般过程 ······ 17
- 四、乡村景观规划的内容 ······ 18
- 五、乡村景观规划的依据 ······ 21
- 六、乡村景观规划的指导思想与原则 ······ 21
- 七、乡村景观建设对策 ······ 23

第三章 乡村农业生产景观规划 ······ 25
- 一、农田景观规划设计 ······ 25
- 二、观光果园景观规划设计 ······ 32

第四章 乡村建筑规划布局 ······ 41
- 一、乡村居住建筑 ······ 41
- 二、乡村公共建筑 ······ 52

三、乡村生产建筑 ·· 55

第五章　乡村公共空间设计 ·· 61
　　一、乡村公共空间的概念及空间构成 ·· 61
　　二、乡村公共空间设计 ·· 64

第六章　乡村公共艺术品规划 ·· 83
　　一、乡村公共艺术品的概念及特征 ·· 83
　　二、乡村公共艺术品的范畴 ·· 86
　　三、乡村公共艺术品规划 ·· 88

第七章　乡村景观规划与中国传统环境理论 ·· 92
　　一、风水的概念 ·· 92
　　二、风水与乡村景观要素 ·· 92
　　三、风水补救措施 ·· 101
　　四、案例一——古村张谷英景观分析 ·· 102
　　五、案例二——岭南村落风水林 ·· 104

第二篇　绿　化　篇

第八章　乡村绿地规划概述 ·· 109
　　一、乡村绿地的概念 ·· 109
　　二、乡村绿化的功能作用 ·· 109
　　三、我国乡村绿化存在的问题与不足 ·· 110
　　四、乡村绿地规划原则与程序 ·· 111
　　五、乡村绿地系统规划内容 ·· 112
　　六、乡村绿地的分类与绿地定额指标 ·· 114
　　七、乡村绿化植物（树种）规划 ·· 117
　　八、乡村绿地规划的基础资料 ·· 120
　　九、村庄绿化的具体模式 ·· 123
　　十、乡村绿化的管理问题及对策 ·· 124
　　十一、案例——村庄绿化规划与镇社区绿化规划 ·· 125

第九章　村镇公园绿地规划设计 ·· 129
　　一、村镇公园绿地的特色与功能 ·· 129
　　二、村镇公园绿地规划设计 ·· 130
　　三、乡村河道及水岸绿地景观规划 ·· 136

第十章 村镇道路绿化 …… 143
一、村镇道路基本类型 …… 143
二、村镇道路绿化设计 …… 145
三、村内道路绿化设计 …… 152
四、村镇道路绿化树种选择原则 …… 152

第十一章 村镇附属绿地规划 …… 154
一、村镇附属绿地规划的意义与作用 …… 154
二、村镇企事业单位绿地的类型与特点 …… 156
三、村镇企事业单位绿化的基本原则 …… 157
四、村镇企事业单位绿地规划设计依据与指标 …… 158
五、村镇企事业单位绿地规划设计要点 …… 159

第十二章 新型农村社区绿地规划设计 …… 172
一、新型农村社区的分类及特点 …… 172
二、新型农村社区绿地规划概述 …… 176
三、新型农村社区绿地规划设计 …… 179

第十三章 乡村庭院绿化 …… 192
一、我国农村庭院的结构 …… 192
二、农村庭院绿化美化与庭院经济 …… 193
三、农村庭院绿化设计应注意的几个问题 …… 193
四、农村庭院绿化模式 …… 194

第十四章 村庄外围绿地规划 …… 205
一、村庄外围绿化的意义与功能 …… 205
二、村庄外围绿化的构成 …… 206
三、村庄外围绿化的原则 …… 206
四、村庄外围绿化的主要内容与要求 …… 207

主要参考文献 …… 216

第一篇

景观篇

第一篇

景观篇

>>> 第一章 乡村景观概述

一、乡村景观的概念

乡村景观是相对于城市景观而言的，两者的区别在于地域划分和景观主体的不同。从城市规划专业的角度，乡村是相对于城市化地区而言的，是指城市（包括直辖市、建制市和建制镇）建成区以外的人类聚居地区（不包括没有人类活动或人类活动较少的荒野和无人区），是一个空间的地域范围。这一地域范围是动态变化的，并随着城市化水平的不断提高，呈缩小的趋势。乡村不是一个稳定的实体，而是人类和自然环境连续不断相互作用的产物，乡村景观正是这一产物最直接的体现。因此，乡村景观所涉及的对象是在乡村地域范围内与人类聚居活动有关的景观空间，包含了乡村的生活、生产和生态三个层面，即乡村聚落景观、生产性景观和自然生态景观，并且与乡村的社会、经济、文化、习俗、精神、审美密不可分。

我国对于乡村景观的研究起始于20世纪70~80年代，相对于国外较成熟的景观研究来说起步较晚，是一个比较新的研究领域。对于景观含义的理解，众学者均有自己独特的见解，目前没有一个统一的定义。依据各学科对景观含义的描述，乡村景观是指乡村地域范围内不同土地单元镶嵌而成的嵌块体，包括农田、果园及人工林地、农场、牧场、水域和村庄等生态系统，以农业特征为主，是人类在自然景观的基础上建立起来的以自然生态结构与人为特征的综合体。它既受自然环境条件的制约，又受人类经营活动和经营策略的影响。从地域范围来看，乡村景观泛指城市景观以外的具有人类聚居及其相关行为的景观空间；从构成上来看，乡村景观是由乡村聚落景观、经济景观、文化景观和自然环境景观构成的景观环境综合体；从特征上来看，乡村景观是人文景观与自然景观的复合体，具有深远性和宽广性。乡村景观包括以农业为主的生产景观和粗放的土地利用景观以及特有的田园文化特征和田园生活方式。目前，中国正处于传统乡村景观向现代乡村景观转变的过渡阶段。

可以这样来理解乡村景观：①乡村景观是人类文化与自然环境高度融合的景观综合体；②与城市景观相比，乡村景观中人类的干扰强度较低，自然属性较强，自然环境一般在景观构成中占据主体，土地利用粗放、人口密度小、景观具有深远性和宽广性，并以面积较大的农业景观和田园化的生活方式为最大特征；③从地域范围来看，乡村景观是泛指城市以外的景观空间，包括了从都市乡村、城市郊区景观到野生地域的景观范围；④从景观构成上来看，主要由自然景观、聚落景观、产业景观、民俗景观、语言文化景观等构成乡村景观环境整体；⑤乡村景观不仅有生产、经济和生态价值，也具有娱乐、休闲和文化等多重价值。

二、乡村景观的功能

1. 生产生活功能　乡村作为我国当前人口的主要聚居地，其主要功能应该是为人类自身提供生产和生活所需的产品。乡村景观的生产生活功能主要体现在农业景观和村落景观，它们是人类生物产品的源地和农民日常生活的区域。农业景观和村落景观完全不同于风格迥异的城市景观，也是乡村景观的魅力所在。

2. 生态服务功能　乡村是一个有序、复杂、开放的大生态系统，它通过自然系统的生境、物种、生态学过程等起作用，为生物自身和人类提供物质、能量及良好的生存空间。生态服务的内容不仅包括生命的支持功能（如净化、循环、再生等），从人类的角度来说还包括产品功能（如休闲、娱乐、旅游等）。以北京市顺义区为例，通过定性和定量方法对其管辖范围内的9个乡镇（北小营镇、李桥镇、张镇、木林镇、北务镇、南彩镇、龙湾屯镇、高丽营镇、赵全营镇）的景观功能进行评价，其评价结果显示：其乡村景观的生态功能综合表现在能减轻"三废"污染的危害，降低噪声，维持生态平衡，建立人与自然、都市与乡村景观和谐的生态环境，为人们提供幽静、清新的居住环境等。

3. 文化维系功能　乡村社会具有明显的社区特征，即各组成成员间具有比较一致的生活方式和较为认同的意识行为，且彼此熟悉，往往还具有较为接近的血缘关系，无论在价值观念、道德观念，还是交往方式、生活方式上，都保持了自己独特的景观文化特征。

4. 美学功能　乡村景观是自然景观和人文景观的复合体，本身就蕴涵着丰富的美学价值。自然景观能带给人诸如形象美、色彩美、线条美、听觉美等许多美的感受；人文景观是一个地方在任何特定时间内形成的具有地方特征的自然和人文因素的复合体。

三、乡村景观的分类

对乡村景观进行分类，有利于对乡村景观资源进行分类保护和合理利用。

乡村景观是人-自然-社会等因素复合而成的景观体系，包括生态、生产、生活三个层面。乡村生态景观是乡村景观形成的物质基础，是乡村居民对自然环境改造而形成的"第二自然"。乡村生产景观是乡村景观发展的动力。乡村文化景观是人们在乡村生活中逐渐提炼出来的。乡村生态景观、乡村生产景观和乡村文化景观构成了乡村景观系统（图1-1）。

（一）乡村生态景观

乡村居民生活在一个较为完整的生态系统中，这种生态系统或者生产基质是他们的生产基地和生活来源，构成了乡村的生态景观。乡村生态景观由景观基质、景观廊道和景观斑块构成。

人们在山地森林、丘陵混农林、草原、农田、湿地等自然基质下，进行耕作、采伐、捕猎、加工等生产活动，将乡村的自然环境加以改造，形成了一系列不同的景观，如山区的梯田、平原的防护林网、平原混农林业、湿地区域的桑基鱼塘、沿海的虾塘盐田等，都是乡村生态景观的典型。

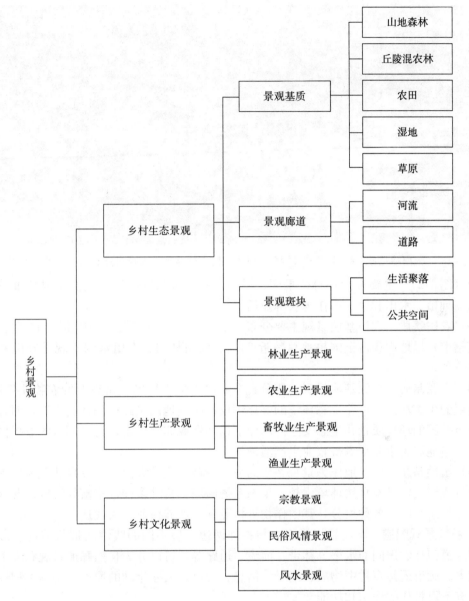

图 1-1 乡村景观分类结构图
(吴玉洁等，2010)

1. 乡村景观基质 乡村景观基质是指乡村中范围广、连接度高并且在景观功能上起着优势作用的景观要素，景观基质对乡村景观的外貌具有决定性的作用，它往往主导着景观的基本性质。根据我国乡村的具体情况，可以将乡村景观基质分为以下 5 种不同的类型：

(1) 山地森林基质 山地森林基质景观在我国分布非常广泛，森林基质中包含有丰富的动植物资源，乡村居民主要依靠森林资源进行捕猎、林业采伐、经济林种植、森林生态旅游等生产活动。

(2) 丘陵混农林基质 丘陵混农林基质景观主要位于我国地势的第二、三级阶梯，由于地形影响，形成了坡上是林地，坡角处建农村住宅，而坡面上是农田的山-林-宅-田的特色丘

图1-2 云南哈尼族的森林-溪流-村寨-梯田的结构充分体现了人与自然和谐共存的生态思想

陵景观（图1-2）。主要包括森林、果园、旱地、水田等景观要素，人们主要从事捕猎、林业、果树种植、水田和旱地耕作等农林业活动。

(3) 农田基质 农田基质景观主要分布于秦岭-淮河一线以北，中国北方16个省（自治区、直辖市）旱地面积占全国旱地总数近74％。农田林网、农田水网景观是农田基质景观的主要特色。

(4) 草原基质 草原基质景观主要分布在我国内蒙古地区，是重要的农牧业生产资源，具有重要的生态功能。草原生态环境的好坏不仅影响当地国民经济和社会发展，而且影响内蒙古乃至全国的环境质量和生态安全。草原上植物资源非常丰富，为草原畜牧业提供了丰富的牧草，当地居民主要从事畜牧业生产活动。

(5) 湿地基质 以湿地作为景观基质的乡村景观是人类大范围开发自然湿地后兴起的一种乡村景观形式，具有自然环境优越、生态系统脆弱、物种多样性丰富等特点。湿地农业包含了农业生态系统的各种组分，其中作物种植业和水产养殖业尤为发达。

2. 乡村景观廊道 廊道是指景观中与相邻两边环境不同的线性或带状结构。常见的乡村景观廊道包括农田间的水渠、林带、河流、道路等，可以分为自然廊道景观和人工廊道景观两大类。廊道既是乡村中物质、能量、信息、资金、人才流动的通道，也是生物迁移的通道，具有不可替代的作用和功能。

(1) 自然廊道 自然廊道是指由天然的生态廊道形成的景观。在乡村中，河流是最为常见的一种自然廊道景观，主要包括自然界中的江、河、川、溪、涧、沟、渠等。河流是乡村景观的重要组成部分，也是乡村农业生产的命脉。

(2) 人工廊道 人工廊道主要是指人工修建的铁路、公路及其他通道，具有物资运输、人员流动、气流交换、生物流动等功能，道路连接不同景观要素形成序列，其本身又是人们欣赏景观的视线走廊。

3. 乡村景观斑块 斑块是乡村景观要素中十分重要的内容，泛指与周围环境在外貌或性质上不同，并具有一定内部均质性的空间单元。乡村斑块景观主要指生活聚落景观和公共空间景观。

(1) 生活聚落 生活聚落景观是乡村景观的重要组成部分，聚落景观是居民日常生活的主要活动区域，承载着大量的人文内容，直接反映乡村的发展水平、居民的精神风貌和人文景观成分，直接影响着乡村景观的整体效果。农村聚落景观相对于城市聚落景观，更具有地方性、民族性、传统性、可识别性等特点。

(2) **公共空间** 公共空间是指乡村聚落内部的空闲地，是乡村居民休憩、交往以及从事部分生产活动的场所，如村庄中的篮球场，农忙时晒谷，农闲时打篮球，殡葬仪式中用作道场。公共空间景观具有生产、交流、休闲等功能，其景观随着乡村中的农事活动发生着变化。

(二) 乡村生产景观

乡村生产景观指以农业为主的包括农、林、牧、副、渔等生产性活动的景观类型，是农村景观区别于城市景观和其他景观类型的关键。生产景观具有很强的生产功能，同时也兼具社会功能和生态功能。生产景观不但反映出不同时代农业运作的特点，同时因为所处地域的不同、景观基质的差异而出现了丰富多彩的乡村生产景观，包括乡村森林生产景观、农业耕种生产景观、捕猎养殖生产景观，以及手工业加工生产景观和现代乡村工业生产景观等。乡村农业生产景观是指人们以土地为对象，通过播种、耕种等一系列的活动形成的景观，包括以播种、插秧、犁地、收割等为特色的传统农业生产景观和以机械化生产为特色的现代农业生产景观。乡村林业生产景观是指人们在森林基质中进行生产活动并对森林进行改造时形成的景观。乡村渔业生产景观是指在海洋、滩涂、内陆水域和宜渔低洼荒地等地点，进行养殖、捕捞水生生物等生产活动时形成的景观，以及渔民撒网、收获，将鱼放置在沙滩上晾晒，都是乡村渔业生产景观的具体表现。乡村畜牧业生产景观是指人们在草原地区，通过放牧、圈养或者二者结合的方式，饲养畜禽并取得动物产品或役畜，在生产劳动过程中形成的景观。早期的畜牧业中"赶场"和现代牧业中的牲畜圈养和人工草地培育等，都属于乡村畜牧业生产景观的范畴。乡村工业生产景观是一种新兴的乡村景观形态，包括乡村工业园区景观和矿山采矿景观等。

(三) 乡村文化景观

乡村文化景观是在特定的农村地域之上，为了满足某种需要，对自然环境加以改造，或由人文因素作用而形成的具有自身特色的景观，具有地域性、时代性、滞后性和传承性的特征。

由于乡村居民对大自然以及他们生活环境空间的认知，产生了居住、服饰、饮食、宗教、习俗等文化景观，包括对自然及祖先崇拜而形成的乡村宗教景观、由民族文化差异形成的乡村民俗风情景观和独特的乡村风水景观。乡村文化景观记录和传承了人类活动的历史和文化，具有重要的历史、文化价值，保存了大量的物质形态历史景观和非物质形态传统习俗。

1. 乡村宗教景观 宗教是人类社会发展到一定阶段的历史现象，千百年来，宗教几乎无所不在，深刻地影响着人类社会的各个方面。一种是制度性的宗教，即有自己的科学体系、仪式、组织且独立于其他世俗社会组织之外的宗教；一种是扩散型的宗教，也就是民间信仰，主要特征为缺乏独立性。民间宗教主要包括对祖先和自然的信仰崇拜，祖先崇拜的场所有宗祠、祖先墓和家里的先祖位；自然和其他神祇崇拜主要有寺庙、道观、村神、路神、土地、山神等朝拜场所，如土地庙等。

2. 乡村民俗风情景观 乡村民俗风情景观是指由乡村居民在生活中所创造、使用和传承的文化体现的景观，包括乡村语言、服饰、节庆活动、民俗娱乐、民间手工艺等，体现为一种活动的文化形态。

3. 乡村风水景观 每个村落都有属于本村的护村神物,包括村落背的龙山、风水林,村中供奉先民英魂和土地神灵的祠堂,村头水口镇驱邪魔的风水塔、风水碑等。乡村风水景观被乡村居民认为是神灵栖息之所,他们承载了全村人的精神寄托,也是乡村宗教景观的重要组成。

以重庆市合川区大湾村为例,根据乡村景观人-自然-社会分类体系,将大湾村乡村景观分为12种类型。具体的景观分类系统及类型特征见表1-1。

表1-1 乡村景观分类表

(吴玉洁等,2010)

景观类型		类型特征
乡村生态景观	基质——山地森林	位于研究区南部,植被以人工针叶林为主,零星分布常绿阔叶林,下层植被以常绿灌木为主、蕨类植物为辅,是进行乡村林业生产的基础和保障
	基质——丘陵混农林	分布在研究区北部,以低海拔山地为主,由连绵不断的低矮山丘组成。自然植被以竹林为主。丘陵的缓坡、山谷地、山间盆地和河流滩涂多被开发用于农业耕作,其余部分多用于果树种植与畜禽养殖生产活动。果树种植业以柑橘为主,研究区也是当地柑橘品种大红袍的生产区之一
	自然廊道——河流	主要分布在研究区北部,是研究区的行政边界。河流廊道是研究区中物质、能量流动的重要通道,同时,也是动物迁徙的通路。此外,具备抵御外界不利影响的能力,能缓冲和消融外界对研究区的干扰和影响
	人工廊道——道路	均匀分布在研究区中,是研究区与外界交流的主要途径,同时也是乡村物质、能量、信息交换的通道。由于研究区属于山地丘陵地形,研究区道路廊道呈树状分支形态,分布与地形相结合,在浅丘区域沿缓坡分布,在山地区域沿等高线分布
	斑块——生活聚落	生活聚落的分布一般位于农田、果园等农业生产场所附近,在丘陵缓坡区域,聚落斑块多位于农田的上方;在山地森林区域,聚落在山坡上随机分布,与农田、果园的相对位置关联不大。生活聚落包括单户聚落、多户聚落(2~3户)和组团聚落(5~7户)等组成形式。居民采用本地石材作为墙面材料,全楔式木结构,色彩素雅清亮,具备良好的抗震防水性能
	斑块——公共空间	在多户聚落斑块和组团聚落斑块中常见,由每户民居的建筑前坪叠加组合形成。公共空间的形态不统一,但用途大致相同,在农忙时,用来晒谷等辅助性农业生产活动;在农闲时,是乡村居民间交流沟通、休憩场所,与城市居民区中的组团绿地作用类似
乡村生产景观	农业景观	由于受到地形地貌条件的限制,研究区以传统的农业生产景观为主,形成了以梯田为主的景观,主要包括水田、旱地、望天田等形式。梯田的建造完全顺应等高线,防止了水土流失。在田埂以及梯田与景观基质的过渡区域种植果树,形成了农田-果园农业生产体系
	林业景观	主要分布在研究区南部山地森林基质区域内,以经济林生产为主形成的景观,主要包括板栗、茶树等
	畜牧业景观	研究区的畜牧业生产景观主要分布在聚落斑块附近,依托农业生产景观的环境资源开展生产活动。以小规模放养为主要形式,尚未形成大规模经营
乡村文化景观	宗教景观	主要形式为土地庙、山神庙等,体现了对自然的信仰崇拜
	民俗风情景观	土家族群众的主要聚民地,民俗风情景观具有典型的土家族民族特征。主要表现形式有摆手舞,以及衍生出来的一系列祭祀、祈祷、歌舞、社交、体育竞赛、物资交流等综合性的民俗活动。摆手舞主要展示土家先民的生活场景,具有浓厚的祖先崇拜痕迹
	风水景观	主要包括村头水口的风水塔、聚落斑块宅基地、坟墓附近的风水林景观

四、乡村景观的主要特征

1. 景观类型多样　不同于以人工景观为主的城市景观，乡村景观融合了自然景观、半自然景观和人工景观，既有商业金融、居民点、工业及矿产和道路等人工景观，又有森林、河流、农田、果园和草地等自然风光，具有丰富的景观类型。在景观中，它表现为斑块数量、大小和形状复杂程度，景观组分的丰富度，决定了物种和生境类型的多样性。景观多样性反映了乡村的自然属性，反过来，人类活动改变土地利用和景观格局也影响景观多样性。

2. 地域差异明显　我国是一个多民族、多文化、地域辽阔的国家，不同地区自然条件差异较大，气候类型和地貌类型多样。各民族人民为适应当地自然状况和自身生存发展的需要，经过几百年甚至上千年的文化积淀，形成了自己独特的地方风貌和建筑风格，使得各地乡村景观具有浓郁的地方风情和风土特色，表现在景观多样性上和地域差异上也很突出，南北差距较大。如南方气候湿润，降水量大，所以以种植水稻为主；而在北方则气候干燥，降水量集中，以旱地、水浇地为主，主要发展旱作农业。

3. 景观功能多样　理想的乡村景观，在功能上应该体现出乡村景观资源提供农产品的第一性的生产功能，其次是保护及维护生态环境和文化支持的功能，以及作为一种特殊的旅游观光资源的四个层次功能。以前仅强调乡村景观的生产功能，而忽略了其他功能，导致乡村景观资源的不合理开发和利用。未来乡村景观的发展应该强调乡村景观功能的社会、经济、生态和美学价值四方面的协调统一，在满足生产需求的基础上，充分考虑乡村景观的环境服务功能和旅游观光功能，应针对各地乡村景观的具体情况，确定乡村景观的主导功能，兼顾其他功能。

4. 景观相对稳定　在地球表面出现的人工景观、半自然景观、自然景观变化序列中，以人工建筑景观有序度最高，半自然景观次之，自然景观最低，这主要是因为人类输入的负熵在人工景观中的作用产生的。人类在人工景观中投入最多，而在自然景观中投入最少，甚至没有任何投入。如果人类有目的的投入一旦停止，人工景观的熵值必然会自发升高，面临荒芜的危险。

乡村景观与城市景观相比具有较高自然属性，从人类获得的负熵相对较低，也具有比城市景观更高的稳定性。但是乡村城市化的发展必然导致乡村有序度增高，所以必须有效处理乡村发展与保护自然、资源开发与保护之间的关系，达到人与自然的和谐发展。

5. 景观生态问题严重　近些年，我国大部分地区正处于传统农业向现代农业的转变过程中，农药、化肥、除草剂及现代农业工程设施的使用，导致土地生产率提高，土地利用向多样化发展，水土流失严重，土地利用布局趋于零散和无序，土壤板结及盐碱化也十分严重。由于非农业产业的发展，许多农村的农田和菜地被侵占，致使农村的田园景观在不断受到冲击，各地浓郁的地方特色消失，自然、半自然景观破坏严重，生态平衡遭到破坏，农村景观和城镇景观结构不合理，功能不完善，传统文化景观与现代文化景观不协调等景观生态问题日益突出。

五、乡村景观的构成要素

从形态和性质出发，构成乡村景观的要素可以分成自然环境景观要素、人文实体景观要素、人文精神景观要素三大类。

（一）自然环境景观要素

自然环境景观要素包括地质、地形地貌、土壤、气候、水体、生物等，是乡村景观中最为核心的景观要素（表1-2）。

表1-2 乡村景观的自然环境要素
（汪梅、王利炯，2006）

景观要素类型	景观要素描述
地质	包括地质构造和岩石矿物两方面特征，造成区域宏观景观
地形地貌	包括大的地形单元（山地、高原、平原等）和小的地貌（坡向、坡度等）
气候	包括太阳辐射、温度、降水、风等
土壤	包括土壤类型、分布、性状等
水体	如湖泊、河流、水塘、沼泽、水库等
植被	景观类型的直接反映，如森林、草地、农作物等
动物	动物群落及其分布的状况和特征

1. **地质** 地质要素包括地质构造和岩石矿物特性两个方面。一般而言，地质构造主要造就了区域景观的宏观面貌，如山地、高原、洼地等；岩石矿物是形成景观的物质基础，特别是形成土壤的物质基础，不同的岩石矿物给予景观不同的特性。

2. **地形地貌** 地形地貌是景观类型形成和分异的主要因素之一，主要包括大的地形单元（如山地、高原、平原、丘陵、盆地等）和小的地貌分异因素（如坡度、坡向等）。

3. **土壤** 土壤包括土壤类型、分布、结构、性状、土壤侵蚀和土壤养分状况等。

4. **气候** 气候是景观分异的重要因素，主要包括太阳辐射、温度、降水、风等，可分为热带、温带和寒带等，其主要体现在水热状况的差异以及季风的影响。不同气候带的水热条件存在较大差异，其直接或间接影响到乡村景观的其他要素，对乡村景观的影响是长期的，在不同气候条件下一般会形成显著不同的区域景观类型。

5. **水体** 水体包括河流、湖泊、冰川和沼泽等天然水体以及灌溉水渠、水库和坑塘等人工水体。

6. **生物**

（1）**植被** 植被是景观组成的一个重要因素，是对景观类型的直接反映，应该作为景观类型划分的重要标志，包括原始森林、人工林地、农田作物、防护林带和绿地等。

（2）**动物** 动物主要指一些天然的动物群落及其分布的状况和特征，由于其比较特殊，在景观分类中一般不考虑。

（二）人文实体景观要素

乡村景观的人文实体景观要素主要是指人类在改造自然过程中，为满足自身的需要，对自然景观要素的改造所产生的半自然半人工景观或在自然景观基础上建造的人工景观。人文实体景观要素的类型和结构直接反映了人类对自然景观的改造程度和方式，人文实体景观要素主要包括乡村聚落、乡村建筑、农业景观、交通道路及工具、工业设施、水利设施、旅游设施和居民生活产品等（表1-3）。

表1-3 乡村景观的人文实体要素
（汪梅、王利炯，2006）

景观要素类型	景观要素描述
乡村聚落	小城镇、中心村、自然村等
乡村建筑	古建筑、古遗址类，民居、民宅类，宗教、祭祀建筑类，民俗类、纪念类，公共建筑类、功能复合类
交通道路及工具	陆地交通类：国道、省道、村道等
	水运交通类：运河、干渠等
	空运交通类：机场
	村内道路类：沥青路、石板路等
	古遗迹道路等：古道、古桥等
	交通工具类：如汽车、自行车等
农业景观	土地形态类如梯田，灌溉类如水渠，机械化类如拖拉机，设施类如蔬菜大棚，养殖类如家禽圈舍，农作物类如水稻
水利设施	水车、堤坝、灌渠网、水库等
工业设施	厂房、烟囱、污水及废气处理设施等
旅游设施	接待设施如旅馆、餐馆，观光设施
居民生活产品	服饰类，饮食类，日用消费品类

传统聚落景观有乡村和城市之别，此处仅指乡村的古村、古镇及其古民居。乡村聚落与广大人民生活、生产息息相关，有着浓厚的生活基础和浓郁的乡土色彩，乡村聚落也体现了地域特色，主要包括村落布局、房屋建筑物、街道、广场等人们活动和休息的场地。聚落景观是最直观的物质景观，向人们诉说着她的背景和历史，承载着当地人们生活的历史和生活方式的变迁。乡村聚落的建筑形式、空间格局和物质形态对地理环境具有显著的依赖性，是利用当地地方材料，因时、因地、因需求而制宜建造形成，与乡村环境和谐地融为一体。不同地域具有不同的风俗习惯、建筑风格，这些都构成了不同地域的特色人文景观。

乡村的民居建筑是乡村文化历史发展的印记。从建筑的选址、布局、样式、风格到结构、材料，再到建筑内部的家居摆设无不体现出建筑者的思想观念和文化心理。由于居住环境和条件的限制，我国许多地区的居民都发展了各自独特的建筑样式。例如，云南中部的"一颗印"式民居，江南地区"四水归堂"式住宅，还有湘西的"吊脚楼"等，这些建筑不但反映了乡土技术、材料和艺术的特点，同时也体现了一定地域范围内人们的栖居文化理念。乡村民居建筑包含了人们对待自然的态度和方式，也包含着中国人根深蒂固的等级观念、家族观念、宗教观念（图1-3、图1-4、图1-5）。

图 1-3　云南"一颗印"民居　　　图 1-4　江南地区"四水归堂"建筑　　　图 1-5　湘西的"吊脚楼"

(三) 人文精神景观要素

人文精神景观是相对于人文实体景观而言的,乡村景观的人文精神景观要素是指人类在与自然长期的相互作用过程中,逐渐形成的民俗文化、社会道德观、价值观和审美观等非物质的精神文化符号,包括环境观、道德观、生活观、生产观、审美观、宗教信仰和风俗礼仪等多个方面(表 1-4)。

表 1-4　乡村景观的人文精神要素

(汪梅、王利炯, 2006)

景观要素类型	景观要素特征	列　举
环境观	对环境的依赖性较强	天人合一、讲究风水等
生活观	自然节律、安逸、宁静	欲望较低、夜生活少等
生产观	从自给自足向市场化发展	种植多种经济作物、开办工厂等
道德观	传统道德观较强	孝敬父母、尊重长辈等
审美观	纯朴、自然	在服饰图案上对自然万物的模仿
宗教信仰	多样化	民间祭祀、佛教等
风俗礼仪	秉承性、地域性	迎亲过桥、送红鸡蛋等

六、乡村景观在国内外的发展

(一) 国外乡村景观的发展

1. 欧洲乡村景观的发展　国外开展景观生态学的应用研究和农业或乡村景观规划较早的主要是欧洲一些国家,如捷克、德国、荷兰等。一般认为这方面的研究始于 20 世纪 50~60 年代,并逐渐形成了完整的理论和方法体系,而且设置了专门的研究机构,为推动世界农业与乡村景观规划、解决乡村城镇化与传统乡村景观保护之间的冲突起了积极的作用。此外,通常每 2 年在欧洲不同的国家举行一次欧洲乡村景观研究会议。早期的欧洲乡村景观研究,主要从社会经济角度探讨欧洲乡村聚落与乡村景观的发展过程,20 世纪 90 年代转向从土地利用方面研究欧洲乡村景观的变化,近年来则从时空维度总体讨论欧洲各地乡村景观的过去与未来的发展战略。

(1) 欧洲不同国家乡村景观发展

①德国——"农村更新"规划,推进集约化农业与自然保护规划:德国通过制定一系列

法律明确了相关的村镇区域的景观规划，举办农村景观与建设竞赛，促进了农村景观设计与建设的积极性。1970年，对全国推行了"农村更新"规划，进一步促进了德国农村景观建设，积累了丰富的实践经验。近30年来，全国各州都进行了为数较多的村庄改造、葡萄园调整以及因水利、能源、交通等大型建设项目而进行的建设用地的整理工作，景观规划工作也从强调保护单一的自然地段逐步变成了一个全面保护自然环境、提高环境质量的运动，实现了乡村地区经济效益、社会效益和环境效益三者统一。在乡村景观理论研究方面，德国的景观规划包括土地利用分类、空间格局、敏感度分析、空间联系和景观分析5个步骤，W. Haber在此基础上，建立了以GIS（地理信息系统）与景观生态学的应用研究为基础的用于集约化农业与自然保护规划的DLU（different land use）策略系统，对于乡村景观的创新规划与土地利用起了重要的作用。德国乡村景观规划取得了令世界瞩目的成绩，其中比较典型的有德国萨勒河畔巴特诺伊施塔特、霍恩罗特等村庄。

②荷兰——农村土地利用、景观保护、增加户外娱乐：荷兰是较早进行乡村景观规划的欧洲国家之一，乡村景观规划也得到了较好的发展。荷兰颁布的一系列土地法如《土地重划法案》《瓦尔赫伦土地合并法案》《乡村土地开发法案》，对荷兰乡村景观的发展起到了促进作用。从1940年开始，荷兰风景园林师逐渐参与到乡村工程、土地改善和水管理项目中去，鼎盛时期曾经有几十个风景园林师活跃在乡村景观规划设计领域。这些风景园林师总结出了一套适合发展乡村景观的方法：a. 种植规划，选用当地树种，种植软化轮廓线的树列、灌木篱和防风林带，形成景观类型的变化。b. 基础设施的布局和设计，建立全局意识，从整体出发，使得新建设施成为当地景观的逻辑组成部分。c. 延续历史特征，对场地彻底调查分析，强调保护现有的土地布局和形式，从历史中寻找老的肌理、历史遗迹、稳定的植被类型，将现状融入新的设计中去。比较典型的乡村如韦尔克霍芬、艾瑟尔斯特恩等。

(2) 欧洲乡村景观发展特点 综合起来，欧洲乡村景观发展具有以下特点：

①拥有相对科学合理的规划方案，并在规划理论的指导下形成风景优美的乡村景观：欧洲乡村景观规划实施大多是在政府的积极管控下，由相关职能部门和专家层层把关，经过有关部门的调查、论证、核准后才能付诸行动。整个规划流程大致有以下几个阶段：首先要进行现状评估，全面掌握村落内部及周边的景观功能分区、空间布局、建筑特点、文化遗存等详细资料，通过现状分析评价得出规划场地的优缺点，为项目实施提供可靠依据；其次，拟定初步的解决方案，具体问题具体分析，集中力量解决重点问题，积极倡导单体建筑、绿化景观、公共空间的个性化特征表现，注重与周边景观的融合，寻求特色与统一的平衡，做到景观整体与局部的和谐共存；最后，在吸纳民众建议的基础上，制定出合适的乡村景观建设方案并予以最终实施。

②法律法规：大部分欧洲国家在乡村景观建设的历史进程中，逐步构建起一系列与国情相适应的法律法规。以德国和英国为例，20世纪50年代，德国出台的《土地整治法》不仅使农业生产效率大为提高，还明确了村镇的相关规划，推动乡村景观建设和农村生态环境改善。随着城镇化的持续推进，德国乡村景观的特色逐渐丧失等已成为不可忽视的问题，为挽救逐渐颓废的乡村地区，从1970年起，德国各州政府开始制定和实施《自然与环境保护法》等一系列法律法规，村镇区域的景观规划编制逐渐展开并加快建设步伐，乡村面貌不断得到改善。20世纪末，德国对《环境保护法》《空间秩序法》等重要法规作出修改，确保城市与

乡村在空间布局、功能分区等方面实现充分对接与合理互补。英国的《1949年国家公园与乡村通道法》则把乡村景观纳入国家公园中，并以立法的形式对特殊的乡村景观和历史名胜予以保护。英国的城乡规划立法历经百年实践，构建起欧洲最完善的乡村景观法规体系之一，使英国乡村景观得到有效控制与合理规划。随着一系列法律法规的出台，包括德国、英国在内的欧洲乡村景观建设有了可靠的法律保障，景观得到合理规划与保护，人们有机会欣赏到乡村优美的自然风光和悠久的特色文化。

③对传统文化的保护：大多数欧洲国家对乡村中具有珍贵历史价值的农宅街巷、古树名木、历史遗迹等景观都采取措施予以保护和修缮。在维修过程中，为避免建筑艺术性和真实性的缺失，一般按照"修旧如旧"的原则实施可行的保护方案，尽量保留其历史原貌。德国、英国、荷兰等国家对于乡村历史建筑的保护、特色街区的恢复、新建筑的风格色彩等都有严格的要求。经过修缮后的文化古迹有不少还会面向公众开放，供人们追忆历史、陶冶情操，使乡村地方传统文化得到传承和延续。同时，这些乡村人文景观还能促进当地旅游业的发展，满足人们的精神需求。

④以人为本理念体现在欧洲乡村景观建设中：以人为本的理念成为政府具体政策制定和规划方案实施的重要出发点。以荷兰为例，政府根据乡村居民的生活习惯，建立了一系列服务配套设施和交通体系，以最大限度地满足他们的生活需求。荷兰早已进入人口老龄化社会，因此十分重视老年人服务设施建设，大多数村庄都设置方便老年人活动、休息的服务设施。城市中常见的无障碍设施在荷兰乡村中也随处可见，充分体现出人性化理念，为人们的出行和活动提供了许多便利。

⑤公众参与：不少欧洲国家还积极倡导民众参与乡村景观的建设与管理，他们通过引导社区民众组建公益性组织，开展互帮互助活动，加深邻里关系，促进社区和谐。同时，相关管理机构善于倾听村民的呼声，搭建机构平台，让民众有机会参与到乡村景观的政策制定与规划建设中。对于村镇重大项目的立项和上马都要征求民众的意见，体现村民的意志和诉求，极大地调动了村民的参与热情。

2. 美国乡村景观的发展　美国乡村区域广泛，约占美国国土面积的95%，大约有6000万人生活在美国的乡村。美国在世界上较早提出了乡村环境规划的概念，最初的目标是想建立一个经济发展与环境保护相互平衡的可持续发展的乡村社区。后来随着景观规划的逐步深入，开始对乡村地区的地域特色逐步重视，并且因地制宜地根据不同区域的特点进行设计。在推动乡村环境规划的过程中，特别强调公众参与、地区整体均衡发展、人才培养、景观环境美化体系的建立、地方意识与可持续发展，并且必须考虑当地的特色与居民的认可。现代著名景观设计师伊安·麦克哈格（Ian L. McHarg）在1967年出版的《设计结合自然》中就对城市和乡村景观的设计应结合自然的原则进行了论述。美国于1985年在马萨诸塞州议会上成立了乡村中心，该中心主要研究农村面临的问题，并向政府提出改造意见。1986年，该中心把区域规划和景观规划设计结合起来创立了乡村景观规划设计学科。该中心还编写了乡村规划实用手册、重要资源战略规划，确立了农村最佳建筑区域和乡村风貌保护区，建立乡村经济、人口、土地利用等数据库，组织各种乡村发展研讨会，制定乡村发展长期规划，出版景观期刊讨论乡村景观规划设计问题。20世纪80年代，美国的福曼（Richhard T. Forman）对景观及区域生态学进行研究，提出了"斑块-廊道-基质"模式，强调乡村景观中生态价值和文化背景的融合。

3. 亚洲乡村景观的发展

(1) 日本乡村景观的发展　日本在第二次世界大战后经济迅速发展，随之而来的是城市化的加快和城乡矛盾的突出，乡村人口大量涌向城市，形成了农村地区空心化现象，到20世纪60年代这种问题更加突出。为此，民间组织自发发起了保存历史民居的运动"造町运动"。1979年，平松守彦发动了"一村一品"运动，当地民众对于建设家乡的热情普遍高涨，当地的乡村面貌和精神面貌焕然一新。"一村一品"运动为全世界的乡村建设提供了三点良好的经验：第一，立足地方，放眼全球；第二，自立自主，锐意创新；第三，以人为本，培养人才。20世纪80～90年代日本对乡村景观系统的研究相继展开，涉及乡村景观资源的特性、分析、分类、评价和规划等各个方面。1992年起，举办了"美丽的日本乡村景观竞赛"，同时开展了"舒适农村"评比活动，对于乡村景观的发展具有极大的促进作用。

(2) 韩国乡村景观的发展　1970年，韩国政府发动了"新村运动"（new village movement），目的是改善农村生产与生活条件，增加农村就业机会和农民收入，提高农业劳动效率，缩小城乡差距。"新村运动"涉及乡村社会、经济和文化各个层面，不仅改善了乡村居民的生活水平，提高了经济收入，更重要的是改变了村庄不合理的布局，美化了村庄环境。

韩国的"新村运动"同时也有效地保护了传统的乡村景观。例如，分布于丘陵沟谷和河川平地之间的传统而安静的乡村群落和规划有序的梯田稻田、人工草地和果园，极大地推动了韩国乡村旅游业的发展。

(二) 我国乡村景观的发展

与国外对乡村景观的研究相比，我国对乡村景观的研究还比较少，国内乡村景观在研究初期是作为乡村地理学的一部分开始的，随着研究的不断深入，逐渐发展为一门独立的学科。我国对乡村景观的研究主要是从传统的乡村地理学、土地利用规划、景观生态学以及乡村文化景观等方面进行的，其研究的主要内容包括农业景观、乡村生态、城乡交错景观、乡村文化景观等。同时，我国学者对乡村景观的研究主要集中于农田景观格局与变化、土地资源利用、乡村聚落、景观资源评价与模型、农村城镇化等方面。

聚落景观是我国乡村景观研究的主要内容之一，这也是乡村地理学研究的核心内容。20世纪90年代之前，我国乡村聚落研究主要是以形态、位置、功能、演变、布局、规划六个方面为主。近年来，对空间结构、特征、分布规律、扩散等方面的研究不断增多，技术手段也不断增强。

乡村景观评价研究也是我国乡村景观研究的主要内容之一。王云才与刘滨谊通过对乡村景观特点进行研究，提出了乡村景观整体评价体系。我国对乡村生态环境的评价无论是指标体系还是评价方法都有一定的研究成果，但目前人们主要是从对环境的保护角度建立指标体系。另外，当前我国对风景资源评价主要包括三个方面，即景观美学质量评价、敏感度评价以及景观阈值评价。进入21世纪之后，我国城市化进程不断加快，这对我国的乡村景观以及农业产生了非常重要的影响。当前，我国多数地区的乡村处于从传统农业到现代农业的转型之中，我国乡村景观中自然生态被人类活动破坏的程度不断加剧，这对我国乡村景观的发展产生了不良的影响。然而，很多人已经认识到合理开发乡村景观的重要性，我国部分地区还取得了不俗的成绩。

>>> 第二章 乡村景观规划概述

乡村景观规划是指应用多学科的理论,对乡村各种景观要素进行整体规划与设计,保护乡村景观完整性和文化特色,挖掘乡村景观的经济价值,保护乡村的生态环境,推动乡村的社会、经济和生态持续协调发展的一种综合规划。乡村景观规划的核心是土地利用规划与生态环境设计,其目的是为社会创造一个可持续发展的整体乡村生态系统。

一、乡村景观规划的意义

开展乡村景观规划与建设具有重要的现实意义:
①有助于改变乡村片面追求形式上的城市化现象,保护乡村景观的完整性和田园文化特色,正确引导乡村的建设与发展,加强对乡村居民的景观教育。
②有助于充分利用乡村景观资源,调整产业结构,发展乡村旅游等多种经济,对长期困扰中国发展的"三农"问题提供新的思路和途径。
③有助于协调乡村景观资源开发与环境保护之间的关系,塑造一个自然生态平衡的乡村环境,实现乡村的生产、生活、生态三位一体的可持续发展目标。

二、乡村景观规划的特点

新型乡村景观规划必须体现出乡村景观资源提供农产品的第一性生产、保护与维持生态环境平衡以及作为一种重要的旅游观光资源三个层次的功能。传统农业仅仅体现了第一个层次的功能,而现代农业的发展除立足于第一个层次的功能外,越来越强调后两个层次的功能。由于不同地区经济发展和人口资源状况存在差异,乡村景观规划的侧重点也应有所不同。乡村景观规划的特点概括起来有如下几点:
①具有高度综合性,它涉及景观生态学、风景园林学、乡村地理学、乡村社会学、建筑学、美学、农学等多方面的知识。
②它不仅关注景观的"土地利用"、景观的"土地肥力"以及人类的短期需求,更强调景观作为整体生态单元的生态价值、景观供人类观赏的美学价值及其带给人类的长期效益。规划的目的是协调土地利用中的竞争,提出生态上健全的、文化上恰当的、美学上满意的规划方案,体现人与自然和谐共生的关系。
③它既协调自然、文化和社会经济之间的矛盾,又着眼于丰富生态环境,以丰富多彩的空间格局为各种生命形式提供持续的多样性的生息条件。

三、乡村景观规划的一般过程

乡村景观规划就是合理地安排乡村土地及土地上的物质和空间来为人们创造高效、安全、健康、舒适、优美的环境的科学和艺术，为社会创造一个可持续发展的整体乡村生态系统。乡村景观规划是一项综合性的研究工作，其综合性体现在两个方面：首先，乡村景观规划基于对景观的形成、类型的差异、时空变化规律的理解，对它们的分析、评价不是某一学科能解决的，也不是某一专业人员就能完全理解景观生态系统内的复杂关系并做出明智规划决策，乡村景观规划涉及社会、经济、文化各方面，所要研究的内容非常丰富，包括历史、地理、建筑、民俗、社会结构、景观、环境、艺术等，因此乡村景观规划需要多学科的专业知识的综合应用，包括土地利用、生态学、地理学、风景园林学、农学、土壤学等。其次，乡村景观规划是对景观进行有目的的干预，其规划的依据是乡村景观的内在结构、生态过程、社会经济条件以及人类的价值需求，这就要求在全面分析和综合评价景观自然要素的基础上，同时考虑社会经济的发展战略、人口问题，还要进行规划实施后的环境影响评价。

在乡村景观规划过程中，强调充分分析规划地的自然环境特点、景观生态过程及其与人类活动的关系，注重发挥当地景观资源与社会经济的潜力与优势，以及与相邻区域景观资源开发与生态环境条件的协调，提高乡村景观的可持续发展能力。其内容包括景观调查、景观生态分析、景观综合评价、土地利用规划、景观生态设计等各个方面（图 2-1）。具体地说，它可包括以下几个主要方面：

(1) 景观生态系统要素分析 这是对景观生态系统组成要素特征及其作用的研究，包括气候、土壤、地质地貌、植被、水文及人类建（构）筑物等。

(2) 景观生态分类 根据景观的功能特征（生产、生态环境、文化）及其空间形态的异质性进行景观单元分类，是研究景观结构和空间布局的基础。

(3) 景观空间结构与布局研究 主要景观单元的空间形态以及群体景观单元的空间组合形式研究，是评价乡村景观结构与功能之间协调合理性的基础。

(4) 景观生态过程研究 景观生态过程研究是景观生态评价和规划的基础。

(5) 景观综合评价 主要是评价乡村结构布局与各种生态过程的协调性程度，并反映在景观各种功能的实现程度上。

(6) 景观布局规划与生态设计 景观布局规划与生态设计包括乡村景观中的各种土地利用方式的规划（农、林、牧、交通、居民点、自然保护区等）、生态过程的设计、环境风貌的设计，以及各种乡村景观类型的规划设计，如农业景观、林地景观、草地景观、湿地景观、自然保护区景观、休闲景观、工业景观、养殖景观、乡村聚落景观等。乡村人类行为主要包括农业生产、采矿业、加工业、游憩产业、服务业和建筑业六大行为体系，具体行为类型有粮食种植（耕地）、经济作物种植（园地）、养殖、地下开采、露天开采、农产品加工、重化工业、机械加工制造、建筑材料工业、大型工厂建设、乡村野营、游泳、划船、骑马、自行车野外运动、高尔夫运动、登山、滑雪、自然探险、生活体验、民俗民情旅游、古聚落旅游、农产品销售市场、公共交通服务、零售服务、住宿服务、餐饮服务、娱乐服务、交通道路建筑、公共设施建设、居民住宅建设、乡村公园建设、乡镇规划等行为。

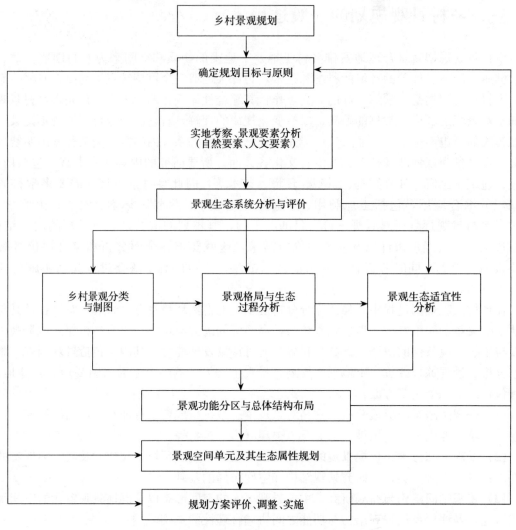

图 2-1 乡村景观规划的一般过程和内容
(刘黎明等，2004)

(7) 乡村景观管理 主要是应用技术手段（如 GIS、RS）对乡村景观进行动态监测与管理，对规划结果进行评价和调整等。

四、乡村景观规划的内容

乡村景观规划需要从区域发展的角度出发，在较大的地理空间范围内综合考虑各种因素，以保护生态环境、优化农业景观格局、提升乡村聚居环境为中心，目的在于合理保护、配置乡村景观资源，实现人与景观环境和谐相处。

乡村景观具有明显的连续性，并不因为行政边界的划分而中断，因此对其研究必须以自然因素为主导，以社会文化因素相对一致为基础，把规划建立在自然与人文统一的范畴内。目前，由于行政边界划分的局限，大多数乡村景观规划在实践过程中往往又局限于单个村落或某几个村镇的治理。因此，需要建立一套科学系统的区域乡村景观规划体系。具体表现在：区域乡村景观规划的目标与区域整体发展战略相一致，有利于建立协调统一的城乡体系；建立生态恢复与保护体系，有利于提升区域生态系统的多样性和稳定性；优化区域农业土地资源配置，有利于创造高效、安全、稳定的农业景观格局；建立乡村聚落景观规划体系，有利于提升乡村聚落的聚居环境，创造区域特征明显的现代乡村聚落景观。

区域乡村景观规划体系包括乡村景观分类体系、乡村景观评价体系、乡村景观规划体系三大系统。规划过程中，三大体系相互联动，协调统一。

1. 乡村景观分类体系 乡村景观分类体系就是根据特定区域乡村景观的自然属性、空间形态特征和人类活动对景观的影响，按照一定的原则、依据，选取一些合理指标来反映这些差异，从而可以将一系列各具特色、相互区别的景观类型进行个体划分和类型归并，并构筑景观分类体系。主要作用是服务于乡村景观的评价、规划、管理、保护和开发利用。

在构建景观分类体系时，需综合考虑两方面的影响因子。

①自然因素：气候条件、地貌地质条件、土壤条件和水文条件、主导植被类型、空间形态特征等。

②人为因素：风俗习惯、历史传统、土地利用方式、经营特点和覆被特征等。

在综合考虑区域内各个影响因子的同时，要尽可能地体现出乡村景观的特点和风貌，特别是要结合特定区域特征，确定主导因子，从而科学有效地建立指标体系，提高可操作性。例如，在平原和山地过渡区域的乡村景观，地形地貌往往是分类体系中的主导因子。

2. 乡村景观评价体系 乡村景观评价体系是根据景观生态学规律和人的主导价值观，建立一个能体现各专项功能的综合性评价指标体系，对乡村景观所发挥的各类功能进行动态评价，揭示乡村景观存在的问题并确定其发展的方向，为乡村景观规划与设计提供依据。乡村景观评价既是景观规划的基础，也是规划的有机组成部分，一套科学合理的评价体系不但能为规划提供有效的建议，同时也能客观地评价和检验已有的规划结果。

综合的乡村景观评价体系主要涉及以下4个层次：

（1）美学功能层次 美学功能层次是基于视觉感受的乡村景观的相对价值，涉及的因素包括景观的独特性、景观的认同性、景观的客观质量和人造景观的相容性。

（2）生态功能层次 生态功能层次体现的是乡村景观保护与维持生态环境平衡的功能，涉及的因素包括景观的稳定性、景观的异质性、景观的连通性和景观的恢复能力。

（3）聚居条件层次 聚居条件层次主要包括"聚"和"居"两方面的条件，涉及的因素包括聚居条件的适宜性、聚居地的便捷性、聚居地生态环境和聚居地社会环境。

（4）经济基础层次 经济基础层次是区域乡村发展的重要物质基础，涉及的因素包括乡村的经济活力、可持续能力、产业先进性以及三大产业结构比例。

各地区由于乡村景观实际情况的不同，应选择具体的因素进行评价，同时结合区域乡村景观特点确定各个影响因素的权重。

3. 乡村景观规划体系 乡村景观规划体系是根据区域景观格局的演替规律及景观评价结果，结合区域总体发展战略，对未来乡村景观做出的一种构想，同时，在对乡村景观进行深入分析的基础上对景观进行有目的的干预，建立各个专项规划体系，针对不同的情景制定相应的战略，明确区域中各部分下一阶段的规划目标。主要作用是通过乡村景观规划，使乡村景观结构、景观格局与各种生态过程以及人类生活、生产活动互利共生，协调发展。

(1) 生态恢复与保护体系 区域生态系统的安全与稳定是区域经济、社会和文化可持续发展的重要基础,构建合理科学的生态恢复与保护体系已成为我国绝大部分地区所面临的首要问题。

①水系景观生态恢复与保护:水是生态系统循环中重要的媒介,水质的优劣往往决定着一套生态系统的好坏。水系保护和修复的对象涉及自然水系和人工水系两大类,主要规划内容包括小流域治理、水源头重点保护区建设、滨河生态廊道建设、湿地生态恢复与保护、水污染治理与预防、人工渠道生态化设计等。

②植物生态恢复与保护:植物是丰富物种多样性、防止水土流失、提升区域生态功能的核心区域。主要包括人工地带性植物的建设、森林公园的保护和建设、自然保护区的建设和已损坏自然斑块的人工修复。

③区域生态廊道的建设:区域生态廊道建设是提高区域生态系统连续性和完整性的主要手段,也是构建区域休闲游憩观光的重要线性空间。主要涉及滨河廊道、谷地廊道、山脊线廊道、干道生态廊道等方面的建设。

(2) 农业景观规划体系 农业景观是乡村最典型的景观特征,也是区域粮食安全、生态安全的重要保障。主要内容包括:

①区域农业景观格局的调整优化:生产性是农业的根本,同时也是其他产业发展的基础和前提。通过人为的干预有效提高农业景观的生产效率是乡村景观规划体系的重要内容之一,主要包括农业土地利用方式规划、农业景观空间格局规划、农作物种植结构规划、土地集约化程度规划等内容。

②农业景观的生态设计:农业景观生态设计是农业可持续发展和区域生态安全的重要措施。包括农田生态林网的建设、农田灌溉渠网的生态化设计、农田边缘生态林带的建设等内容。

③农业景观风貌规划:农业景观风貌规划目的是提升农业景观的美学价值、体验价值,增强农业景观的文化属性,如休闲农业、旅游农业的发展等。

(3) 乡村聚落景观规划体系 乡村聚落景观是乡村景观中人工干预强度最大的区域,也是展示乡土文化和提高乡村聚居环境的核心区域。主要规划内容包括:

①乡村聚落的整合和防扩规划:除了保护一些具有文化价值的古村落外,对乡村聚落进行整合和控制规划是提高土地利用率的有效途径,有利于农业的集约化生产和村落的基础设施更新。主要包括自然村落的整合规划、乡村聚落扩散的生态控制、空心村的整治等。

②乡土风貌规划:目的是营造地域特色的乡村景观形象,集中体现地域的自然环境、民俗风情、传统建筑艺术、传统构建理念与乡村综合经济实力。主要包括村落的空间布局规划、建筑景观规划、绿化景观规划、民俗活动场地建设等。

③生态环保规划:生态环保规划是乡村聚落景观可持续发展的需要,也是提高乡村人居环境的重要措施。主要涉及乡村能源规划、乡村边缘区域的生态林带规划、乡村生活污染和乡镇企业工业污染的防治规划等方面。

④基础保障设施规划:传统单一的乡村服务已不能满足新时期农民的需求,建立完善的基础保障设施势在必行。主要包括交通系统规划、电信系统规划、乡村医疗服务站规划、乡村学校规划和防灾系统规划等内容。

五、乡村景观规划的依据

自20世纪90年代以来,我国先后颁布了一系列村镇规划法规和技术标准,初步建立了我国村镇规划的技术标准体系,各地根据当地的具体情况,在国家政策和法规的框架下,制定相应的管理条例和实施办法,以此有效指导当地的村镇规划建设。这些法规政策、规范成为村镇景观规划设计的重要依据。主要包括:《村镇规划标准》(GB 50188—1993)、《村庄和集镇规划建设管理条例》(1993)、《村庄景观环境工程技术规程》(CECS 285—2011)、《中华人民共和国城乡规划法》《城乡规划法规文件汇编》(2011)、《建制镇规划建设管理办法》(1995)、《村镇规划编制办法》(试行)(2000)、《城市绿线管理办法》(2002)、《城市绿化条例》(1992)、《工程建设标准体系(城乡规划、城镇建设、房屋建筑部分)》(2003)。

六、乡村景观规划的指导思想与原则

1. 乡村地域的经济功能——形成农业产业化景观　乡村是重要的经济地域单元,不同社会发展阶段,乡村形态不同,经济地域功能不同,乡村资源利用方式也不同。由于受农业技术、自然条件、自然资源和耕作方式等多种因素的制约,农业的粗放性和低效性一直是困扰乡村经济发展的重要环节。促进农民增收,使农民过上富裕的生活,是新农村建设的落脚点,也是实现农村景观科学规划的基础,农村景观产业化是实现这一基础的物质前提。走在我国农村建设前沿的十大名村都有自己依靠的优势产业(表2-1)。在乡村景观规划中,充分考虑农业产业化景观的作用,发挥产业化农业景观的优势,在经济基础的层面使农民增强对新农村建设的信心。

表2-1　中国十大名村支柱产业

序号	村名	所在地	支柱产业
1	华西村	江苏省	钢铁、纺织、旅游
2	九星村	上海市	综合批发市场
3	大寨村	山西省	文化、旅游
4	福保村	云南省	文化、旅游
5	南街村	河南省	红色旅游
6	韩村河村	北京市	建筑企业
7	滕头村	浙江省	生态旅游
8	小岗村	安徽省	葡萄、旅游
9	花园村	浙江省	高科技
10	进顺村	江西省	旅游服务业

乡村原有的农村景观,如山林景观、农田景观、水体景观、畜牧景观等由于自身固有的生产性质都具有实现农业产业化的先决条件。农业产业化景观的规划不仅有利于实现农业景观的经济效益,而且可以最大限度地保护农业景观的规模和原生性质,发挥农业景观的生态

效益。从生态效益的角度来讲，农业景观产业化规划有丰厚的物质基础，不需要大量的资金投入和重点技术的支持。利用当地的自然优势，在调查走访的基础上，以村、乡镇为单位进行农业产业的联合，彻底改变对于农村土地的粗放式应用模式，使农村的粗放型农、林、畜产业规模化、集约化，应用现代科技手法管理农业产业。江西省上犹县园村的茶叶种植就体现了农业产业化的优势，当地采取"公司＋基地＋农户"和"公司＋合作社＋农户"的茶产业发展模式，在使农民得到实惠的同时，也形成了一道独特的农业生产性景观。在发展生产性产业的同时，注重发展与之相对应的服务型产业，如农业旅游生态园、农家乐等产业模式，在具体的建设中予以必要的建设规范和技术指导，使之融入村镇景观中，并为村镇景观增光添彩。

2. 乡村地域的自然生态功能——保持自然景观的完整性和多样性 在广大的乡村地区，由于人类活动对景观的干扰程度低，景观结构保存完好，景观类型多样，景观生态具有多样性的特征，是生物多样性保护的基本场所，是乡村的自然遗产。因此，保持自然景观的完整性和多样性，成为景观规划的重要原则。景观规划首先应保护农村山水格局、沟渠阡陌、护坡池塘，使自然生态系统维持平衡状态，实现初级自然生态化目标；其次应在维系农村生态安全格局的基础上充分利用自然价值，以智力和科技能力开发绿色资源，发展高效科技生态，使不可再生的自然资源得到有效保护和循环利用，实现集约式经济生态化和社会生态化的终极目标。

3. 乡村地域的社区文化功能——保持传统文化的继承性 乡村社区文化体系是相对独立和完整的地方文化，是乡村的文化遗产。乡村文化的继承性是乡村文化得以保存的根本。自然环境、住宅形式、社会风尚、生活方式、文化心理、审美情趣、民俗传统、宗教信仰等构成了地方文化的独特内涵，农村人居环境和景观设计应该是这些内涵的综合体现。

乡村景观规划应突出乡村特色、地方特色和民族特色，既要与村庄周围的自然山水环境有机融合，保护有历史文化价值的古村落和古民宅，又要注重延续地域原有的建筑文化特色及乡村旧有的空间格局、特有的民俗文化活动。在新村规划时，应对其地域、乡土文化仔细研究，反复推敲，并逐项落实到新村的空间布局、景观规划、活动场所设计以及建筑风格和功能设计之中，使新村既成为自然环境的有机组成部分，又发挥出延续地域乡土文化的积极作用，并反映特定社会历史阶段的乡村风情风貌。

4. 乡村地域的资源载体功能——资源的合理开发利用 乡村是土地资源、矿产资源和动植物资源的重要载体，资源的集约、高效和生态化利用，是提高乡村经济活动的效益、保护资源、保护生态环境、保护乡村景观的重要前提，也是推进乡村可持续发展的重要基础。

5. 乡村地域的聚居功能——改善人居环境，提高乡村住民的生活质量 乡村是人类发展和居住的重要地域，在发展中国家和落后地区，乡村人口仍然是人口形态的重要构成。对于不同地区来讲，乡村的社会形态发展不同，经济水平差异较大，乡村景观也有较大差距。改变乡村贫穷落后的面貌，改善乡村人居环境，提高乡村住民的生活质量，成为景观规划的重要原则。

6. 乡村地域的发展目标——坚持可持续发展原则 农村人居环境发展要考虑农民居住区域的可持续发展和农民自身的可持续发展。

根据可持续发展原理，引入自然界的山、水、自然风光。具有生态性的农村人居环境设计能够唤起居民美好的情趣和情感的寄托，达到人与自然共生共栖的目的。

在规划时，处理好地理、气候、生物、资源、人文等各因素对农村建设及民居建设的影响；在建设过程中还要调节好山、田、水、路、渠、库、村综合治理之间与生态过程的关系。

保持有效数量的乡土动植物种群；尊重各种生态过程及自然的干扰，包括旱雨季的交替规律及洪水的季节性泛滥；利用地形和丰富多样的小气候，营建丰富多样的植物群落。增加绿带宽度，将农村区域相对分离的绿地以廊道联系起来，可以为居民的户外活动提供方便，为小型动物的迁移提供绿色通道。

作为景观设计的主要素材——植物、土地、山体、建筑等，均需要从节约资源、降低污染等角度进行综合评估。

七、乡村景观建设对策

乡村景观建设要在城乡一体化、可持续农业发展和农业产业化、农村生态环境综合整治的背景下，运用整体设计和参与式规划方法，充分考虑长效、低耗、舒适，综合利用农村资源，维护农村乡土建筑和景观，建设良好的人居环境和景观，达到农村社会、经济、生态环境三位一体协调发展。

1. 因地制宜，量力而行，提高资源利用效率　2005年11月12日建设部部长汪光焘在全国村庄整治工作会议上的讲话指出，不要把建设社会主义新农村，片面理解为大量投入资金建新村，大拆大建搞集中；片面理解为搞运动，不顾实效搞形式主义。因此，农村和谐的景观建设，首先应适应当地的经济条件和生产力发展水平，根据当地的施工技术、运输条件、建材资源等确定建筑方案与技术措施，尽可能做到因地制宜、就地取材，降低建造费用。

2. 构建农村景观建设规划实施体系　乡村景观建设首先要明确指导思想和原则，根据当地具体情况和资金投入，完成不同层次规划，特别是县（市）、镇（乡）、村三级规划控制体系，并切实加强对规划的科学性论证和审批以及实施的监督。乡村景观建设规划是一项综合性工作，其综合性体现在两个方面。首先，农村景观建设涉及不同的学科和部门，需要多学科的专业知识的综合应用和各部门的合作。其次，景观规划要求在全面分析和综合评价农村景观自然要素及基础设施的基础上，考虑社会经济的发展战略、人口问题，同时还要进行规划实施后环境影响评价。具体包括以下几个阶段：①农村景观现状的问题分析；②确定整体方向、布局和发展战略，可以有多种方案；③农村景观建设技术的选择，确定社会和经济发展可接受的方案；④利益集团、政策制定者和不同部门之间对方案进行讨论，以确定未来情况的变化及政策实现办法；⑤实施机制与激励政策和监督体系（图2-2）。

3. 积极鼓励公众参与　参与式规划就是当地居民积极、民主地参加社区的发展活动，包括确定目标、制定政策、项目规划、项目实施以及评估活动，还包括参与分享发展成果。其根本目的是强调乡土知识、群众的技术与技能，鼓励社区成员自己做决策，实现可持续发展。参与式方法经过多年的摸索和实践，越来越受到农民和发展项目工作者的青睐。

4. 加强景观价值观念的宣传和教育　农村居民大多缺乏正确的环境和景观观念，更不清楚居住环境和农村景观所具有的社会、经济、生态和文化价值。在乡村景观规划与建设兴起之际，应加强对农民的环境和景观价值的宣传与教育，使他们认识到农村景观建设规划不

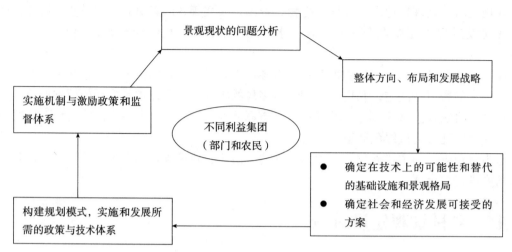

图 2-2　可持续农村景观规划循环体系
（翟振元等，2006）

仅仅是改善生活居住环境和保护生态环境，更重要的是与他们自身的经济利益息息相关。通过乡村景观规划建设，利用各地乡村景观资源优势，可以发展乡村旅游等多种经济形式，提高乡村居民的经济收入。只有这样，才能激发乡村居民自觉地投入到乡村景观规划建设中去。

5. 多渠道筹集资金　农村景观建设的资金应建立国家、企业、农民相结合的多元化投资机制，多渠道筹措资金，同时要建立资金使用监督机制。

6. 制定有关景观的法规和政策　目前，我国实行的村镇规划的规范和技术标准体系，涉及乡村景观层面的内容非常有限。乡村景观研究还处于起步阶段，面对规划建设中出现的问题，不是村镇规划所能涵盖和解决的，需要制定有关乡村景观规划的法规和政策，建立农村景观管理条例，作为规划实践中执行的标准。

7. 加强乡村景观的监督和管理工作　良好的乡村景观依赖于严格的管理与维护。乡村景观目前出现的一些丑陋现象，如垃圾随处可见、违章建筑乱搭乱建、村民自行拆旧房建新房……这都是管理力度不够造成的。因此，各级政府需要成立相应的景观监督与管理结构。例如，浙江奉化滕头村于 20 世纪 90 年代初专门成立了国内唯一的村级环保结构——滕头村环保委员会，在乡村景观的管理、维护与宣传方面起到了重要作用。这样不仅可以对影响乡村景观风貌的违章行为和建设加以制止，而且对于建成的乡村景观进行必要的维护与管理，保持良好的乡村田园景观风貌。

>>> 第三章 乡村农业生产景观规划

农业生产景观包括部分耕地、园地、林地、水产养殖地、农业工程设施等，它向人们直接提供农产品和工业原材料等，农产品包括粮食、油料、棉花和水产等。农业生产景观以农业生产为特征，它既受自然环境条件的制约，又是人类为其生存和发展通过较完善的生物和技术活动，对农业土地长期或周期经营的结果。广义的农业生产景观包括农田景观（旱地景观、水乡景观、梯田景观）、林地景观、农耕景观、园地景观、养殖景观、湿地景观、草场景观等。

农业生产景观是乡村景观的重要组成部分，是乡村农业类型、农业地域组织与地域差异、农业发展水平与发展阶段、农业生产模式的综合体现。现代科学技术的发展使得农业生产方式不断更新，作物种植技术、品种开发、灌溉方式、加工流程以及农产品的市场化组织、管理与销售等众多环节共同构成现代乡村的农业生产景观。

农业生产景观的合理规划设计，对于改善乡村生态环境具有重要的现实意义。21 世纪初我国新农村建设中并未完全重视这部分的发展，大多数村庄还停留在单一类型的农业生产形态阶段。而对于一些农业相对比较发达的地区，制定科学合理的农业生产景观设计方案，营造自然、健康的空间，构造特色景观，提高经济效益，保障农业持续稳定健康发展，则显得尤为重要。

在农业生产景观的规划和建设中，应该在稳定传统的农田生产的基础上，强化果树、蔬菜、花卉等产业发展，建立具有较高生态稳定性和多样性的景观。农业生产景观规划设计既要考虑自然美的独特性，又要考虑社会经济意义，注重突出和开发农业自身的自然美，在顺应农业自然、生态规律和保持农业环境面貌的基础上，实现农业美景和经济效益。

一、农田景观规划设计

农田景观是耕地、林地、草地、水域、田坎、道路等的镶嵌体集合，表现为有机物种生存于其中的各类破碎化栖地的空间网格。

（一）农田景观类型与特征

依据农田景观结构和功能的不同，可将其划分为以粮食生产为主的大田景观、以设施生产为主的设施景观、以观光休闲为主的园区景观等类型。

1. 大田景观 大田景观以生产为主，基本保留原有的地形、地势、地貌，对自然的改造很小，农作物的种植也不需强调整齐和色彩搭配，按生长规律的变化而变化。大田景观以人为主体，在不破坏生态平衡的前提下，以方便生产、提高农作物产量为主要目标。田成方、林成网、路相通、渠相连，各要素组合井然有序，脉络清晰，标志鲜明，给人以活动的便利和视觉的快感。

（1）田块设计 最优大田景观应由几个大型农作物斑块组成，并与众多分散在基质中的其他小型斑块相连，形成一个有机的景观整体。

（2）林网设计 根据自然地理条件，因地制宜设置林带，农田林网的主林带应与主风向垂直。要选择材质好、树冠小、树形美和侧根不发达的树种，搭配时应乔灌结合、错落有致，同时注意避免选择可能对农作物生产带来危害的树种，既突出生态效益，又兼顾经济效益。

（3）道路设计 农田道路系统包括主干道、支道、田间道和生产路。主干道、支道是农田系统内外各生产单位相互联络的道路，路面相对较宽，采用混凝土路面或碎石路面。田间道应以土料铺面为主，辅以石料。生产道应以土料铺面。

2. 设施景观 设施景观以现代温室为载体，按照景观规划设计和旅游规划原理，运用现代高新农业科学技术将自然景观（作物为主）要素、人文景观要素和景观工程要素进行合理融合和布局，使之成为具有完整景观体系和旅游功能的新型农业景观形态。其主要特征体现在高新科技集成支撑、温室环境自动可调、作物景观新奇特优、景观体现园林艺术、文化内涵丰富等，从而达到农产奇观创造展示、农林科技集成展示、科普教育与推广、休闲观光娱乐等功能。

3. 园区景观 园区农业就农业生产方面，应满足农业的生产功能，如蔬菜、花卉的种植以及水产、家禽、家畜的养殖；就旅游休闲方面，应具有旅游观光和餐饮住宿等功能，满足游人观赏、体验、游玩、获取知识等需求；就生态方面，应具有净化空气和保护生物多样性等功能。归纳起来，具有经济、社会、教育、环保、游憩、农业文化保护与传承和医疗等功能。

（二）农田景观规划设计

1. 田块设计

（1）农田景观规划设计原则

①保持合适的空间尺度及景观结构：在农田景观规划设计中应坚持合适的空间尺度，可以通过农田景观自身的格局来控制空间尺度，避免给人以单调的感觉。有序化是对景观各要素之间的组合关系与人类认知的一种表达，如果景观各成分之间的结构、比例大小失调，会进一步造成无序空间中的局部空间过分拥挤或土地资源浪费等。在农田景观设计中，坚持适度的有序化与无序状态的合理搭配，反而可以增添景观的活泼与生动。也就是说，在整体有序的基础上，具有少量的无序因素对景观是有益的。

②合理配置作物群体：当前的农田景观中，首先要维护安全、稳定的景观格局。如果放弃了乡土自然，就中止了这种良性的干扰过程，一些生物物种有可能从此消失，从而破坏乡村生态环境系统的物质和能量循环，也就有可能导致乡土自然环境本身在生物多样性上出现危机。因此，可以按照一定的比例对几种不同的作物群体进行配置，使整个农田形成一个稳定的生态环境，从而有利于形成丰富多样的景观效果，提高经济效益。

③提升美学价值：农田景观由于自身的季节性特点，受自然因素的影响较大。农田景观在为人们提供农产品的同时，还能最大限度地发展景观农业，提高农田自身的美学价值和经济价值。农田之间可以在保证生产和尊重自然规律的前提下，通过地形空间上的层次变化，

颜色上的合理搭配，营造出具有极高美学价值的农田景观。如大片油菜花、紫云英等，也可以在农田空隙地带种植一些野生草花地被植物，并与周围的农田景观合理搭配，增加乡野情趣。这些独具魅力的农田景观，既有利于乡村旅游业的发展，同时也能大大提高农田的经济效益。

（2）田块设计 由于乡村田间管理的需要和机械作业的便利，农田一般来说要求较为规整。人们经常见到的农田形状大多为长方形或者平行四边形；农田的位置主要由当地的土壤、水分、光照等因素决定。一般来说，农田以大片的、连续的布局方式为宜，这样有利于农作物的生长，从而提高劳动生产率。农田的朝向是指田地作物生长的方向，对作物采光、通风、水土保持等有直接影响。实践表明，南北方向的农田比东西方向的农田种植作物能增产5%～10%。所以，一般农田应以南北方向为宜。

2. 农田防护林设计

（1）规模农田林网

①林网布置：农田防风林由主林带和副林带组成，必要时设置辅助林。建设中主要是修复残缺和断带，以及通过新建林网将片林、防护林、多年生植被连在一起。主林带依立地条件和作物结构可选择疏透型结构（0.35＜透风系数＜0.60），其他林带可选择透风型结构（透风系数＞0.60）或疏透型结构，而紧密型结构（透风系数＜0.35）多用于果园或农村居民点或厂矿设施周边。平原地区林带走向应与田、沟、渠、路有机结合。在田、渠、路、林网的配套上要按方田林网设计，采取渠、路、林平行，把渠、路设计在林带的阴面。丘陵地区主林带应沿等高线布设，副林带与上下坡的路边造林，河边、沟渠造林互相连接，形成林网。

②林带方向：主林带走向应尽量垂直于主害风方向，偏角不超过45°。副林带和主林带垂直。如因地形地物限制，主林带和副林带可以有一定偏角。

③林带间距：林带间距以林带有效防护距离为依据，间距的大小取决于当地主害风速、林带结构和主栽树种的高度，并结合沟、路的间距确定，一般可参考以 15～20H（H 为林带设计高度）为标准，允许相差 5H。林网格防护面积 10～14hm^2 为宜，为适应规模化生产，在风沙危害不重的地区网格面积可适当加大，但最大不宜超过 27hm^2。

④林带宽度和树种：林带宽度应符合最大限度发挥林带的防护效益，最低限度占用耕地的要求，并与当地环境、防风要求、株距和种植方式相适宜。主林带实行乔、灌木结合的多种混交，品字形排列，配置4～6行乔木、1～2行灌木，林带宽度为8～16m；副林带因地制宜配置2行以上乔木，可实行乔、灌木结合，林带宽度为4～8m。在主副林带内，要种植一些适宜的地被植物，提升农田的景观效果。树种应符合适地适树原则，合理混交，乔、灌木搭配，同时，要考虑经济效益和景观效应，树种还应具有树体高大、树冠适宜、深根性、抗逆性强等特点，并尽可能利用乡土树种。表 3-1 是北京地区常用的农田防护林树种。

表3-1 北京地区常用的农田防护林树种及其株行距（m）

树种	株距	行距
杨树	3.0～4.0	2.0～3.0
旱柳	2.0～3.0	2.0～3.0
垂柳	2.0～3.0	2.0～3.0
五角枫	2.0～3.0	2.0～3.0

(续)

树种	株距	行距
白蜡	2.0~3.0	2.0~3.0
杜仲	1.5~2.0	2.0~3.0
银杏	3.0~4.0	3.0~4.0
白榆	1.5~2.0	2.0~3.0
枣树（类）	3.0~4.0	3.0~4.0
核桃（类）	3.0~4.0	3.0~4.0
侧柏	1.0~2.0	1.5~2.0
花椒	1.5~2.0	2.0~3.0
紫穗槐	1.0~1.5	—
玫瑰	1.0~1.5	—

⑤护路护沟林：为美化景观，控制水土流失，田间道和斗渠（沟）两侧宜栽植护路护沟林。单侧栽植时宜栽植在沟、渠、路的南侧或西侧。护路护沟林宜乔木、灌木、地被植物相结合，坡面不宜裸露土壤。田间道路护路林单侧宽度一般不得大于3m，一级田间道可适当放宽。一级、二级田间道未硬化路基两侧边坡宜铺植草皮。护路护沟林的树种应适地适树，符合植物间伴生的生态习性。

(2) **设施农业区林网** 设施农业林网工程主要包括设施园区外围防护林工程、园区内道路、围栏绿化。设施农业园区周围林网绿化，可参考基本农田防护林副林带绿化模式，可以按东南西北采用不同树种和绿化模式。

①道路绿化：设施农业园区主干道两侧绿化，同一道路的绿化宜有统一的景观风格，同一路段行道树树种应相同。不同路段的绿化树种及形式宜有所变化，同时，在入口处可设立廊架，种植藤类瓜果蔬菜。

②围栏绿化：种植攀缘植物，如蔷薇、牵牛花等。对于墙体绿化的植物配置，应尽量选用当地的植物，体现乡土特色，也能节约成本。

此外，还要注意农田周边绿化美化建设，项目区边界到工厂、垃圾处理场等污染源的距离要达到1km以上，如在下风口，应建设30m宽的防护林；项目区边界距离省级以上公路要大于50m，且应建设大于10m宽的防护林隔离带；农村居民点与农田之间要种植5m以上宽度的绿化隔离带，乔-灌-草-花合理搭配，要求具有较高观赏性。

【案例】 **北京市顺义区赵全营镇和北石槽镇农田防护林设计**

农田总面积712.7hm²。设计前，该示范区农田防护林还没有形成林网化，仅有4条主林带和3条副林带，林带面积和数量不足（仅占农田总面积的1.78%），残缺现象严重。此外，当前防护林全部为人工林，树种单一（仅杨树和千头椿2种），群落结构简单（全部只有乔木层），部分林带病虫害严重，出现枯死，严重影响了其防护效益的发挥。而项目区景观方面，由于现有林带植被配置简单，林网稀疏，造成当前农田防护林几乎无景观效益可言。设计通过调整现有林带植物空间结构配置及景观美学视觉效果，从生态化和景观化两个角度进行，综合林带疏透度、有效防护距离及占地面积百分比对林带乔灌木结构、空间分布及林带宽度的要求，综合得出项目区土地整治防护林林带空间结构建设方案，形成了具有良好生态景观效益的农田防护林（图3-1、图3-2、表3-2）。

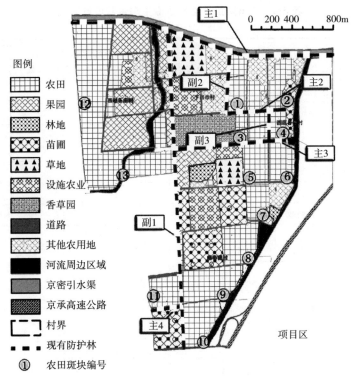

图 3-1 项目区现状
（刘文平等，2012）

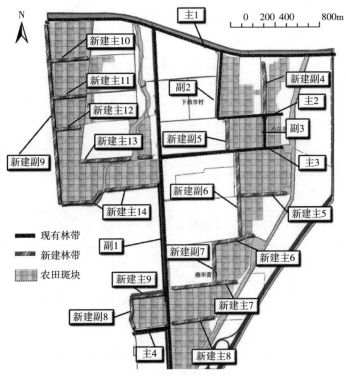

图 3-2 农田防护林生态化设计
（刘文平等，2012）

表 3-2 农田防护林土地整治生态景观设计方案

(刘文平等，2012)

防护林带	乔木	乔木株距（m）	灌木	灌木株距（m）	灌木色彩	现有宽度（m）	设计宽度（m）	设计行数	景观特色
主1	杨树	2.5	—	—	—	10	10	3	春、夏水岸绿化景观
主2	悬铃木	3	毛叶丁香	2	淡紫红色	4	4	2	春、夏淡紫色景观
主3	千头椿	1.8	榆叶梅	2.2	粉红色	5	5	2	高视觉吸引力的视线廊道
主4	杨树	2.6	—	—	—	5	5	2	简洁的绿色景观
新建主5	臭椿	2.5	小花溲疏	2	白色	0	11	2	春、夏白色淡雅景观
新建主6	旱柳	3	黄刺玫	1.8	金黄色	0	4.8	2	春、夏黄色亮丽景观
新建主7	榆树	3	锦带花	1.8	淡粉红色	0	3.6	2	高视觉吸引力的视线廊道
新建主8	银白杨	2.5	华北绣线菊	1.8	白色，略带粉红	0	3.6	2	春、夏白色淡雅景观
新建主9	国槐	2.5	太平花	1.8	乳白色	0	3.4	2	春、夏白色淡雅景观
新建主10	栾树	2	大叶黄杨	1.7	绿色	0	3.9	1	春、夏、秋绿色基调景观背景
新建主11	臭椿	2	华北绣线菊	2	白色，略带粉红	0	3.9	1	夏、秋白绿相间淡雅景观背景
新建主12	侧柏	2	红瑞木	2.3	红色	0	3.9	1	四季绿色基调，冬季红色点缀
新建主13	油松	2.5	迎春	1.7	明黄色	0	12.3	2	四季绿色基调，早春红色点缀
新建主14	银白杨	3	华北绣线菊	1.8	白色，略带粉红色	0	12.3	2	夏、秋白绿相间淡雅景观背景
副1	国槐	1.8	连翘	1.9	金黄色	4	4.6	2	醒目的入口及迎宾景观廊道
副2	杨树	3	榆叶梅	2.2	粉红色	4	4	2	春、夏粉红色景观
副3	千头椿	2.5	—	—	—	4	4	2	原乡土景观
新建副4	臭椿	3	毛叶丁香	1.7	淡紫色	0	3.2	2	春、夏素雅紫色基调景观
新建副5	千头椿	2.5	锦鸡儿	2.5	深黄色	0	4.6	2	春、夏黄色暖色调景观
新建副6	白蜡	2.5	太平花	1.8	乳白色	0	3.4	2	春、夏白色淡雅景观
新建副7	栾树	2.5	大叶黄杨	1.7	绿色	0	2.8	2	春、夏、秋绿色基调
新建副8	臭椿	3	紫叶李	2	紫红色	0	3.4	2	春、夏、秋紫色景观
新建副9	旱柳	3	毛叶丁香	1.8	淡紫色	0	9	2	春、夏淡紫色基调背景景观

根据与周围环境的关系，共形成3条主要景观轴线，将项目区划分为4片不同的景观功能区（图3-3）。

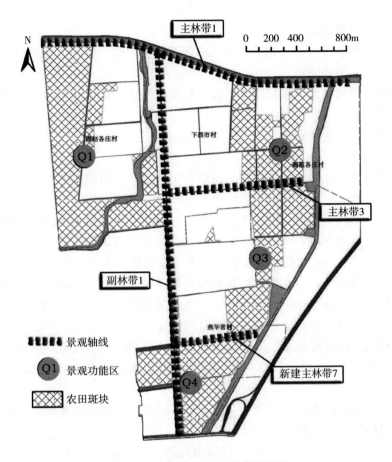

图 3-3 农田防护林景观功能区划
(刘文平等，2012)

西侧功能区（Q1）是果园与大田结合的主要景观。为衬托果园良好的花果观赏景观，该区防护林带应作为景观背景进行建设。为解决项目区冬季景色萧条的状况，应适当选用当地常绿植物作为主要防护树种。

东北部功能区（Q2）是设施大棚与大田结合的主要景观。位于大田一侧的设施园区大棚多为陈旧大棚，且大棚周围各色建筑物凌乱而不协调，为统一规范这些杂乱的景观，防护林带乔灌木应选择色系相近的植物，将整个景观赋予较为一致的色彩基调，形成较好的视觉效果。同时，为了能够有效遮挡大棚一侧的不良景观，防护林带灌木植物应选择成年期高度高于人平均视线高度（1.5m）的植物。

东中部功能区（Q3）是苗圃与大田结合的主要景观。该区景观空间狭小，且苗圃植物多为统一的松柏类常绿植物，导致该区景观多样性差、景观意境气氛略显沉闷。为了活跃整个景观空间，应选用色彩鲜明的植物，通过乔灌木之间的空隙，对道路空间进行有序、生动而虚实结合的分割，形成不同韵律的景观。

南部功能区（Q4）景观基本上是连续成片的农田景观。该区是项目区的主要出入口区域，具有形成景观标志的重要作用。因而植物配置应采用明色调、粗线条的植物，体现宽广、大气简约的农田景观，又不失其标志身份。

3. 农田景观道路设计

（1）规模农田景观道路

①田间道路类型和布置：田间道路包括田间道和生产路。田间道按主要功能和使用特点分为一级田间道和二级田间道。

一级田间道：项目区内连接村庄与村庄、村庄与田块，供农业机械、农田物资和农产品运输通行的道路。

二级田间道：连接生产路与一级田间道的道路。

田间道应不超过 $3.0km/km^2$。

生产路：项目区内连接田块与田块、田块与田间道，为田间作业服务的道路。生产路应不超过 $8.0km/km^2$。

一级田间道、二级田间道宜沿斗渠一侧布置，其高度应参照斗渠的渠顶高度而定；生产路应根据田块布置情况，沿农渠一侧布置，其高度应参照农渠的渠顶高度而定。田间道工程中，路面宽度小于3.5m的道路可设置会车点和末端掉头点。

②道路工程建设模式：田间道纵坡宜根据地形条件合理确定，最大纵坡不超过8%；田间道最小纵坡以满足雨雪水排除要求为准，一般宜取0.3%～0.4%。路基应采用水稳定性好的材料填筑，一般路段路肩边缘应高出路基两侧地面0.5m以上。路面可只设两层：面层和基层。一级田间道路面可采用混凝土路面或沥青碎石路面；二级田间道路面宜采用沙石路面；生产路宜采用素土夯实路面。田间道路两侧绿化应满足农田林网建设的要求，重视提升景观绿化效果。

（2）设施农业区景观道路 设施农业区景观道路可参照设施农业景观规范，可以分为设施农业区一级道路和二级道路。

①一级田间道：主要是设施农业区周边道路和主要干道，宽度4～5m。一级田间道路面可采用混凝土路面或沙石路面，道路两侧可保留0.5～1m绿化带。

②二级田间道：主要是生产路。宽度3～4m，道路两侧可保留0.5m绿化带，可采用沙石路面或透水砖或素土夯实路面。不提倡路面完全覆盖，使路面形成缝隙和具有多孔隙的结构。缝隙和孔隙中可以种植植物，既节约成本，也提高了路面的生态特性。

二、观光果园景观规划设计

传统意义的果园基本上就是从事果品生产经营活动，产业链较短，附加效益很少，也无法形成具有地方特色的果园景观。随着时代的进步，发展现代农业的理念逐渐引起世人的关注，观光果园就此应运而生。

观光果园是现代果业与乡土民俗文化、自然生态景观融为一体的新兴产业，是在自然之景的基础上，将农业生态和乡土风情也纳入景观的范畴。可以说观光果园园区景观以百花盛开、瓜果满园、鱼跃鸟鸣、凉亭竹棚等资源为优势，是包括一个区域的林果花草、田园风光、民俗风情等因素在内的，融科普教育性、休闲娱乐性、乡土特色性、自然生态性、时代进步性等为一体的一个系统而复杂的工程。通过景观的建设，往往能够创造出令人神往、妙趣横生的现代果园。通过合理的规划与建设，可以加强乡村果园景观建设，加速乡村旅游的发展，提高经济效益，真正造福于农民。

(一) 观光果园景观规划设计原则

1. 突出旅游观光主题 从果园整体到局部都应围绕采摘、旅游、观光、休闲、体验相结合的主题安排。例如,2007年,北京市把区域内观光果园统一规划为集生产创收、休闲旅游、生态示范、科普教育、赏花品果、采摘娱乐于一体的各类型主题果园,建成景观生态型、现代休闲体验型、农场型、科研科普型等观光主题果园,其中包括昌平区苹果品种主题公园、房山区京白梨大家族主题公园、怀柔区红皮梨有机观光采摘示范园、怀柔区七彩樱桃主题公园、密云区百杏园、顺义区缤纷四季休闲体验园、通州区永乐科技休闲体验园等。

2. 以原有绿化树种、果树为植物材料进行园林景观的营造 根据不同地块、不同树种、品种的观赏价值进行安排。观光果园是以农业生产为基础,其景观的展示也是以原有果树生产为依托,没有生产就没有最基本的景观环境,也就谈不上开展旅游观光及相关配套活动。

3. 知识性、科学性、艺术性和趣味性相结合 观光果园具有生产、科研、文化、科普、休闲等功能,应尽可能地把果园的一草一木都变成知识的载体,使游客能得到全方位的果树知识及果品文化的熏陶,要尽量提高园林规划设计的科技含量。在进行果树科学管理的同时必须兼顾其艺术欣赏性,将其形态美、色彩美以及群体美、个体美有机结合,把果品当作工艺品来生产,使其科学性和艺术性得到充分体现,时间和空间上实现完美统一。

4. 保护环境、保持生物多样性 只有果园而无优美的自然环境和观光景点就无法成为观光果园,因此,保护自然环境,保持园地的生物多样性,建立良性循环的生态系统是非常重要的。要以生态学原理指导观光果园的景观规划设计,要特别注意正确处理果树开发、景点建设与生态环境可持续发展的关系,切忌滥砍滥伐,大兴土木,要把对植被的破坏、对环境的污染减少到最低程度。实践证明,良好的生态环境,既是生产优质无污染绿色果品的前提和基础,又是吸引游客、获得观光收入的条件和保障。观光果园奉献给人们的不仅是"口福",更重要的是"眼福"。

5. 园林美学 应根据园区的地形、地貌进行改造和塑形,并根据果树树种和品种特性进行选择和配置,使人造景观(如观景台、雕塑、桥梁、假山、喷泉、绿廊、果坛等)和自然景观(如动物、植物、矿物及其自然环境等)和谐统一。

(二) 观光果园景观规划设计的主要内容

1. 园地规划

(1) 生产用地规划 观光果园是以果树资源为基础的产业,重点规划内容就是种植果树的园地规划,把整个园地划分为若干个大区和若干个小区,小区是规划的基本单位,其面积大小依地形地势和功能需要而定。观光果园一般分成梨园、桃园、橘园、李园、梅园、杏园、杨梅园、葡萄园、猕猴桃园等许多小区,或者以一个种类为主体的不同品种的果树小区。根据需要也可规划苗圃、设施区等。道路、排灌渠、防护林、管理用房建设的布局要考虑游览的方便。

(2) 观光休闲景点和绿地规划 观光果园除了一般果园规划之外,规划休闲观光景点和绿地也是其主要内容,要因地制宜地规划一些园林小品,如亭台楼阁、小桥流水、荷池鱼塘等。同时还应建设一些休闲娱乐场所,以满足游客赏景、品茗、谈心、垂钓、棋牌、烧烤之类的休闲需求。依据地形来规划设计，尽量使建筑融入自然，使之有浑然天成之美感。

(3) 非生产用地规划 作为观光果园，在建园时应充分考虑交通运输、服务设施及办公、生活设施等非生产性规划。非生产用地的规划主要有以下几项内容。

①道路系统规划：观光果园的道路规划应考虑作业道和观光步道。主干道贯穿全园，与停车场、接待中心、果园、观光景点连接，有条件的还可辟出供游人漫步、游玩的山间小道。

②排灌系统规划：从实际出发，充分利用水源引水灌溉，做到水少能灌，水多能排，水旱无忧，旱涝保收，现代观光果园可适当规划喷灌、滴灌等节水灌溉设施。水渠营造多考虑游玩需求，能创造优美的园林意境则更佳。

③防护林的规划：果树的生长需要一个良好的生态环境，观光游客更渴望能在风景如画、绿树成荫的景观中休闲，因此在果园中规划防护林是必不可少的，它可以起到防风、防旱、防冻的良好作用，同时还有利于园地的绿化和美化。

④办公、服务、生活等设施的规划：大门、办公室、接待中心、服务楼、餐饮、商务中心等生产、生活、服务设施都要一一进行规划。这些设施应尽量选择在位置适中、交通方便、风景优美的地方。

2. 技术设计 在完成整体规划布局后，就要逐项进行技术设计，绘制各种施工大样图，为各项建设提供技术依据。技术设计包括基础工程、果树种植、景点小品、休闲设施、配套设施与道路、灌溉系统、防护林系统等。

作为观光果园的技术设计，要求各个方面都能突出园林艺术效果，以增强观赏性、趣味性，达到新、奇、特、美的要求，首先在树种、品种安排上尽可能名、优、奇、特，合理搭配乔、灌、草、藤，尽量做到四季有花、有果、有景，充分展现形态美、色彩美、空间美。园林小品要融入其中，道路也要顺其自然。与此同时，在管理中还要强调规范，按无公害标准进行生产，生产出安全、营养、无污染的果品。因此果品生产的技术规程也要作为技术设计的重要内容。

（三）观光果园景观要素规划设计

1. 植物景观 植物在观光果园中是主要的风景构成要素，通过植物种植体现出农业景观的生态美，并且能够以丰富多变的季相美和鲜明的主题来吸引游客。观光果园植物种植包含了林果产品生产栽培和绿化配置两方面。

植物景观主要包括基质、斑块和廊道景观。基质景观是指通过对园区水系、地形的梳理和改造形成的大面积连续分布的绿色植物景观。斑块景观是指园区内各功能分区（如入口服务区、特色产业区、观光采摘区、商务接待区、文化休闲区、娱乐活动区等）的植物景观。廊道景观包括以交通为目的的道路廊道及河流和绿化隔离带等自然廊道的植物景观。

(1) 植物景观规划设计原则

①因地制宜，适地适树：以植物分布的区域性为依据，选择适生的优良品种，形成最佳栽培区，再按产品生产和园内植物的景观设计要求进行布局，既充分体现、保护和利用植物的地域特色，又展示了植物类群、种类和品种的观光价值。

多数林果植物均为喜光植物，因此一定要将果树种在地域较开阔、光照较好的位置上。而且林果植物是高需肥性植物，适合适度含水量的土壤，所以要选择保肥保水性强的土壤，或不断地施用有机肥予以改良，在间作和套作时要避免植物之间对水肥的竞争，还有一些林果植物不耐涝，应选择地势较高的地方。

②合理搭配，密度适宜：观光果园植物景观设计中，要特别注意不同类群、不同种类以及不同品种之间的合理搭配。有些种类不能混植，如核桃与苹果不宜混植，因核桃分泌胡桃醌抑制苹果树的生长发育；而有些品种必须混植，如多数果树需异花授粉才能结实，因此要合理配置授粉品种。同时，注意类群间和种类间搭配，有可能助长病虫害侵染，如侧柏为苹果、梨锈病的中间寄主，泡桐是果树紫纹羽病菌的越冬场所，如果近距离同栽，会加重病害的发生。从景观角度出发，要注意主要植物类群、种类和品种间的相互和谐，要逐渐过渡，避免生硬。另外各种植物的生长速度和生命周期不尽相同，速生植物生长快，可以快速表现出设计效果，但速生树一般寿命较短，抗逆性较差，因其更新快，也增加施工和养护管理的负担；慢生植物虽然见效慢，但生命周期长、抗逆性强，容易管理。设计时要注意速生植物和慢生植物的合理配置。

各种植物因为生长发育规律不同，对环境的适应性各异，设计上要考虑因类群不同、种类不同、品种不同，设置不同的株行距。

③季相变化丰富，色、香、形对比和谐：观光果园植物景观要综合考虑时间、环境、植物类群、种类及其生态条件的不同，使丰富的植物色彩随着季节的变化交替出现，使各个分区突出季节的植物色相。以北京市为例，在不同季节具有不同的观花品种与观果品种（图3-4）。

类群、种类、品种的选择要兼顾季相、林相四季景观的变化，利用主体植物、伴生植物、造景植物等结构形式组合不同游憩空间。

④体现植物特色文化：我国幅员辽阔，林果植物资源丰富，栽培历史悠久，具有极强的地域性、季节性与可识别性，并具有深厚而丰富的文化积淀。设计要充分挖掘其深厚的文化内涵，提炼当地的人文资源，通过名诗、名画、雕塑等艺术手法，高度体现园艺植物文化和浓厚的地域特色，达到科技与文化、景观与情感的交融。如宁夏中卫市沙地园艺观光园的"沙漠绿洲""沙地林果"和"沙湖鸟岛"、南京傅家边现代农业科技观光园的"中华梅园"等。

⑤体现以人为本思想：在观光果园植物景观设计时，应本着理解人、关心人、尊重人的思想，准确地把握游客的心理特征和行为特征，利用各种植物，结合建筑、水体、地形，通过空间的分隔、围合等设计手法，营造封闭性、半封闭性、开放性的多样化小空间，为不同年龄、不同文化层次的游客提供各种休闲活动场所；同时充分展示植物的新、优、奇、特、色、香的美学特点，创造一个集知识性、科学性、艺术性、趣味性、娱乐性于一体的优美环境，满足游客求知、求新、求实、求美的心理需求。

(2) 功能分区植物景观规划设计 观光果园区按照功能一般可分为入口及管理服务区、观光采摘区、休闲体验区、科普展示区等区域，每个分区植物景观有其各自的特点。

①入口及管理服务区植物景观规划设计：入口区是园区的"门面"，入口区植物景观设计的好坏直接影响游客对园区的印象和评价。入口区的植物景观设计要体现园区的特色，宜栽植一些具有代表性的、花果美丽或造型新颖的景观树。停车场可以选择冠大荫浓、分枝点高的高大乔木，也可以采取棚架式种植方式，选择一些藤本果树或可以棚架栽培的品种，形成遮阴效果。其他如接待室的配置要按照建筑的不同风格、体量、材质等选择相应的植物和

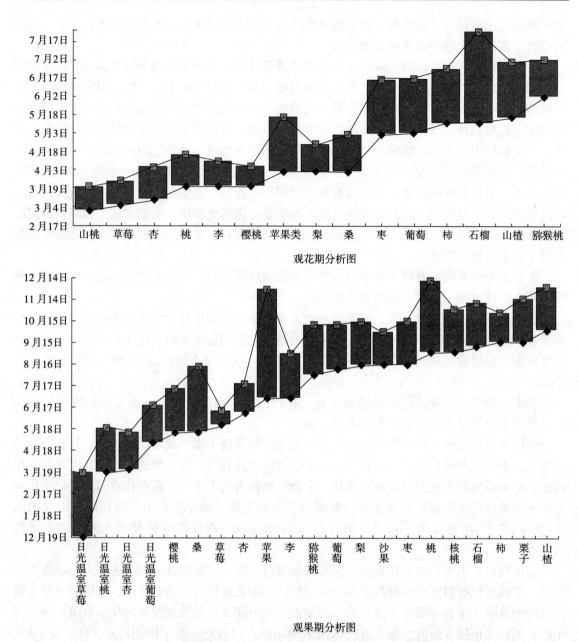

观花期分析图

观果期分析图

图 3-4 北京地区常见观光采摘品种观花期与观果期分析图
(姚允聪等，2009)

配置方式。

②观光采摘区植物景观规划设计：观光采摘区植物景观设计以林果植物为主体，其他植物用于游览、服务等配套设施的配置，起衬托、引导等作用。

从栽植方式上，可运用园林设计中的植物造景的理念配置植物。例如，草本水果（草莓、西瓜）、矮化果树与乔化果树相结合，既延长了果园的观光时段，也解决了人们周年观光旅游的问题；按照不同花期和果实成熟时期，在不同的地块配置植物，如早熟苹果、晚熟桃、杏等，延长果树的观赏期，营造一个月月有鲜花、季季有鲜果的植物季相景观，吸引游客前来；还可大胆应用一些藤本果树，搭建各种不同形式的廊架，供人们休闲尝果。

整形修剪是许多林果植物优质高产的主要技术措施，也是林果植物造型的主要手段，造型设计首先要满足园艺植物生产的要求，在此基础上，设计半自然半人工的园林景观，对同一种类的植物可选用多种常用树形，并安排在毗邻的地块，以满足林果植物生产并构成鲜明对比的景观效果，如苹果可选择开心形、主干形、网架式，葡萄整形成伞形、篱壁式、折叠扇形、架式走廊等，再把这些植物按其生长发育的生态条件布局，一行一列，呈线性展开，构成一种具有节奏韵律感的园林景观，既满足了生产，又可供人们观赏，使人们在休闲娱乐的同时学到一些园艺植物的基本知识。还可利用林果植物丰富多彩的花色、果色，通过嫁接，增加林果植物的科学性和观赏价值。如苹果可按嘎啦系、元帅系、富士系、青苹系等多个品种嫁接组合；桃可按毛桃、油桃、蟠桃、油蟠桃等多个系列，选择不同花色、不同果色、不同果形、不同成熟期的果树组合在一株树上。这种嫁接组合方式可使一株树上既有花，又有果，既有幼果，又有成熟果，具有独特的观赏价值。

③休闲体验区植物景观规划设计：休闲体验区可以利用植物的不同特性形成不同的开放、半开放的空间，便于游客活动。如仅用低矮的灌木和地被植物作为界定空间的元素，形成完全的开放空间；可以用树冠浓密的遮阴树或藤本、攀缘植物的棚架形成顶部覆盖、四周开敞的空间；可以在空间的一面或多面用较高的植物围合成半开放空间；可以考虑用果树植物进行环形栽植，中间空出来的绿地上配以少量的地被植物或者草坪，既起到了美化的效果，又可以供游人休闲野营等。休闲体验区园艺植物运用较少，主要起焦点和点缀作用，植物选择上要考虑一些花、果颜色艳丽，树冠较大，较抗污染的植物种类。

④科普展示区植物景观规划设计：林果植物在我国不仅栽培历史悠久、品种资源丰富；同时生产上形成了许多高科技的栽培技术，且有不同时期的品尝礼仪。一方面，在园区设置科普展示区，把这些知识通过文字、图片、多媒体展示出来，让游客在娱乐之中了解植物的科学和文化知识。另一方面，在不同景区应围绕各种园艺植物文化，通过名诗名言、典故、匾额题名、雕塑等来点明主题。如把桃李有机合理布局在一起，暗含桃李满天下的寓意；把杏配置在门口、餐厅，或培训中心附近，寓意报春、杏坛、杏花村；苹果与水系布局，寓意萍水相逢；桃树与水系布局，寓意桃花源、桃花溪。梅更是广大国人喜爱的植物，元代杨维硕赞其"万花敢向雪中出，一树独先天下春"，毛主席诗词中"俏也不争春，只把春来报"，陆游诗中"无意苦争春，一任群芳妒"，赞赏梅花不畏强暴的品质及虚心奉献的精神。成片的梅花林具有香雪海的景观，以梅命名的景点极多，有梅花山、梅岭、梅岗、梅坞、香雪云蔚亭等。林逋诗中"疏影横斜水清浅，暗香浮动月黄昏"是最雅致的配置方式之一。

2. 地形景观 在景观构成的诸多要素中，地形是构成整个景观的基本骨架，是建筑、植物、水景等要素的基底和依托。观光果园以展示自然美为主，地形处理宜采用自然式，设计营造自然起伏变化的地形。

在观光果园地形设计时，首先必须考虑对原地形的利用，要因地制宜，尽量顺应原地形进行造景，减少土方工程量，特别要注意防止表土流失、避免突然侵蚀，控制好排水的方向和速度，注意地形和排水对坡面稳定性的影响等。

从景观变化的丰富性和功能利用等角度来看，观光果园适合的是有一定起伏而又不过于陡斜、坡长适度的地形，在观光果园建设时，若涉及果园选址问题，则应注意选择具有良好自然地形地貌的基址，可以取得事半功倍的效果。

根据原地形特点以及造景构思，可以对地形进行适当的改造从而创造丰富的空间，以地形为主结合植物（主要是果树）的种植进行空间的界定和划分，营造开合有序、灵活多变的空间。同时考虑果树生态习性的要求，适地适树，改造利用原地形，为植物（果树）的生长发育创造良好的条件，如桃树喜光，其根系需氧量很高，耐水性差，要求土壤通气性良好，不宜在低洼地种植，而适宜种植在光照充足、地势较高的坡地，形成桃花满山的美景。对于适应性较广的果树来说，则可根据景观主题来选择或营造契合的地形环境，如要营造梅花坞的景色，应选择谷地种果梅，但若要再现"疏影横斜水清浅，暗香浮动月黄昏"的诗境，则选择临水的缓坡地配置梅树。

3. 水体景观

（1）原有天然水体的处理　自然界中有江河、湖泊、瀑布、溪流、涌泉等自然水景，在观光果园基址上如果有自然水体，则是自然环境条件中的一大优势，应充分利用，借此展开水体的观赏空间、开辟水际和水面的活动场所。首先要掌握水体的范围、面积、水量、水位、水质、流速、水源、驳岸材料、稳定性等情况，分析其可利用的程度。

对于现状条件好的水体，应保留其主要的自然原生态，其他景观要素的设计要考虑与自然水体的搭配，如结合地形改造、植物配置、游步道开辟和小品设置（如水车、水磨坊、渔船、水筏等）组合多种景观和空间，在保持良好生态和可持续发展的前提下，种植水生植物，放养水生动物如鱼类，使水景更有生气和景观变化，还可增加垂钓等娱乐项目。

如天然水体存在不足，则应考虑保护和改造措施，如改良水质，挡土固坡，适当改造水形等。可以通过控制污染源、水生植物过滤等措施改善水质，对驳岸的加固要注意采用自然的材料，少用规则整形和人工化的材料，以免破坏水体原有的自然特征，如驳岸上部可用自然山石、圆木防止流水冲刷与侵蚀，也可顺应地形，把驳岸设计成缓缓伸入水中的草坡，这样的处理最为自然，易于营造出轻松、恬静的自然田园风光（图3-5）。

图3-5　自然山石驳岸、草坡驳岸

（2）人工水景的设计　如果观光果园基址上没有天然水体，则可根据地形和布局要求设置人工水体。水景设计的基本原则是以大自然的水态为蓝本，"得其性，仿其形，取其意"。进行水景设计时，首先要因地制宜，"高方欲就亭台，低凹可开池沼"，其次要明确水的来源和去脉，"疏水之去由，察水之来历"，避免无源造成不持久，无脉而造成水灾。观光果园中的水体宜为自然式，驳岸采用自然曲线形，水体宜采用自然组合式，以自由布局的水面为中心，以线形的河流、溪流构成水景线的展开，使水体在序列空间中远近起伏有致，并再现水的自然形态于诗意的田园环境中。

大面积自然水景设计要注意虚实相生，湖岛相见，使精致多变。结合水景展示我国古老传统农业灌溉机具，如水车、水磨坊，起到科普和提高趣味性的作用。水边的游步道和堤、水岸平台、桥、汀步相连，既可变化观景的视点和角度，也给游人接近水和漂浮的体验。水岸可适当设置小型铺装广场、挑台、台阶、栈道，营造亲水空间，游人可以进行赏景、垂钓等休闲娱乐活动。桥和平台风格宜简洁、自然平实，造型质朴，不宜用金属材质（游乐设施除外），有利于和自然环境融为一体。

在地形起伏较大之处做水景可以考虑瀑布、跌水、溪涧等动水，利用其跳跃的形态和声响吸引游人的注意力，形成水景空间的焦点和景观的兴奋点。

根据观光果园的类型、规模、开发经营方式的不同，水景的种类也不同，大规模果园可设置多种水景形式，在观赏游览区以自然水景为主，在主入口和主要广场前以装饰性水景（喷泉、规则形水池）为主，如果设置了娱乐区，则可以考虑设置戏水池等游乐设施。观光果园的水景设计要特别注意安全的保证，如驳岸材质、水深、水岸护栏、桥和汀步设置等。

4. 建筑设施和小品景观 观光果园以植物（果树）景观为主体，建筑设施在园区中占的比例不高，但也常常成为局部景区的主景，具有景观和功能双重作用。观光果园建筑设施按使用功能来分有生产设施、游憩设施、公用服务设施和管理设施等。这些建筑设施要与环境融为一体，景观既可以具有浓厚的乡土气息，突出乡趣、野趣，也可以是现代风格，与环境形成鲜明的对比，特别要强调经济、实用。

观光果园中的生产建筑设施主要有温室、塑料大棚、棚架、灌溉系统等，这是观光果园建筑设施景观独特性的一个内容。和一般生产性的建筑设施相比，应更注意布局安排和外部形象。温室或塑料大棚可以帮助热带果树过冬，荫棚用于养苗和作为越夏的场所，棚架是藤本类果树（葡萄、西番莲、猕猴桃等）生长的场所，形式多样，如单臂式、花架廊式、拱架式、亭式、四方棚架式等。

建筑设施材料有木（竹）质、混凝土、金属等，宜根据环境和造景要求采用适宜的形式和材料。果园中的灌溉设施，可形成特殊的果林雾景，也可因灌溉而设置具有田园特色的小品或古老的灌溉机具如水车等，增加景观的趣味性和教育意义。生产建筑和设施既要满足生产和作为展示场所的要求，同时也要成为园景点缀于果园中，为环境增色。

游憩类的建筑设施有亭、廊、榭、台、花架等，观光果园的游憩类建筑设施的布局宜顺其自然，巧其点缀，立其意境，聚散有序，外观、体量要和果园环境协调，内部设计要注意游人的行为规律和心理，应做到以人为本。

果业休闲体验建筑有果汁屋、果酒坊、果茶吧、果艺阁等果品加工、体验、品尝设施。外形设计要别出心裁，简洁、自然，要能表达出其特有的功能和特点，如果酒坊可仿酒坛或酒桶的外形色彩进行设计，内部则应根据游人量和功能要求合理分区和设计。

服务管理建筑设施有餐厅、茶室、接待室、休闲中心、果文化馆、小卖部等，外观可以参考游憩类建筑，或是和游憩建筑结合，实现多种功能的结合。

小品是供休息、装饰、照明、展示和为管理及方便游人之用的小型建筑设施。一般没有内部空间，体量小巧，造型别致，富有特色，并讲究适得其所。小品既能美化环境、丰富园趣，为游人提供文化休息和公共活动的方便，又能使游人从中获得美的感受和良好的教益。观光果园中的园林小品有供休息的小品，如座椅；装饰性小品，如花钵、景墙、日晷、水车、古井、石磨、古代农机具等；结合照明的小品，如园灯；展示性小品，如导游图板、指路标牌、说明牌等；服务性小品，如为游人服务的饮水泉、洗手池、公用电话亭、时钟塔、废物箱等（图 3-6）。

图 3-6　富有特色的小品

>>> 第四章 乡村建筑规划布局

乡村建筑是指在农村用于生产、生活的各类建筑物、构筑物。乡村建筑主要包括村民日常生活的居住建筑，为之配套的各类公共服务建筑，如商店、幼儿园、中小学校等，以及用于农业产业发展的各类生产建筑。

一、乡村居住建筑

乡村居住建筑的功能是为村民提供居住生活环境，乡村居住建筑布局则是确定乡村居住建筑的总体布局及各主要功能部分的空间位置及有机组合。一个完整的村落建筑是由住宅、公共服务设施、绿地、建筑小品、道路交通设施、市政工程设施等实体和空间经过综合规划过后而形成的。在乡村，居住建筑用地占乡村建设总用地的30%~70%。因此，乡村居住建筑布局的好坏将直接影响村镇的空间形态和新农村建设的风貌。

（一）乡村居住建筑布局的基本要求

乡村居住建筑布局所包括的内容较多，是一项综合性较强的工作，涉及的面比较广。在进行乡村居住建筑布局时应满足以下几个方面的要求：

1. 实用要求 符合村民正常生活的使用要求是乡村居住建筑布局的基本要求。村民的使用要求是多方位的，不同的家庭人口组成其使用要求也不相同，即使相同人口数的家庭也因家庭成员工作性质、文化素质的不同而对住宅、环境要求不尽相同。为了满足不同村民的多种需要，必须合理确定公用服务设施的规模、数量及空间分布；合理组织村民室外活动、休息场地、绿地和村民居住区出入口与乡村交通干道的连接。

2. 环境要求 乡村居住建筑要求有良好的日照、通风条件，同时防止噪声的干扰和空气污染等。

村民要求有一个卫生、安静的居住环境。目前我国有污染的工矿企业有向郊区乡镇发展的趋势，村镇的污染已刻不容缓。防止来自有害工业的污染，从农村居住建筑本身来说，主要通过正确选择居住区用地。居住区内部可能引起空气污染的有锅炉房的烟囱、垃圾及交通车辆的尾气、灰尘等。为了防止和减少这些污染源对村民居住区空气的污染，最根本的解决方法是改革燃料的种类、改善采暖方式。现在发达地区已基本采用集中采暖和管道天然气。

3. 安全要求 乡村居住建筑布局除了给村民提供一个正常的居住环境以外，还要为村民创造一个安全的居住环境，即在进行乡村居住建筑布局时要考虑可能引起灾害发生的特殊和非常情况，如火灾、地震、敌人空袭等。对于有可能引起灾害的火灾、地震、敌人空袭等国家制定了有关的消防规范、抗震设计规范、人民防空规范等。在居住建筑布局过程中应按照有关规定结合具体情况分析，最大限度地降低和减小其危害程度。

(1) 消防问题 为了能在一旦发生火灾时保证村民的安全，防止火灾的蔓延扩大，建筑物之间要保证一定的防火间距。防火间距的大小与建筑物的耐火等级、消防措施有关。

当建筑物沿街布置时，从街坊内部通向外部的人行通道间距不能超过80m，当建筑物长度超过160m时，应留消防车通道，其净宽和净高都不应小于4m。居住区的道路应设消防栓，消防栓间距不应大于120m。每个消防栓服务半径为150m。

(2) 抗震要求 在地震区，建筑物的设计要符合抗震要求，而农村居住建筑布局要考虑以下几点：

①建筑应尽量避免布置在不稳定填土堆石地段及地质构造复杂地区（如断层、风化岩层、裂缝等）。

②村民居住区的道路要通达，避免死胡同。村民居住区要留有足够的绿化用地，以供临时居住、疏散、集聚。

③建筑物的体形应尽量方正，建筑物的长宽比、高宽比要适中，同时还必须采用合理的间距、建筑密度。

(3) 人防 目前对乡村居住建筑布局的人防问题考虑较少，人防建筑的定额指标还无统一规定。但本着"平战结合"的原则，建议布局时可考虑一部分建筑物和平时期作为公共辅助设施，战争时期可转化为人防建筑，这就要求按照国家人防规范设计。

4. 经济要求 乡村居住建筑区容积率不高，土地利用率较低，与城市相比土地较为浪费，但与乡村以前相比又较为经济。乡村居住建筑建设应与当地经济条件相适应。合理确定居住区内住宅的标准，以及公共建筑的数量、标准。降低居住区建设造价和节约土地是乡村居住建筑布局的一个重要任务。

衡量一个农村居住建筑布局的经济合理性，一般除了一定的经济技术指标外，还必须善于运用多种规划布局的手法，为乡村居住建筑建设的经济性创造条件。

5. 美观要求 乡村居住建筑要为村民提供一个优美的居住环境。乡村居住建筑区是乡村总体形象的重要组成部分，应根据当地建筑文化特征、气候条件、地形、地貌特征，确定其布局、格调。乡村居住建筑的外观形象特征由住宅、公共设施、道路的空间围合、建筑物单体造型、材料、色泽所决定。

现代乡村居住建筑布局应摆脱小农思想，反映时代特征，创造一个优美、合理、注重生态平衡、可持续发展的新型居住环境。

（二）乡村居住建筑的布局形式

乡村居住建筑区的规模与布局是经过长期历史形成的。随着乡村经济发展和科技进步以及环境、生产结构的变化，原有的乡村居民点的规模也将随之扩展。乡村居住建筑的布局一般有分散型和集中型两类。我国幅员辽阔，平原地区、水网地区、水区、丘陵的环境不一，应区分情况做好规划。当前，决定集中或分散布局的主要依据是耕作半径。

1. 乡村居住建筑的选址

(1) 宅基 建造新住宅是农民生活中的一件大事，而选宅基是造房子首先碰到的问题。过去农民为了造好房子，不惜重金请人相地、相宅、定方位。传统选择宅基的经验要求地势高燥，水源流畅，建筑向阳等。俗话说"晨曦入室"，这是人们按时起床生产的信号，这些都是符合居住用地要求的，是可取的。其中主要定向，如子午向即正南向、丑未向即南偏西30°的西南向、亥巳向即南偏东30°的东南向等均为农居经常选择的朝向。实践表明，传统住宅的朝向是人们长期生活中总结的"冬暖夏凉"的好朝向。总之，要建造好新宅，必须首先选择好宅基，考虑地形、地势、土壤、地基、朝向、水源、交通及生产联系等各个方面，做到"有利生产，方便生活"。

(2) 朝向 众所周知，阳光对人的健康很有益处，紫外线能杀菌治病，助长发育。所以居住房屋一般要求有阳光进屋，且要求冬暖夏凉。住宅的朝向好坏，主要与日照时间、太阳辐射强度、常年主导风向、地形等因素有关。我国幅员辽阔，各个地区的常年主风向和日照时间不同，因此，建造住宅要按当地的气象条件，选择和采用不同朝向。

一般说来，当地农民住宅的朝向，多数属于较好的朝向。如上海地区在北纬31°12′，受海洋气候的调节，夏天的主风向为东南风，冬天多西北风，最热月（7月）南至东南风最多，西南风次之。所以该地区的农民住宅朝向以南偏西15°到偏东30°为宜，而以南偏东15°为最佳朝向，基本条件是南向，又尽量避免西晒。

(3) 日照 日照是所有自然环境中最主要的一项，只要保证住宅室内一定的日照量，就可决定住宅建筑的最小间距。通常日照间距的要求是使后排房屋在冬至日底层窗台高度处能保证一定的日照时间（图4-1）。

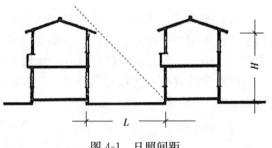

图4-1 日照间距

室内日照时间的长短，是由房间和太阳相对位置的变化而决定的，它和建筑物所在的地理位置、建筑方位以及季节、时间等因素有关。在实际设计工作中，常结合日照间距、卫生要求和地区用地等情况，以房屋间距（L）和前排房屋高度（H）的比值来确定。北京地区的房屋间距，L/H为1.6～1.7，最小也不宜小于用地紧张地区，如上海地区规定为0.9～1.1。

(4) 水源

①水源要求：宅基一般都应选在有水源的地方。没有水源或离水源较远的地区，应开挖护庄河，并填高宅基，水源可在宅前、宅后或宅基的左右两侧。

②水源位置：选宅基时要注意宅地的水源有否污染，通常宅基设在污染源上游500m以上的地方。在没有河流的地方，可采用沟井来解决生活用水、改善水质，尽量用地下水。

2. 乡村居住建筑的布局形式

(1) 平原、水网地区建宅 在平原、水网地区建造住宅，按农业生产要求，除自然村自发形成外，新开发的村庄一般都靠近机耕路和重要河道布置，以便于交通运输。新村的布置形式可归纳为带形、行列式、田块形三类布局。

①带形布局：带形布局有面河一字形（图4-2）、夹路双面一字形，还有夹河、夹路双面一字形。这种布局具有与自然村形成相似的优点，离水源近，使用方便，布置容易，在三类布局中最受欢迎。图4-3是面河沿线布置，以河为中心，南岸的住宅背河布置，北岸的住宅面河布置，中间以桥相连，这种利用水面的空间解决了用水及猪舍布置与住房间的矛盾，

也是江南地区乡村传统形式之一。这类布局不宜超过一定长度，否则就不利于公共福利设施的布置。

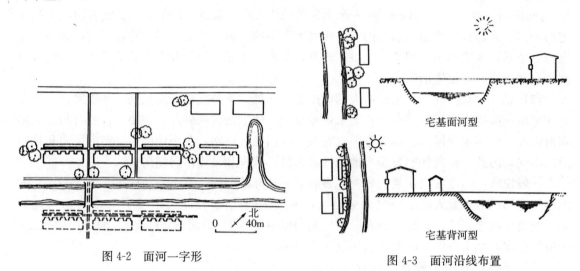

图4-2 面河一字形

图4-3 面河沿线布置

②行列式布局：建筑按一定朝向和间距成排布置，使每户都能获得良好的日照和通风，是当前广泛采用的一种布置形式。但如处理不当，会造成单调呆板的感觉，因此，在规划时常采用山墙错落、单元错开拼接以及用矮墙分隔等手法，或将住宅成组地改变朝向。

乡村居住建筑行列式布局结合河、路等特点可分为倚河行列式、倚路行列式、倚河夹路行列式（图4-4）等。

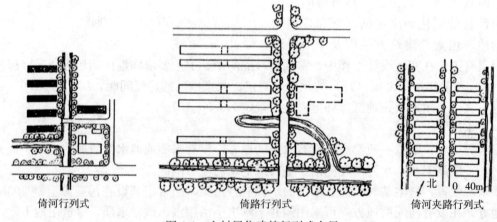

图4-4 乡村居住建筑行列式布局

行列式布局具有道路线短、用地经济、布局紧凑等优点，但在使用上没有带形布局方便。

③田块形布局：行列式布局进一步发展就是成片成坊，即田块形布局（图4-5）。这类布局以纵干道、横干河为中心或以十字河（路）为中心向四面均匀发展，各有特点。这是以乡为中心的新村规划的基本形式。从乡村城镇的发展远景来看，这种成片成块的布局有利于公共福利设施的布置，实现农村城镇化。但这种形式过于集中，对农民出工不利。

除上述三类新村总体布局外，自然村落的发展目前还不固定，特别是由于我国特有的乡

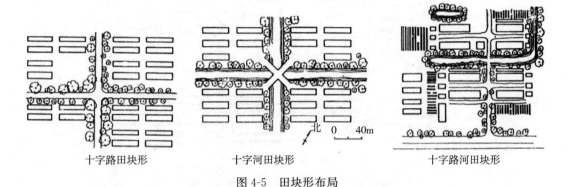

| 十字路田块形 | 十字河田块形 | 十字路河田块形 |

图 4-5　田块形布局

村体制，在相当长的一段时期内还要利用和改造原有的自然村。总之，在这类地区建宅，必须充分利用自然地形和环境。如图 4-6 是一个较大的河塘，可环绕河塘四周选择宅基。又如图 4-7 是利用原有自然村进行改造的村落，农民沿河布置成带形和行列式。这些布置体现了利用天然水源、方便生活的原则。

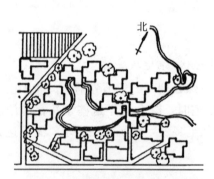

图 4-6　环绕河塘四周选择宅基

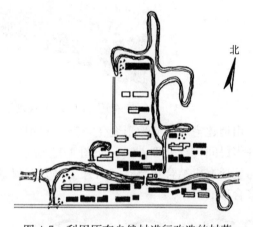

图 4-7　利用原有自然村进行改造的村落

(2) 山地、丘陵地区建宅　山地、丘陵地区的住宅宅基，一般应将宅基设于向阳坡（图 4-8）。不同风向区对建筑位置有不同要求，通常应根据不同的气流结合地形进行布置（图 4-9）。一般当主风向与等高线垂直或接近垂直时，则房屋与等高线平行式布置，通风较好。当主风向与等高线斜交时，则房屋宜与等高线成斜交布置，使主导风向与房屋横轴夹角大于 60°，以利单体建筑设计中组织穿堂风。当主风向与等高线平行或接近平行时，则住宅平面最好设计成锯齿或点状平面，或将住宅接近垂直等高线布置，以利穿堂风的组织。

山地、丘陵地区集体建村，应利用自然山坡起伏，布置宅基（图 4-10）。切忌追求统一标高把山头削平，既浪费人力、物力，外貌又呆板、单调，失去自然感。

图 4-8　山地、丘陵地区的住宅宅基一般设于阳坡

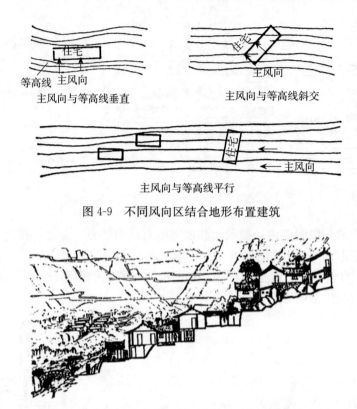

图 4-9　不同风向区结合地形布置建筑

图 4-10　山地、丘陵地区利用自然山坡起伏布置宅基

　　山地建宅应适应地形变化，充分利用地势，做某些特殊处理，力求节省财力。我国山区有许多民间传统处理方法，如图 4-11 所示可供借鉴。建宅时，综合运用这些手法，能使建筑与地形有机结合，节省室内外土石方工程量，既能使住宅多变，满足使用要求，又可达到经济合理的要求。

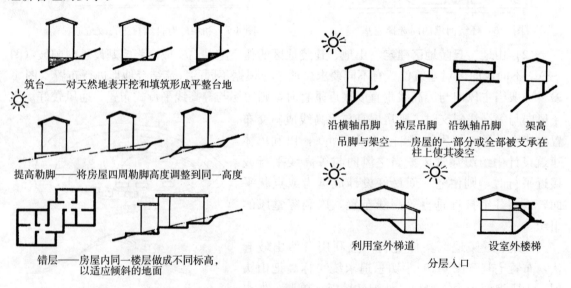

图 4-11　我国山区山地建宅的民间传统处理方法

(3) 低洼地区建宅 低洼地区多半通风不良。因此，在这类地区建宅，必须把宅基筑高，让宅基高出道路路面（图 4-12），这样可改善通风条件，也有利于排水。

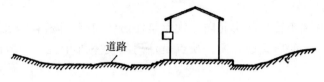

图 4-12 低洼地区建宅

（三）乡村居住建筑的组成与布置方式

1. 院落住宅的组成 传统的农村住宅是院落式住宅，一般包括三大部分：居住部分、辅助设施、院落。改革开放以来，乡村经济发展迅猛，农村的基础设施显著改善，随之，村民对居住条件也有了新的要求。尤其在经济发展较快地区，受用地条件的制约，已不再建设单层的院落住宅，并逐渐向小城镇的低层庭院住宅发展。

(1) 居住部分 包括堂屋、卧室、厨房。

①堂屋：堂屋是整个家庭起居的中心，它肩负着迎来送往、接待亲友、家庭团聚和从事必要的农副业加工等多种功能。因此，堂屋的面积不宜太小，以 $18m^2$ 左右为宜。要求光线明亮，通风良好。

②卧室：卧室是供睡眠和休息的场所。卧室要大小搭配，以利合理分居。平面布置要紧凑合理。尽量避免互相穿套。面积以每室 $7\sim14m^2$ 为宜。

③厨房：厨房主要是烧饭做菜，在一些边远地区，还应考虑家畜饲料蒸煮加工以及贮藏杂物和柴草。加上炉灶大小不一，以及一些生活用具（碗橱、桌子、水缸等），起火燃料方式的不同，厨房面积一般为 $6\sim12m^2$。

(2) 辅助设施 包括厕所、畜禽圈舍、围墙门楼、沼气池、杂屋等。这些设施都是居民生活和家庭副业生产所必需的，应当合理布置。为了进一步改善居住环境，辅助设施的布局要和当地的生活习惯、气候地理条件、节约用地原则相适应，综合考虑，目前已有较大的变化和发展。

①厕所：过去受乡村基础设施和经济发展的影响，多数农民住宅的厕所都安排在院落内，独立设置。随着乡村经济的发展、基础设施的改善、居住条件和要求的提高，为了节约用地，乡村住宅已经开始向二、三层的低层院落住宅发展。因此，厕所均布置在室内，并努力做到各层均有厕所，有的主卧室还带有单独的厕所。

②畜禽圈舍：养猪、羊、鸡、鸭是农民主要的家庭副业，畜禽圈舍要求一年四季都要有阳光，并且要与居室有适当隔离，一般应设在后院或靠近院墙和大门的一侧。伴随着家居环境的"纯化"和"净化"，目前，在经济较为发达的地区，已提倡尽可能地把畜禽集中饲养。

③沼气池：推广使用沼气池，为解决我国广大农村燃料开辟了一条新途径。在使用的同时还扩大了肥源，改善了农村住宅与环境卫生。院落设沼气池时，尽量和厕所、猪圈结合一起布置修建，要靠近厨房，选土质好、地下水位低的位置。

(3) 院落 在村民住宅中一般多设院落，在院落中可饲养畜禽，堆放柴草，存放农具和设置村民住宅辅助设施，是进行家庭副业的场所，也是种树、种花、种菜的地方。

2. 庭院住宅的基本形式 我国村庄住宅形式较多，由于各地自然地理条件、气候条件、生活习惯相差较大，一般分以下 4 种形式。

（1）前院式（南院式） 庭院一般布置在住房南向，优点是避风向阳，适宜家禽、家畜饲养。缺点是生活院与杂物院混在一起，环境卫生条件较差。一般北方地区采用较多，如图4-13所示。

（2）后院式 庭院布置在住房北向，优点是住房朝向好，院落比较隐蔽和阴凉，适宜炎热地区进行家庭生产，前后交通方便。缺点是住房易受室外干扰。一般南方地区采用较多，如图4-14所示。

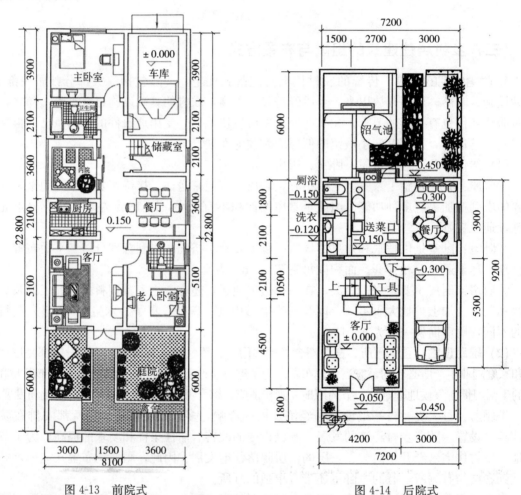

图4-13 前院式　　　　　　　图4-14 后院式

（3）前后院式 庭院被住房分隔为前、后两部分，形成生活和杂务活动的场所。南向院子多为生活院子，北向院子为杂务和饲养场所。优点是功能分区明确，使用方便，清洁、卫生、安静。一般适合在宅基宽度较窄、进深较长的住宅平面布置中使用，如图4-15所示。

（4）侧院式 庭院被分为两部分，即生活院和杂物院，一般分别设在住房前面和一侧，构成既分割又连通的空间。优点是功能分区明确，院落净脏分明。

此外，在吸收传统民居建筑文化的基础上，天井内庭的运用已得到普遍的重视，如图4-16所示。

3. 村庄住宅的形式 一个宅院为一户，每户宅院在其平面上有四个面（一般为正方形或矩形）与外界联系。院落的拼接与组合灵活多样，归纳起来有以下几种情况。

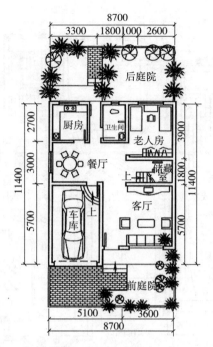

图 4-15 前后院式

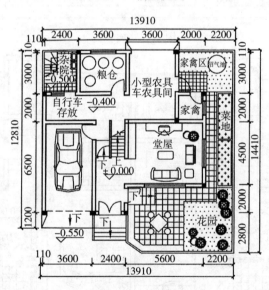

图 4-16 侧院式

(1) 独立式 院落独立式住宅是指独门、独户、独院，不与其他建筑相连（图 4-17）。这种形式的特点是居住环境安静，户外干扰少；建筑四周临空、平面组合灵活，朝向、通风采光好，房前屋后、房左房右朝向院落，可根据生活和家庭副业的不同要求进行布置。独立式住宅的缺点是占地面积大，建筑墙体多，公用设施投资高。

(2) 并联式 并联式是指两栋建筑拼联在一起，两户只用一面山墙。并联式建筑三面临空，平面组合比较灵活，朝向、通风、采光也比较好，较独立式用地和造价方面都经济一些(图4-18)。

(3) 联排式 联排式是指将三户以上的住宅建筑进行拼联，拼联不宜过多，否则建筑物

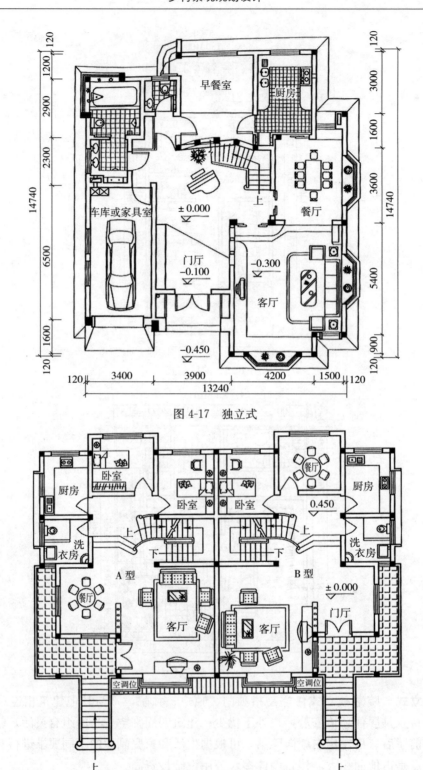

图 4-17 独立式

图 4-18 并联式

过长,前后交通迂回,干扰较大,通风也受影响,且不利于防火。一般来说,建筑物的长度 50m 以下为宜(图 4-19)。

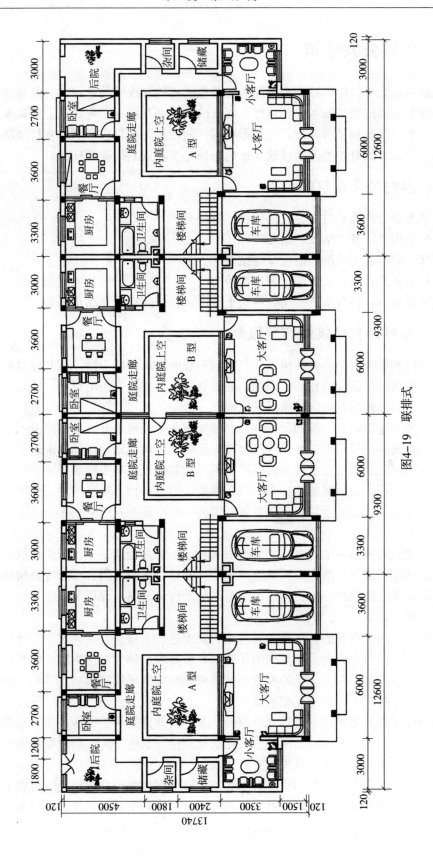

图4-19 联排式

二、乡村公共建筑

公共建筑是为村民提供社会服务的各种行业的机构和设施的总称。公共建筑与村民生活和生产有着多方面的密切联系。公共建筑网点的内容和规模在一定程度上反映乡村的物质和文化生活水平。其布局是否合理，直接影响村民的使用，而且也影响着乡村经济的繁荣和今后的发展。因此，做好各类公共建筑体系的布局是乡村规划的重要任务。

（一）乡村公共建筑的种类

①行政事业管理类：村委会、信用社、邮局等。
②教育机构类：各类学校、幼儿园等。
③医疗保健类：卫生院、防疫保健站等。
④商业服务类：商店、饭馆、理发部等。
⑤集贸设施类：畜禽水产市场、粮油土特产市场、蔬菜副食品市场等。

（二）乡村公共建筑的布局原则

不同性质和服务对象的公共建筑，其规划布置的要求有所不同。公共建筑的分布不是孤立的，它们与居民生活紧密相关。因此，应该通过规划进行有机的组织，使其成为村庄整体的一部分。公共建筑的布局应遵循以下原则：

①各类公共建筑要有合理的服务半径。根据服务半径确定其服务范围及服务人数，以此推算出公共建筑的规模。服务半径的确定首先是从居民对设施使用的要求出发，同时也要考虑到公共建筑经营管理的经济性和合理性。不同的服务设施有不同的服务半径。某项公共建筑服务半径的大小，又因其使用频率、服务对象、地形条件、交通的便利程度以及人口密度的高低等而有所不同，如乡村公共建筑服务镇区一般半径为800~1 000m，服务广大农村则以5~6km为宜。

②公共建筑的分布要结合乡村交通组织来考虑，公共建筑是人、车流集散的地方，要从其使用性质和交通状况，结合乡村道路系统一并安排。如幼儿园、小学等机构最好与居住地区的步行道路系统组织在一起，避免交通车辆的干扰。车站、商店等交通量大的设施，则应与村镇主干道相联系。

③根据公共建筑本身的特点及其对环境的要求进行布置。公共建筑本身既作为一个环境所形成的因素，同时它们的分布对周围环境也有所要求。例如，卫生院一般要求有一个清洁安静的环境，露天电影院和球场的布置，就要考虑对周围环境的影响，学校、幼儿园等单位就不宜与集贸市场紧邻，以免互相干扰。

④公共建筑布置要考虑农村景观组织的要求。公共建筑种类很多，而且建筑的形体和立面也比较丰富。因此可以通过不同的公共建筑和其他建筑的协调，利用地形等其他条件，组织街景与景点，创造具有地方风貌的乡村景观。

⑤公共建筑的布置要充分利用乡村原有基础。旧村镇的公共建筑一般布点不均匀，门类余缺不一，建筑质量也较差。可以结合新农村建设，通过留、并、迁、转、补等措施进行调整与充实。

(三) 乡村主要公共建筑的布局

1. 商业服务类公共建筑的规划布置 一般设于村镇中心，体现村镇的风貌特色。

2. 行政办公机构的规划布置 一般不宜与商业服务业混在一起，宜布置在村镇中心区边缘比较独立、安静的地段。

3. 学校的规划布置 学校应有一定的合理规模和服务半径。

小学的规模一般以6~12班为宜，服务半径一般为0.5~1km。中学的规模以12~18班为宜，服务半径一般为1~1.5km。学生上学不宜穿越铁路干线和村镇主干道以及村镇中心人多车杂的地段。校址宜在村镇次要道路且比较僻静的地段，应远离铁路干线（300m以上）。校门应避免开向公路。学校应设置符合国家教育部门要求的运动场地，也可与村镇的体育用地结合进行布置，如图4-20所示。

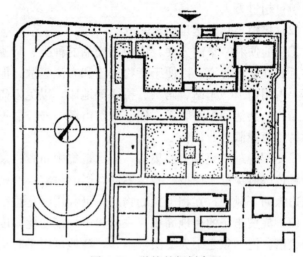

图4-20 学校的规划布置

此外，学校本身也应注意避免对周围居民的干扰，应与住宅保持一定的距离。

4. 卫生院的规划布置 卫生院的服务范围为全乡（镇），作为预防与治疗中心，其规模取决于乡（镇）的发展总人口。一般设施比较完善，科室也较为齐全。由于卫生院对环境既有一定的影响，如排放带有病菌的污水等，又要求环境安静、卫生，所以在规划布置时应注意以下几点：

①院址应尽量考虑规划在村镇的次要干道上，注意环境幽静、阳光充足、空气洁净、通风良好等要求。不应远离村镇中心和靠近有污染性的工厂及噪声声源的地段。适宜的位置是在村镇中心区边缘，交通方便而又不是人车拥挤的地段；既邻近村镇居民服务的中心，又能满足广大农民就诊的方便。最好还能与绿化用地相邻。

②院址要有足够的清洁度、适用的水源、充足的电源，雨水和污水排除便利。

③医疗建筑与邻近住宅及公共建筑的距离应不小于30m，与周围街道也不得少于15~20m的防护距离，中间以花木林带隔离。

5. 集贸市场的规划布置 集贸市场和人们的生活非常密切，是人们购买生活生产资料的主要场所。如购买鱼肉、蔬菜、瓜果；销售农副产品，互通有无。因而，集贸市场的规划布置应照顾人们的购买习惯和销售习惯。

从目前情况看，集贸市场已趋经常化、专业化，要求开辟固定场地，建成专用设施。

(1) 集贸市场分类 集贸市场根据经营品种不同，可分为粮油、副食、百货、土特产、柴草、家具、农业机具、牲畜八类。副食、百货、土特产等的贸易常形成中心市场。

根据交易时间的不同，又分为早市和集市。早市（又称露水集）主要经营新鲜蔬菜、肉类、水果、禽蛋等。集市一般隔数日一集，上市商品种类齐全，规模大，赶集人多，逢年过节更是盛况空前。人数有时可达常住人口的几倍。

集贸市场的服务半径有的限于本乡（镇），有的涉及几个乡（镇），一些历史悠久的集贸市场，其服务范围超出了县境。

乡村集贸市场的特点是有明显的季节性，农闲时，特别是节假日，农副产品上市量大增，赶集次数和人数明显增加，瞬时集散量大，经济发展快的村镇赶集人数可达数千人，中心集镇可超过万人。

(2) 集贸市场的选址要求

①交通便利，集散方便：应根据商品的种类、货源方向和人流集散方向来选场地。一般要靠近对外交通要道，以便于货物运输和人流集散，但交通干线应尽量不穿越村镇内部。场地不要占用街道、车站、码头、桥头等地段，以免阻碍交通。

②与公共活动中心联系方便：集贸市场一般应靠近公共活动中心，以便于赶集群众就近使用村镇商业服务业设施。

③便于管理：规模小的集市，应尽量集中布置；规模较大的集市，宜按经营的品种分几处布置，以避免过于拥挤，搬运不便，影响村容；有碍卫生和易燃易爆的商品市场，宜放在村镇边缘的下风处；互相干扰的物品，可利用绿化进行分隔。

(3) 集贸市场的用地面积 农村集市规模变化幅度大，每逢大集人流和摊位比平时集市增加数倍，但一年之中大集次数不多，各地可以平时集市规模为依据，来确定集市场地，并解决好大集时的临时场地和非集市时的场地综合利用问题。

场地规模可按平时集市的高峰人数来计算。一般每人 $0.4 \sim 0.8 m^2$，山地山货多、牲畜多，每人按 $1.0 m^2$ 计算。也可按平时集市的最多摊位数计算，每一个摊位的占地面积，禽蛋为 $0.3 \sim 0.5 m^2$，蔬菜、水果 $0.8 \sim 1.0 m^2$，竹木制品 $1 \sim 3 m^2$，小家畜 $2 \sim 3 m^2$ 等，平均每摊位占地 $1 \sim 2 m^2$。

(4) 集贸市场的布置形式 集贸市场的布置形式可分为以下几种：

①路边布置：沿道路两旁摆设摊位，人车混杂，交通易堵塞。需要经常管理，维持交通秩序，划定摊位界线，安排好销售者进入市场的次序，否则交通供货车辆、购物通行人流相互干扰严重。这种形式在村镇中最多。无需专门辟地，也没有棚舍投资，最为经济。但在村镇的过境公路上不得设置，因其严重影响交通。

②集贸市场街：集贸市场是路边布置的高一级形式，在村镇中单独辟出街道，或是新建一条街，为专供农贸用的步行街。设置经常性的摊位，便于整日营业，内部通道考虑供应、购物人流和疏散安全。为了不受风雨的影响，上部加顶盖，做成半透明顶棚架，可防雨、通风、采光。

③场院式布置：辟出单独的空地、广场作为农贸市场，比路边布置易于管理，不影响村镇道路交通，也不影响路边商店的营业，对居民干扰也少。在一般村镇中，这是一块比较稳定的市场。设有固定摊位，地面要考虑便于洗刷，内部畅通。设棚架，挡风雨。场院的布置有一定的分区，把蔬菜类、果品类、水产类、肉类、家禽等分类相对集中，有利于人们选购，且保证各类商品之间不相互干扰。购物路线的组织明确、清晰，少走或不走回头路，不要死角。尽量使各个摊位都处在明显的位置上，使买、卖两方面都满意。

三、乡村生产建筑

(一) 乡村生产建筑的类型

生产建筑用地是乡村用地的重要组成部分。它不仅是决定乡村性质、规模、用地范围及发展方向的重要依据,而且直接影响乡村的结构和轮廓。乡村企业生产有一定的人流和交通运输,它们对乡村的交通流向、流量具有决定性影响。某些乡村企业生产产生的"三废"及噪声,均影响乡村环境的变化。所以生产建筑用地安排合理与否对建设投资、建设速度、建成后的经营管理及以后的发展,都起着重要的作用,同时也影响整个乡村的用地布局形态、居民居住的生活环境、乡村的交通组织、基础设施等。

乡村生产建筑用地按照其功能不同,可分为两大类型:

第一类:工业企业生产建筑用地,指各种所有制的独立设置的工业企业生产性建筑、设施用地。如小型造纸厂、小型精炼油厂、饲料厂、罐头厂、面粉厂、家具厂等。

第二类:农业生产建筑及设施用地,指集体和专业户的各类农业建筑用地,如畜牧场、农机站、兽医站等及其附属建筑用地。

(二) 乡村企业生产建筑用地规划布置

乡村企业是乡村发展的重要因素。从我国实际情况看,除了少量以集散物资、交通运输、旅游风景等为主的村镇,大多数乡村的经济收入、建设资金主要靠工业、手工业,以及各种家庭副业的生产。

1. 乡村企业生产建筑用地规划布局的原则

(1) 与乡村联系和分离的原则 一方面,乡村企业的主要劳力大多来自本村镇,为了缩短职工上下班的路程和方便购买饮食、日常生活用品等,企业生产建筑用地宜靠近居民,并使水、电等基础设施供应路线尽可能缩短,这样可以节约投资、材料和土地。另一方面,不同企业项目都不同程度地存在着废气、废水、废渣、噪声等污染。这就要求工业用地和住宅用地、公建用地有适当的隔离。这个联系与分离的原则,决定了企业用地常布置在乡村的下风向,并利用绿化带和道路将企业用地和生活居住用地分隔开。

(2) 分类集中布置的原则 企业项目,尤其是有协作关系的同类型工业项目,相对集中布置,有明显的好处。

①很多为企业服务的辅助设施可以共用,如道路交通运输、机修、机配、测试试验设施。共用仓库可以节约仓库储存和物质周转的费用。

②企业集中,可便于集中处理"三废"。

③企业集中布置,有利于统一规划和道路建设,以及水、电、管线等基础设施建设,节约土地和投资,提高使用效率,也便于用地管理,还可减少对居民生活环境的污染。

2. 乡村企业厂区总平面布置要求 总平面布置要解决的问题是在保证生产、满足生产工艺要求的前提下,根据自然、交通运输、安全卫生及生产规模等具体条件,按照原料进厂到成品出厂的整个生产工艺流程,决定工厂的功能分区,经济合理地布置厂区建、构筑物,处理好平面和竖向的关系。

组织好厂区内外交通运输、生产中人流和货流的关系等。做到生产工艺流程合理,总体布置紧凑，节省投资，节约用地，建成后能较快投产，发挥投资效益，并收到日常管理中费用最低的综合效果。总平面布置的主要依据是上级计划部门批准的计划、设计任务书、工艺流程文件，规划设计部门依据工艺工程师提供的工艺流程简图进行总平面设计。

总平面布置要求如下：

①在满足生产工艺要求的前提下，切实注意节约用地。尽量采用合并车间、组织综合建筑和适当增加建筑层数的措施。

②符合生产工艺要求，使生产作业线通畅、连续和短捷，避免交叉或往返运输。

③厂区内建、构筑物的间距必须满足防火、卫生、安全等要求，应将产生大量烟尘及有害气体的车间布置在厂区内的下风向。

④要适应厂区的地形、地质、水文、气象等自然条件。

⑤考虑厂区的发展，近期建设和远期发展相结合，但应避免早征晚用、宽打窄用。

⑥满足厂区内外交通运输要求，避免或尽量减少人流与货流路线的交叉。

⑦满足地下、地上管线敷设要求。各种管线相互配置要合理，管线之间的距离力求紧凑，线路最短，占地面积最少。

⑧符合乡村规划的艺术要求，生产建筑物的体型、层数、朝向及进出口位置，厂内道路的布置，厂区总平面布置的空间组织处理等，均应和周围环境相协调。厂区内的主要高大建筑物应沿乡村主要街道布置，组织好街景立面。

3. 乡村企业工厂总平面布置形式　根据工厂的生产性质、建筑物的数量及层数、建设场地的大小和周围环境，工厂总平面布置大致可分为以下几种形式：

(1) 周边式或沿街式　主要适用于乡村内的小型企业，厂区场地规整，生产建筑可沿地段四周的道路红线或退后红线布置，形成内院，故称周边式，如图4-21所示。这种布置方式东西两边朝向不好，在南方炎热地区不宜采用。对于乡村密集型手工业，因其生产设备较少，产品和部件又是轻型的，可采用适当增加厂房层数的沿街布置。这种布置方式不但能争取较好的采光通风条件，而且能改善集镇街道景观，是我国各地乡村均适用的一种较好的布置方式。

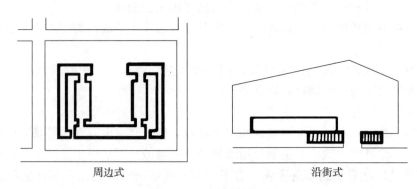

图 4-21　周边或沿街式

(2) 自由式　这种方式能较好地适应工厂生产特点及工艺流程的要求和地形的变化。如化工厂、水泥厂等工厂的工艺流程多半是较复杂的连续生产，为了满足这些生产的要求，厂区各主要车间一般采用自由式布置，如图4-22所示。这种布置的缺点是不利于节约用地，且占地面积大，但能适应厂区不规则的用地和破碎地形的利用。

(3) **整片式** 这种布置方式生产车间、行政管理设施、辅助车间等尽可能集中布置成一个联合车间，从而形成一个连续整片的大建筑物。其特点是能使总平面布置紧凑，节约用地，缩短各种工程管线、道路和围墙长度，从而节省投资。另外，整片式布置简化了建筑布局，为形成大体量建筑形体提供了有利条件。图 4-23 为整片式布置工厂。

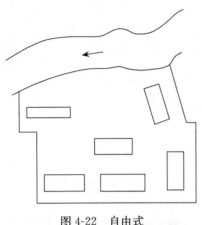

图 4-22 自由式

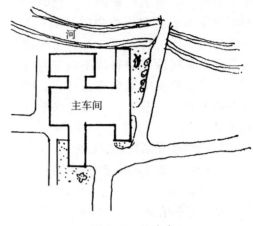

图 4-23 整片式

（三）畜牧场用地规划布置

1. 畜牧场建筑物布置要求 畜牧场建筑物的布置与整个畜牧场的平面形式、畜舍保温、采光以及投资等关系十分密切。

(1) **地形** 为了减少建筑物的土方工程，畜舍的方向应采用其长轴与等高线平行，如果考虑到采光、风向、机械化等要求时，可使其相互形成一定的角度，如图 4-24 所示。

图 4-24 畜舍的方向

(2) **采光** 阳光能增强家畜的生理活动，增进家畜的健康，防病灭菌，并能在冬季提高舍内温度，故保证畜舍有一定的日照量是相当重要的。畜舍朝向以南向或偏东南、偏西南 15°最好，在华南炎热地区力求避免西向，以防夏季西晒。

(3) **风向** 畜舍受主导风向吹袭会降低舍内保温性能，并会携带病菌，在我国北方地区为了保温防寒，畜舍的长边与冷风方向呈一定角度（30°~45°）或以畜舍短边垂直于冷风方向。

(4) **兽医防疫和防火** 为了满足兽医防疫和防火要求，在同类畜舍或异类畜舍之间均应有一定的间距。一般同类畜舍间距为 30m，畜舍的山墙间距为 20m；异类畜舍间距为 50m。饲料调制间与畜舍应相距 30m。

(5) **紧凑布置** 为了便于组织生产过程、兽医防疫和缩短运行路线，畜舍应该有规律地紧凑布置。

2. 畜牧场畜舍的排列方式 畜舍的排列要考虑实现全部生产线（发料、粪便清除、供水、采暖、供电和运输）的流水作业和工艺的相互联系，并考虑为发展留有余地。

畜舍的排列方式随畜舍的数量、家畜的种类而定（图4-25）。若场内畜舍数量少，家畜种类单一，一般采用行列式，此时饲料加工和调制室多设在几栋畜舍一边的中间位置。若场内畜舍数量多，则采用成组式，此时饲料调制室多设在两组畜舍的一端。必须注意，在任何情况下，饲料运输路线与排除粪便的运输路线不应重复和相交。并按家畜龄期来布置排列，以便随着家畜的生长，从一批畜舍依次转入另一批畜舍。

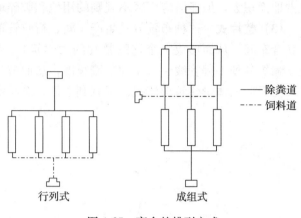

图4-25 畜舍的排列方式

3. 几种主要畜牧场的规划

(1) 大型机械化养猪场的规划

①养猪场规模一方面取决于饲料供应能否满足猪在不同生长阶段的要求及市场上饲料供应和猪肉需求情况；另一方面注意粪便的处理，考虑周围有多少可供施肥的耕地等。

②猪场和居民生活区必须分开，一般相隔200m以上。为避免传染病，全场应设围墙，并留两个出入口，一是人流出入，二是车辆出入。出入口必须有消毒设施。场内设兽医室、解剖化验室、火化室。场内设有粪便处理站，一般应设于地势稍低的下风处，距猪场500m以上。

③为进一步加强防疫措施，一般场内、外车辆是分开使用的。因此在出入口附近应有过渡地段，在此地段布置饲料周转仓。

④机械化养猪场的猪舍分为公猪、母猪舍，产仔、幼猪舍和肥猪舍三种。为便于转群，猪舍应依次序排列。

猪场规划要结合以上要点进行，为猪场生产的机械化、自动化和兽医防疫创造条件。图4-26为北京郊区某大型机械化养猪场的平面布置图。

(2) 乳牛场的规划 乳牛场主要由各种牛舍（包括公牛舍、乳牛舍、青年牛舍、犊牛舍）、产房、奶品处理间、人工授精室、兽医室以及饲料库、加工间等生产建筑和附属建筑组成。在生产过程中它们之间的相互关系如图4-27所示。

从图中可看出，牛场中建筑物较多，在规划中必须根据各建筑物间的联系，结合地形、主导风向、光照条件，将关系密切的建筑物相邻布置，做到科学合理。

正确进行乳牛场布置，应着重处理好防疫、乳品生产以及道路运输等主要问题。其布置特点为：产房是母牛产后排菌的集中场所，需将其布置在下风向；公牛舍与人工授精室对防疫、防尘及无菌操作方面要求严格，两者相距较近，公牛舍布置在少有人畜来往及各种生产建筑的上风向处；犊牛由于抵抗能力弱，最容易感染疾病，为此要求远离乳牛舍，尤其要远离产房；乳牛场的主要产品是牛乳，为了尽快将牛乳处理好早日出场，要与场外路网联系方便；饲料库、加工间应相互靠近，并接近牛舍，与干草存放处应稍远，以利防火。

(3) 养鸡场规划 由于鸡体躯矮小，活动的空间均在50cm以下。因此受地面的温湿度影响较大，所以鸡场最好选在向阳干燥的南坡。

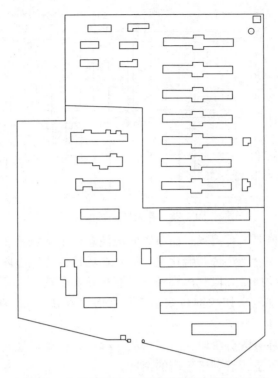

图 4-26　北京郊区某大型机械化养猪场平面布置

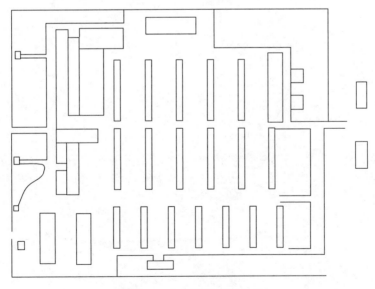

图 4-27　乳牛场的规划布局

鸡较神经质，生性胆小，偶有惊吓，全群躁动，影响产卵。故鸡场场址应保持僻静的环境，同时要避免群鸡的啼鸣喧叫影响居民休息，因此鸡场离居民生活区及交通道路的距离一般在 300m 以上。

鸡场主要建筑物包括孵化室、育雏室、种禽室，如为商品鸡场，则由成鸡舍（产卵鸡舍）、育肥鸡舍、辅助饲料加工间、锅炉房、库房等组成（图 4-28）。

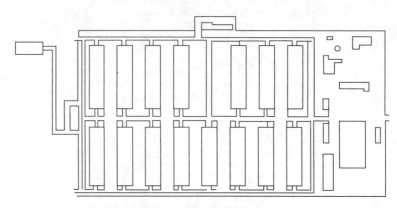

图 4-28 养鸡场规划布局

根据功能特点及防疫要求，鸡场平面布置时应注意以下几点：

①与外界联系较多的育肥鸡舍和孵化室，应建在场址的边缘地段，靠近办公室的出入口以及对外交通运输方便的地带，以利出售种卵、雏鸡及育肥鸡。

②与各个生产环节都较密切的饲料调制室、水塔（水井）、锅炉房等建在鸡场的中心，为鸡禽饲养提供方便条件。

③鸡场的各个生产环节既分阶段又有紧密的连续性，因此，规划布置各种鸡舍，必须根据生产联系来考虑其位置是否有利于生产的衔接。

>>> 第五章 乡村公共空间设计

一、乡村公共空间的概念及空间构成

(一) 乡村公共空间的概念

乡村公共空间是指供居民日常生活和社会生活公共使用的室外空间,包括街道、广场、绿地、体育场地等。根据居民的生活需求,在乡村公共空间可以进行交通、商业交易、表演、展览、运动健身、休闲、观光游览、节日集会及人际交往等各类活动。公共空间又分为开放空间和专用空间。开放空间有街道、广场、绿地及公园等,专用空间有运动场等。

乡村公共空间由建筑、道路、广场、绿地与地面环境设施等要素构成,乡村公共空间的重点是道路、街道、广场和公共绿地。

(二) 乡村公共空间的构成

1. 乡村公共空间主要功能类型　按功能划分,乡村公共空间主要分为商业空间、休憩空间及交通空间。

(1) 商业空间　商业活动是乡村的重要功能之一,居民购买生活必需品如粮食、蔬菜、食品、家用器物等,是有规律的活动。商业空间主要依附于街巷或建筑,成为它们的一部分。乡村的商业空间或是街巷与建筑的围合空间,或是街巷局部的扩张空间,或是街巷交叉处的汇集空间。其形成一般是被动式的,是因地制宜地利用剩余空间的结果,所以占地面积大小不一,形状灵活自由,边界模糊不清。

(2) 休憩空间　休憩活动以视觉、精神与身体的放松、娱乐为主。农村休憩空间主要包括绿地、广场及街道两侧休息空间,以及以结合自然生态环境保护为目的,经过人工改造开发的小型公园等。

(3) 交通空间　随着新农村建设与人们活动空间的扩大,交通运输扮演越来越重要的角色。这些空间通常连接着乡村不同功能区,满足乡村内部及与外界节点的日常人流和货流空间转移的要求。交通空间一般与乡村重大出入口相连,或是连接乡村内部的一些重要设施、功能区等。

2. 外部空间限定的几种方法　了解乡村公共空间的构成,首先要了解空间限定的几种方法。

空间的创造方法是从无限空间到有限空间的界定,或寻求有限空间的内部变化。人们生活的空间在某种意义上可以称为"原空间",对外部空间的设计是在原空间基础之上的,空间限定就是指使用各种空间造型手段在原空间之中进行划分。

(1) 垂直方向的限定（图 5-1）

①围合：围合是空间限定最典型的形式，它有很强的空间分隔感。当垂直面的高度及腰部时，它隔而不断，使空间既分又连；当超过身高时，它遮挡了视线和空间的连续性，使空间完全隔断。

②设立：将物体设置在空间中，指明空间中的某一场所，从而限定其周围的局部空间，这种空间限定的形式称为设立。通过设立的方法，也可以加强空间的限定程度。一个广阔的空间中有一棵树，这棵树的周围就限定了一个空间，人们可能会在树的周围聚会聊天……任何一个物体置于原空间中，都可以起到限定的作用。广场中的标志物就是典型的中心设立。

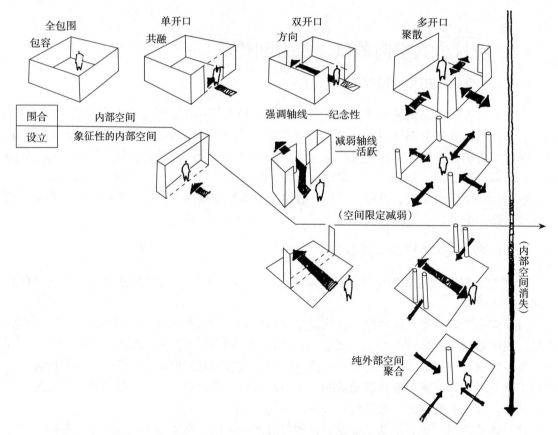

图 5-1　垂直方向的限定——围合与设立

(2) 水平方向的限定（图 5-2）

①覆盖：覆盖是具体而实用的空间限定形式，上方支起一个顶盖使下方形成具有明显的使用价值的空间。下雨天，在室外撑起一把伞，伞下就形成了一个不同于街道的小空间，这个空间四周是开敞的，仅在上部有限定。上部的限定要素可以是下面支撑，也可能是上面悬吊。覆盖形成的空间具有遮蔽效果，让人有安全感和隐蔽感。

②隆起与下沉：高差变化也是空间限定较为常见的手法。将地面凸起，地面就有隆起腾达之势，使人兴奋，如北京的天坛圜丘坛就是追求这种意境，抬高的空间与周围空间及视觉连续的程度，依抬起高度的变化而定。地面局部凹进，就会产生降落、隐蔽之势，地面凹进划分某个空间范围，在视觉上加强下沉部分在空间关系中的独立性。下沉广场往往能形成一

个与喧闹的街道相对隔离的独立空间。

③肌理的变化：变化地面材质对于空间的限定强度不如前几种，但在乡村公共空间的塑造中运用也极为广泛。例如广场中铺有硬地的区域和种有草坪的区域会显得不同，是两个空间，一个适于行走，另一个提供绿化。

④架起：架起是利用水平构件将空间纵向分割，架起的空间位于上部，凸起于周围的空间，同时在架起空间的下方形成一个覆盖形式的副空间。

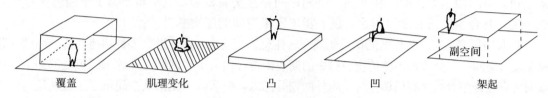

图 5-2　水平方向的限定

（3）各种要素的限定　空间是一个整体，在大多数情况下，是通过水平和垂直等各要素的综合运用，相互分配取得特定的空间效果，其处理手法是多种多样的。

3. 乡村公共空间的形态构成

（1）街道　街道是乡村公共空间的支持骨骼。乡村最基本的特征是人的活动。人的活动总是沿着线进行的，乡村街道担负着特别重要的任务，是乡村中最富活力的"器官"，也是最重要的公共空间。乡村公共空间中的街巷具有交通与生活双重功能，它不仅承担着交通运输的职能，也是购物、交往、休闲娱乐等社会生活的重要空间，同时它还是布置各种基础设施（如给排水、电力通信、燃气和供暖等）的场所。乡村给予外界的印象，有很大部分来自于街巷。

道路与街道是不同的概念。道路的重点在于两地之间的运动，通过一定的距离、跨越一定的设施把两地联系在一起。街道也可以具备这样的特点，但更多地表现为具有一定宽度的小街小巷。道路更多地表现出交通性，街道则更多地表现为生活性。表 5-1 列举了街道与道路的区别。

表 5-1　街道与道路的区别

	空间形式	行驶速度	使用主体	封闭程度	断面构成
街道	较为弯曲	较慢	人	封闭	复杂
道路	较为笔直	快	车	开敞	以车行道为主

（2）广场　广场是乡村公共空间最重要的组成部分之一。广场上可进行宗教集会、商业贸易、游览休憩、生活聚会等。广场往往是乡村中公共建筑外部空间的扩展，并与街道空间融为一体，构成一定容量的外延公共空间。

在欧洲，广场空间是人们交流、活动的主要场所。现代欧洲农村住宅以别墅为主，几乎每个村镇都有一个商业中心作为主要的公共空间。此空间中央为绿地或广场，由咖啡厅、餐厅、商店等商业建筑围合形成亲切、宜人、舒适的户外休闲、交流空间。夜幕降临时，人们三五成群围坐在咖啡馆外，边喝咖啡边聊天，享受乡村特有的那份宁静、安详的气氛。

中国传统聚落中的广场空间通常是由村头街巷交接处或居住组群之间分布的大小不等的节点空间构成。广场一般作为乡村公共建筑的扩展，通过与道路的融合而存在，成为村民活动的中心场所；若与周边小空间结合则往往成为公共空间与私人空间的过渡，起到使住宅边界柔和的作用。对于规模较大、布局紧凑的村落，由于以街巷空间交织成的交通网络比较复杂，如果遇到几条路口汇集于一处时，便自然而然地形成了一个广场，并以它作为交通枢纽。它同时具有道路连接和人流集中的作用。

(3) 绿地 绿地系统参照绿化篇内容。

4. 乡村公共空间的多义性及复合性 以上根据功能及形式对乡村公共空间的两种划分都是相对的，乡村空间形态及其内涵的丰富性导致了空间感受的多义性和复合性。从限定方式上讲，空间限定方式的多样性使得空间之间相互交流较多，进一步丰富了空间感受；从功能上说，复合空间具有多种用途，进一步丰富了空间的层次感。

如我国很多历史文化街区的街道集商业、休憩、交通为一体，形成多种功能并置、高效、紧凑的复合空间。又如我国一些传统乡村中的商业街道，白天街道两侧店铺的木门板全部卸下，店面对外完全开敞。虽然有门槛作为室内外的划分标志，但实际上无论从空间角度还是视觉角度店内空间的性质已由私密转为公共，成为街道空间的组成部分。到了晚上，木门板装上后，街道又呈现出封闭的线型形态，成为单纯的交通空间。再如，南方许多村镇的街道上都有骑楼、廊棚，有些连成了片，下雨天人们在街道上走都不用带伞，十分方便舒适。实际上有很多人家也正是将这里作为自己家的延续，在廊下休息、做家务、进行交往，使公共的街道带有十分强的私用感。又如，一些街道沿街建筑的一层或为连廊或设置出挑的屋檐，其下设有茶座、作坊等，居民可以在此休息、喝茶、观看手工艺制作等，从空间领域来说，这些柱廊把居住这一私用空间秩序的一部分以纳凉、喝茶的形式渗透到街道这一外部空间中，增加了街道的生活气氛。

二、乡村公共空间设计

(一) 街道

1. 乡村街道的分类及特点 按照街道的性质，可以将乡村街道分为商业街、步行街和其他生活性街道。

(1) 商业街 商业街一般地处区域中心，是乡村各种商业活动集中的地方。商业街由一侧或两侧的店铺组成，以商业零售为主体，还有与之配套的餐饮、旅宿、文化及娱乐服务。商业区内有大量的步行人流。按照顾客要来回比较选择商品的心理和方便人们观赏橱窗的需要，商业街应尽可能设计得窄一些，这样也增加街道的商业气氛。

商业街一般不通行机动车，停车场应设在区外。如设车行道路，则应尽量压缩车行道的宽度，以增加步行者的活动空间，为行人创造更舒适、方便的购物环境；并合理安排好公共交通的站点和私人小汽车的临时停放场地，最好在地面上画好交通线及停车线，做到街上井然有序。图 5-3 为英国 Shrewsbury 镇设置车行道路的商业街，车行路设为单行线并压缩了

图 5-3 英国 Shrewsbury 镇设置车行道路的商业街

宽度，在公共建筑一侧设置小汽车临时停放场地。

乡村商业街道的设计应尽量丰富，避免呆板。直线型的商业街不宜过长，过长的商业街容易因单调使人感到厌倦，同时也很难保证其性质和规模。为了改善乡村商业街的气氛，适应人的心理要求，可将商业街设计成较短的街道，或通过街道空间的变化使购物者感到是有限的空间，这样容易引起人们购物的欲望。对于过长的街道，可通过街道路线的弯曲、转折节点放大等手段或利用沿街建筑物的后退、前凸来丰富长直线空间的视觉感受，增加空间的变化，有利于改善商业街的气氛和适应人们的心理要求。对于两条商业街相交形成十字街的中心广场，可在道路的前方形成对景、封闭视线，使十字街四角的建筑成为视线的焦点。

我国一些传统乡村中的商业街通过转折、节点空间的变化及建筑的收放等变化在街道中形成视觉障景后，通过听觉、嗅觉来传达信息，使游人对未来空间充满好奇和期待，增加街道的趣味性，这种街道处理突破了静止的三维空间，加上了四维的时间和心理时空。游览街道犹如长卷一样的书画——展开，成为一种叙事的组合。

在商业街的合适部位可布置小型广场或绿地，为购物者提供人性化的休息和交往空间，并设置花坛、座椅等游憩设施以及坡道等无障碍设施。图5-4为英国Shrewsbury镇商业街交叉口处布置的小型雕塑广场，广场中设置座椅、垃圾箱等小品，既丰富了街道景观，改善了购物环境，同时雕塑的设计使场所具有标志性。

（2）**步行街** 步行街是乡村街道和商业街的一种特殊形式，通过禁止车辆进入保证道路的生活性节奏和人群的行走安全（图5-5）。对于客流量较大的具有观光旅游功能的乡村或历史文化街区可以采用步行商业街。商业步行街通常设置在乡村中作为步行人流主要集中地的中心区域，这些街道的功能应满足本地居民闲暇时逛街、购物、文化、娱乐和休憩的要求。还要考虑观光旅游和展示乡村风貌。

图5-4 英国Shrewsbury镇商业街道路交叉处设置雕塑增加空间的变化，使场所具有标志性

步行街提高了乡村中心区开放空间的质量，增加了街道的舒适度。由于乡村规模、人口等方面的原因，使得乡村步行街同大中城市相比较，规模和尺度更适于步行人流的活动。由于这些区域聚集的步行人流数量大、密度高，且步行速度慢、持续时间长，因而需要在街道上设置绿地、座椅、垃圾箱

图5-5 英国Shrewsbury镇步行街

等设施。步行街的各种街道设施的设置都是为行人服务的，街道的空间变化，构成街道界面的沿街建筑物的尺度、体量、材质、色彩、装饰以及路面的铺装、座椅的设置、植物的配置

等都要满足使用者——行人的行为、视觉和心理的需求。

(3) 其他生活性街道 其他生活性街道指的是乡村内部除商业街、步行街以外的生活性街道。由于这些区域以居住用地居多,因而生活性街道多为居住性质。从功能上看,生活性街道主要解决乡村各个功能区之间及功能区内的交通联系问题(图5-6)。

图 5-6 英国 Shrewsbury 镇生活性街道

生活性街道的交通方式比较复杂,有各种机动车、人力三轮车、自行车、婴儿车、滑板车和行人等。保证各种出行方式的安全,尤其是非机动车和行人的安全与便捷是此类街道设计的主要目标。由于这里是人们日常使用的主要公共空间,在街道空间和设施的配置上不仅要满足交通安全要求,还应与气候、地形地貌、地方传统等相结合,在促进人们交往的基础上创造富有魅力和个性的公共空间。

2. 街道空间的限定 街道空间由底界面、垂直界面和顶界面构成,它们共同决定了街道的比例和形状。底界面即地面;垂直界面由两侧的建筑、自然地形或绿化小品围合而成,反映着乡村的历史文脉与地域特色,影响着空间的比例和性格;顶界面是两个侧界面顶部边线所确定的天空,是最具变化、最自然化并能提供自然条件的界面。除了这些基本界面外,还有许多起"填补"作用的绿色植物和各类设施小品,如路灯、路牌、花坛、座椅、水池、雕塑、廊架等。

其中,建筑在街道空间塑造中起到至关重要的作用。街道的立面和立面层次限定了街道的内部轮廓线,确定了空间的大小和比例;建筑与地面的交接确定了地面的平面形状和大小。建筑立面是街道空间中最具表现力的围合面,地面和小品是街道的点缀,影响着人们的空间感受。

(1) 底界面 底界面即街道的地面,地面是与人接触最多的,并且经常受到人们的关注,无论行走、过街或坐下来休息的时候,总会把视线引向地面。街道地面的组成,地面与垂直界面的交接、地面的高差变化、地面铺装的形式、材质、肌理、色彩等都会带给人不同的空间感受。

乡村街道地面往往存在一些地形地貌的变化,与之巧妙结合,则可形成变化丰富的、自然起伏转折的街道底界面。如我国传统的水乡聚落依托水路形成的一路一河、两河夹一路或两路夹一河等街道格局,水的存在极大地丰富了街道底界面的形式,与跨越水面的桥一起带来了灵动多变的街道空间,使得街道获得虚实、凹凸的对比与变化。图5-7为丽江古城的街道空间,进入建筑的小桥为街道底界面增加了韵律感,水的流动、石岸的弯曲使得街道空间富有变化。图5-8为意大利Verona的街道,利用自然的高差形成多级台阶,底界面倾斜而上。处于这样的街道空间,既可以摄取仰视的画面构图,又可以摄取俯视的画面构图,特别是在连续运动中观赏街景,视点忽而升高,忽而降低,使人们强烈地感受到一种节律的变化。

街道地面铺装的设计也非常重要,恰当的肌理、与环境相协调的色彩、与地域文化相匹配的纹样,都是街道底界面设计的重要因素。西方国家村镇街道以小料石铺装居多,在收边、转折、路面的排水等位置做出精致的细部处理,如图5-9、图5-10所示。在我国传统乡村中,一般石板路为多。图5-11为云南香格里拉古镇不规则青石铺装,图5-12为浙江乌镇纵横条石铺装。对于乡村街道而言，铺装以石材、卵石和各类小尺度地砖为佳，更易于融入乡村景观，要注意收边、排水等细节处理。

图 5-7　云南丽江一路一河街道格局

图 5-8　意大利 Verona 高差很大的底界面形成俯仰景观

图 5-9　英国 Newport 镇小料石地面铺装

图 5-10　英国 Shrewsbury 镇雨水箅子细部处理

图 5-11　云南香格里拉古镇不规则青石铺装

图 5-12　浙江乌镇纵横条石铺装

(2) 垂直界面　街道的垂直界面是限定乡村公共空间围合的最重要的界面，其形式、尺度、色彩、肌理都会对街道空间产生重要的影响。临街建筑从建筑尺度、材料运用、开窗比例、色彩选择、细部装饰等各个方面均要充分考虑与相邻建筑及街道空间整体的视觉关系，以保持街道的连续性和整体性（图 5-13）。

乡村街道空间垂直界面的控制，应从街道两侧建筑轮廓线、建筑面宽、建筑退后红线、建筑组合形式、入口位置及处理方法、开窗比例、表面材料的色彩和肌理、建筑尺度、装饰和绿化等多个方面来考虑其与环境的关系，并通过天际线、退后、开口、装饰等几个方面来进行控制。

①天际线：街道两侧建筑的墙体及屋顶天际线的设计应结合当地历史文脉与地方传统、街道特色综合考虑。沿街建筑立面应高低错落，形成有韵律、有节奏的天际线（图 5-14）。

图 5-13 英国 Newport 镇沿街建筑的形式、色彩、材质、开窗、装饰丰富多样，具有地方特色，和谐、统一

图 5-14 英国 Shrewsbury 镇建筑立面依托地形错落有致，形成有节奏律动的天际线

②退后：建于平地的街道，为弥补先天不足而取形多样，单一线型街一般都以凹凸曲折、参差错落取得良好的景观效果。退后包括建筑首层平面的退后（图 5-15）及墙体上部的退后（图 5-16）。为避免破坏垂直界面的连续性和高度上的统一性，街道两侧建筑墙体后退要把握好度，避免退后过大以导致连续性和统一性的丧失。

图 5-15 街道建筑首层适当退后

图 5-16 云南丽江古镇将高的建筑放在后排，沿街部分用低层过渡，保证了街道空间舒适的尺度

③开口：指实体墙与开口的面积比例，开口的组合方式、阴影模式和开口的处理。开口的处理应符合当地的要求，和相邻界面相协调，并和传统空间特征和人们的心理要求一致。

④装饰：指建筑上的装饰，包括广告、标牌、绿植等，这些是街道垂直界面的可变因素，可通过小品的加入，使硬性街道边界向柔性边界转变，更有生气和富于活力（图5-17）。街道装饰的处理应协调统一，精心组织，否则会对街道景观产生破坏性的影响。还有一点值得注意，即商业街中应尽量减少大的侧向招牌。侧向招牌太多，人们在一定距离内看不到建筑的"第一轮廓线"，只看到"第二轮廓线"，则街道给人留下的印象大打折扣。

3. 街道小品　街道小品包括街道中心标志、标牌、水池、廊架、路灯、座椅、花坛、电话亭、候车亭、雕塑等，是街道公共空间的重要构成要素。其不仅在功能上满足人们的行为需求，还能在一定程度上调节街道的空间感受，给人以深刻的印象。通过对这些小品的精心布局，既可以美化街道环境，丰富街道公共空间，还可以划分出局部的休憩、游玩小空间，为街道上的活动提供各类适宜的场所支持。

街道小品的设计要从满足人的生理和心理需求出发，充分考虑与街道整体的历史文脉、地方特色相融合，完整地展现地域文化。还应注意，各类小品作为街道景观环境的丰富和补充，不应过分强调，以至喧宾夺主，破坏公共空间的整体性。如对于商业街、步行街的绿化，若采用高大树木，绿化就会遮蔽街道两侧的建筑和广告，破坏商业街的气氛；但若只使用草坪一类低矮植物又难以达到绿化效果，因而在设计中应结合街道景观的组织选择适当的种植位置、植物种类、种植方式，进行综合布置。又如对街道上各种灯具的布置，既要满足照明的需要，又要注意适合人的尺度，同时能和周边环境紧密结合（图5-18）。

图5-17　临街建筑的招牌、绿化等装饰

图5-18　英国Shrewsbury镇街道路灯、座椅、垃圾箱等街道小品

4. 街道空间的尺度与比例　尺度和比例处理是否得当，是乡村街道设计成败的重要因素之一。乡村公共空间的尺度首先是它所需求的功能决定的，例如街道的宽度取决于其交通性质，但在功能满足的前提下，也可以通过适当的尺度调整，使人对空间有良好的感觉。即使一条街道已由交通需要决定其宽度，道路两侧建筑及空间尺度处理仍可做出不同的空间感觉。

人们在日常生活中总是追求一种亲切、舒适的交流尺度。那么怎样来保证这一感觉的实现呢？从传统的街巷与现在的街道的比较中可以看出交往空间的差异。从尺度上分析，街巷的宽度小于 3m 时，容易形成面对面的亲切交往；5～6m 时过往的行人也易形成交往；10～12m 时，街道两侧的行人就很难形成交往；25～30m 的机动车道行人已失去了交往的可能性。这些表明传统的巷道空间为交往提供了必要的和有益的场所。小街小巷是建筑间的生活所在，生活交往当然只有步行时才存在。传统聚落的巷道宽度通常都小于 3m，它们的宽度决定了户与户之间的近邻关系，近距离面对面的机会增加了邻里交往的可能性。

芦原义信在《外部空间设计》一书中提到：外部空间可采用行程为 20～25m 的模数，称为外部模数理论。对于街道公共空间的设计而言，即在街道空间的处理上，每 20～25m 可做一个变化，如有重复的节奏感、材质有变化、地面高差有变化、垂直界面有变化等，这样可避免大空间的单调，使外部空间成为接近人体尺度的宜人环境。

乡村街道空间除尺度外，比例的掌握也是设计的重要方面。比例是空间各构成要素之间的数量关系，比例的变化会给乡村街道空间带来视觉感受上的不同。

人行走在街巷中，可由两侧建筑高度与街道宽度之间的尺寸关系引起相应的心理反应。芦原义信对此进行了深入研究，他得出以下结论：假设实体的高度为 H，观看者与实体的距离为 D，在 D/H 值不同的情况下可得到不同的视觉效应（图 5-19）。

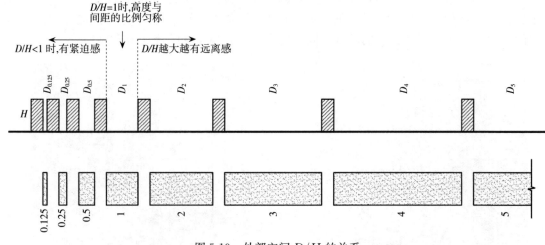

图 5-19　外部空间 D/H 的关系

(1) $D/H=1$　观看者可以看清实体的细部，可见的天空面积比例很小，而且在视阈边缘，人的视线基本注意在墙面上，空间的界定感很强，人有一种既内聚、安定又不至于压抑的感觉。

(2) $D/H=2$　观看者可以看清实体的整体，可见天空面积与墙面几乎相等，但由于天空处于视阈边缘，属于从属地位，这种比例有助于创造积极的空间，街道空间比较紧凑，仍能产生一种内聚、向心的空间，建筑和街道可取得相对密切的关系而不至于产生排斥、离散的感觉。

(3) $D/H=3$　即垂直视角为 18°时，观看者可以看清实体的整体及其背景。但街道空间的界定感较弱，会产生两实体排斥、空间离散的感觉，使人感到很空旷。人们使用街道空间时会更多地关注空间的局部如标牌、小品等而不会把街道作为整体环境来考虑。

如果 D/H 值继续增大，空旷、迷失或荒漠的感觉就相应增加，从而失去空间围合的封闭感。

D/H 值小于 1，则内聚的感觉加强以致产生压抑感。例如我国古代村落的街巷中，D/H 值常常低于 0.5，给人一种压抑而静谧的感觉，创造了具有强烈内聚性的空间效果。

由于人们在日常生活中经常追求一种内聚、安定而亲切的环境，所以历史上很多好的街巷空间设计 D/H 值都为 1～2。一般来说，D/H 值控制在 1～2，这样的空间具有相互包容的匀称性。当 D/H 值低于 0.5 时会出现压迫感，而大于 2 时会感到空间过于开敞。图 5-20、图 5-21 为两个街道空间实例。

图 5-20 英国某商业街道 D/H 值局部 0.6 左右，但由于首层店面设计精细，局部空间放大，并不使人感觉压抑

图 5-21 英国 Newport 镇商业街 D/H 值约为 1.3，行人感觉舒适

在乡村公共空间的设计中，D/H 值应该根据设计者想要创造的环境氛围而定。对于商业街而言，在建筑底层有商店的时候，行人的注意力往往集中到视线以内的事物及建筑物首层的店面，而不太注意上部的空间，街道的宽高比即使稍稍低于 0.5 也是允许的。但不能忽略人们休息、观赏的要求，在街上合适的位置辟出一些小的休息广场或小块绿地是必要的。对于生活性的街道，要尽可能保持安逸、舒适和接近自然的气氛，让街上多些绿化，宽高比可以适当大些。总之，设计要充分考虑当地特点、居民生活习惯及道路功能确定最后的比例关系。

5. 街道的空间序列　人们习惯把街道空间比作乐章，把它想象成有"序曲-发展-高潮-结束"这样有明确"章节"的序列空间。因此在乡村街道空间的设计中，也必须考虑空间序列的创造。

人们常常会下意识地把街道空间划分成一个个相对独立的"段"，段与段之间通过在空间上有明显变化的节点连接起来，节点可以是道路交叉口、路边广场、绿地或建筑退后红线处，通过这些节点的分割和联系，把各"段"联系起来构成一个更大的、连续的空间整体。这种"段"的划分打破了街道连续的线性空间，利用节奏的变化，可使街道开合有序，层次十分丰富。

各段街道的长度由节点的选择决定，"段"的长度应适中，过长的"段"会使空间单调乏味；过短的"段"又会使空间支离破碎，容易造成疲劳、恐惧和不安。只要选定了节点的数量和位置，就决定了街道段的划分。节点的数量和位置要根据乡村街道的使用性质、自然条件和物质形态因地制宜来考虑。此外，还应考虑人的行为能力、街道两侧建筑对街道空间的限定程度和节点间建筑物的使用强度等因素。

为避免由于街道视线过于通畅使景观序列一眼见底，可通过街道空间的转折、节点空间对景的设置、路面的高差处理等手段增加乡村街道空间的层次，进一步使景观丰富起来。

对街道空间序列的安排是把握街道整体设计的重要手段。通过对较长街道空间的节点和段落的划分，一方面可以划分不同的功能区段，另一方面可以有计划、有步骤地安排空间，给人完满的空间感受。

如图 5-22 所示，四川资中县罗泉镇依山沿球溪河而建，街道形态受地形限制自然曲折，街道长约 2.5km，两侧建筑为两层。为避免线性空间的单调，街道布局采取了分段的空间序列的手法，"三开三合"，每隔一段街道空间由封闭转为通透，由狭窄转为宽敞。具体来看，当地人将街道比喻为龙，开合的位置也与龙的构造相应。

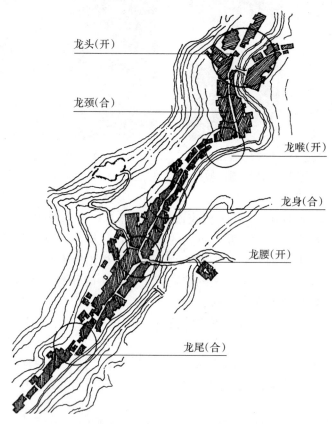

图 5-22　四川资中县罗泉镇"三开三合"的街道空间序列

(1) 龙头一开，龙颈一合　龙头部分由城隍庙、川主庙、子来桥和场口河对面的盐神庙组成，这里空间开敞通透。公共建筑后面是大宅院组成的封闭式街道，为一合。

(2) 龙喉一开，龙身一合　狭窄的街道延至观音沱，在地形转折处只有半边街，豁口很自然地将远山近水的"神沱鱼浪"（当地八景之一）引入街道景观，半边街后面是封闭式小街，又为一合。

(3) 龙腰一开，龙尾一合　在龙身与龙尾交接处，街道随地势又形成一段半边街，这里延伸的两条小街如同龙脚，构成开敞景观，以后又形成封闭的龙尾，再为一合。

图 5-23 为某乡村中央街道丰富的景观序列设计。

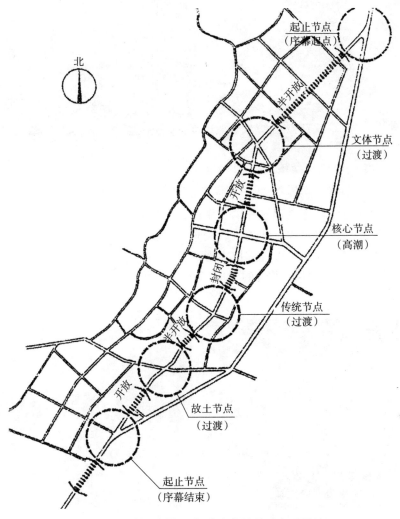

图 5-23 某乡村中央街道丰富的景观序列设计

6. 街道的节点 街道节点就是街道空间发生交汇、转折、分叉等转化的过渡空间，如共用水埠、桥头、小广场、绿地等。节点是街道的扩展，与街道之间并不明确空间限定。对街道的线性空间或扩充或打断，从而对空间的性质、活动、气氛、意义都产生了影响，丰富了空间感受。节点使街道构成富于变化、颇具特色的线性空间，将各种空间形态统一成如完整而优美乐章一样的整体。

人们在我国某些古镇 D/H 值小于 0.5 甚至是 0.2 的街巷之间漫步，也不感到明显的压抑，这是由动态的综合感觉效应导致的。人们并不是孤立地感觉一条巷道空间，在某些巷道的转弯或交汇处，经常有扩大一些的节点型空间，使人感到豁然开朗和兴奋。整个空间体系因其抑扬、明暗、宽窄的变化，而使狭窄空间变得生动有趣。

(1) 转折 转折的位置给设计师提供一个好的空间布置标志物或进行特殊处理。转折点如果和空间节点相结合就会更引人入胜，交接清楚的连接可使人很自然地进入节点和广场，节点中的独特标志可以起到引导作用（图 5-24）。

图 5-24　英国 Newport 街道转折处形成的小型休憩节点空间

　　街道改变方向的空间，也是建筑外墙发生凹凸或转折的地方。转折处的处理可采取多种不同的方式，如平移式、切角式、抹角式、交角式等。

　　(2) 交叉　街道交叉空间可以局部放大形成节点空间，或利用交汇处三角地形成休息空间。对于前者而言，在经过狭窄平淡的空间后，豁然开朗往往会给人一种舒放的感觉（图5-25、图 5-26）。

图 5-25　英国 Newport 道路交汇处三角地形成的小型休憩节点空间

图 5-26　云南丽江街道交汇处形成的小广场四方街给人豁然开朗的感觉

　　(3) 扩张　利用街道局部向一侧或两侧扩张，会形成街道空间的局部放大，可在其中布置绿化，形成供周边居民休憩、交往、纳凉的场所，其作用相当于一个小的广场空间。扩张空间经常由建筑入口的退后形成，是建筑入口的延伸（图5-27、图5-28）。

图 5-27　英国 Newport 街道利用建筑退后形成的小型休憩节点空间

图 5-28　英国 Newport 街道转折处小型休憩节点空间

(4) 尽端　街道尽端常以建筑入口、河流等作为起始节点，是乡村内外环境的过渡空间。它一般是整个街道空间的起始或高潮所在，因而其设计必须经特殊处理的建筑、开敞的空间或特色鲜明的标志等给予突出和强调。

（二）广场

乡村广场是根据乡村功能上的要求而设置的，是供人们活动的空间。广场是居民社会生活的中心，广场上可进行集会、交通集散、居民游览休憩、商业服务及文化宣传等活动。

广场不仅是乡村中不可缺少的有机组成部分，还是乡村具有标志性的主要公共空间载体，广场上一般布置重要建筑物和设施，集中地表现乡村的地方特色和风貌，是乡村的会客厅。

1. 乡村广场设计的基本原理　乡村广场设计以乡村现状、发展规模、用地规划为基础，还要结合自然地理条件、环境保护、景观布局、地面水的排除、各种工程管线布置以及与主干道的关系等。成功的广场设计必须有合理的总体布局、独特的构思与创意、良好的功能、和谐的风格、特色的艺术处理以及配套的设施。

(1) 广场的功能　广场是为满足多种乡村社会生活需要而建设的，供人们活动的户外公共空间。因此，首先要使更多的人从更多的方面参与其中；其次是能为人们提供多种类、多层次的选择；第三是广场要富有较强的文化内涵，使人们既受到文化的感染，又在活动中认知和理解文化的意义。只有人们的身心投入，才能赋予广场生命活力。在广场设计中，应对广场的功能深入研究，并进行合理的功能分区、定位。

(2) 广场的总体布局　广场的总体布局，要对各组成部分做整体安排，使其各得其所、有机联系，达到功能性、经济性和艺术性的协调统一。

要根据乡村总体规划要求，结合自然地理条件、经济状况、未来发展趋势和民族传统习俗等综合考虑，进行合理的广场总体规划布局，切忌生搬硬套或刻意追求某些图形，搞形式主义。

(3) 广场的构思 如何将客观存在的"境"与主观存在的"意"有机地结合起来？一方面要分析环境对广场可能产生的影响，另一方面要设想广场的特点。因地制宜，结合地形的高低起伏，利用水面以及其他环境中有特色、有利的因素，创造出丰富多彩的广场环境景观。

(4) 广场的特色 特色是广场设计成功与否的重要标志。乡村广场的特色指其自身区别于其他乡村的个性特征，是乡村广场的生命力和影响力之所在。构成乡村广场特色的要素有自然环境、历史背景、历史文化、建筑传统、民俗风情、主导产业等多方面。特色设计应以地域差异为立足点。我国地域差异明显，自然环境、区位条件、经济发展水平、文化背景、民风民俗等各方面的差异为乡村广场的特色设计提供了丰富的素材。

对地区文化吸收是一个创新的过程，而不是生搬硬套，这种创新是整体的思考和不懈的探索，需要自觉的创造和适当的传承。广场还是一个时代特征的重要载体，设计中要有时代人文精神和风貌，合理利用新技术、新工艺、新材料、新结构，综合反映时代水平。

2. 广场的空间限定 几乎每个村落中都会分布大大小小的广场，广场往往是乡村居民最重要的公共活动场所，是乡村公共空间中"面"的要素。我国传统聚落的中心广场是集市和集会的地方，戏台供节日演出，因而成为聚落中最吸引人的场所。乡村广场是人们相互接触、相互交往、和平共处的场所。人是社会的人，广场体现了人对社会的需求，为此在处理好街道、绿地等公共空间的同时也要为居民提供更多宜人的、形式多样的乡村广场。

(1) 广场的空间形态 乡村广场可分为平面型广场和空间型广场两种。

①平面型广场：平面型乡村广场可分为规则几何形和不规则几何形两种。规则形多经过设计师有意识理性的设计，不规则形往往是切合当地自然、气候条件逐渐发展出来的。

规则型广场是指广场平面以完整的方形、圆形、半圆形及由其发展演变而来的对称多边形、复合型等几何形态构成，这些规则的广场形状比较严整对称，一般有较严整的纵、横轴线，主要建筑往往布置在主轴线的主要位置上。

不规则型广场由不规则的多边形、曲线形等形态构成，这种不规则的形状往往是顺应乡村道路、建筑布局而自然形成的，具有与周围环境关系紧密、灵活多变的特点。我国传统聚落中的小型广场往往以不规则甚至偶然形的形式出现，但从使用和美学角度考虑却是最科学的，如丽江古城的四方街广场（图5-29），再如我国著名的罗城中心广场（图5-30）。罗城建立在丘陵地上，中心广场位于山丘的脊背上，地形向两侧跌落。广场两侧建筑依山就势地随地形变化，形成了不规则的形状，成为举世无双的船形广场，被称为"云中一把梭，山顶一只船"。广场由木结构的公共建筑围合，面向广场是出檐深远的柱廊敞篷，成为风雨无阻的市场。广场的"船体"长约200m，中部最宽处为10m左右。靠近最宽处建有架空的戏台，上部供节日演出，下部平时可以通行。广场最窄处不到2m，一端正对广场的是灵官庙，景观楚楚动人。

②空间型广场：立体空间广场可以提供相对安静舒适的环境，又可充分利用空间变化，获得活泼的景观。与平面型广场相比较，上升、下沉和地面层相互穿插组合的立体广场，更富有层次性和戏剧性。在乡村广场的设计中，适当地在设计中加入空间因素，采用坡地、下沉式、台阶式的处理方法，可以增加广场空间的趣味性。

(2) 广场的空间限定

①底界面：根据美国的亨利·德莱弗斯的研究，站立者的视线一般为俯角10°，端坐者

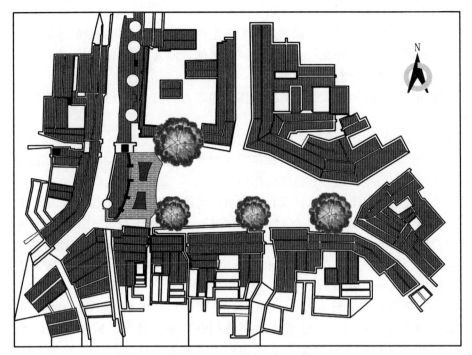

图 5-29　丽江古城四方街广场平面图

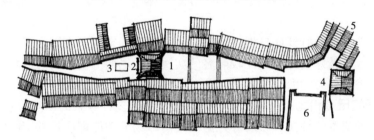

图 5-30　四川罗成中心广场平面图
1. 戏楼　2. 石牌坊　3. 消防水池　4. 灵官庙　5. 原有过街楼　6. 戏院

的视线为俯角15°，视野的上限为50°～55°，下限为70°～80°。这一数据说明，从人的身体构造来说，俯视要比仰视自然。因此，人们更容易关注底界面，广场底界面的设计就非常重要。

欧洲很多著名广场的铺装采用室内地毯一样美丽的铺装图案，给人深刻的视觉印象。在广场设计中对于地面铺装要给予充分的重视，选取有地方特色的材料，对铺装的图案、色彩、肌理都要精心处理。铺装材料的图案、色彩还要与广场上的建筑特别是主要建筑和纪念性建筑密切结合，以起到引导、衬托的作用。广场底界面也可以局部加入绿化、水面、喷泉、小品等来丰富广场的表情。地面纹理的变化可暗示表面活动方式，划分人、车、休息、游戏等功能，对广场特征、气氛和尺度产生影响。它还可以刺激人的视觉和触觉，不同质感可影响人行速度，细的纹理（苔衣、整石铺面、修剪的草地、沙砾等）可用以强调原有地形的品质和形状，增强尺度感，成为上部结构的衬托。基地纹理还可以为人们提示外部空间的尺度参照。

广场的底界面还可以利用丰富的地面高差来划分空间，形成下沉空间、局部升起的空间等不同的空间形式。

②垂直界面：乡村广场垂直界面的限定是决定广场特点和空间质量的重要因素之一。适宜、有效的空间围合可以较好地塑造广场空间的形体，使人产生对该空间的归属感，从而创造安定的环境。广场的围合有以下四种形式：

四面围合的广场：封闭性较强，具有强烈的内聚力和向心性，规模小的广场更容易产生这种感觉。

三面围合的广场：封闭感较强，具有一定的方向性和向心性。

两面围合的广场：空间限定较弱，常位于大型建筑之间或道路拐角处，空间有一定的开放性和流动性，可起到空间延伸和枢纽的作用。

一面围合的广场：封闭感弱，规模较大时可以考虑组织二次空间，如局部上升或下沉。

以上四种围合方式只是以大的空间方位划分的，广场的围合方式还有很多种。总体而言，四面围合和三面围合是较传统的做法，以这种方式围合的广场较为封闭，可为人们提供心理上相对安全隐蔽的空间。两面围合和三面围合等简单围合的空间较开敞，适于举行活动，易于达到标志性的效果。

乡村广场垂直界面包括建筑小品、植物、道路、自然山水等，其中以建筑对人的影响最大，最易为人们所感受。这些实体之间的相互关系、高度、质感及开口等对广场空间影响很大，高度越高，开口越小，空间的封闭感越强；反之，空间的封闭感较弱。对于广场空间而言，实体尤其是建筑物应在功能、体量、色彩、风格、形象等方面与广场保持一致性。

当广场需要把一面敞开通向自然景观，但又要使广场空间具有围合感时，可使用人工柱等加以处理，能起到较好的效果。比较著名的实例如威尼斯的圣·马可广场，面对大海的一侧竖立两根石柱将广场与大海分隔开来，既向自然景观开敞，又很好地收束了空间。

3. 乡村广场的尺度和比例　乡村广场的尺度应考虑多种因素的影响，包括广场的类型、交通状况以及广场建筑的性质、布局等，但最终由广场的功能即广场的实际需要决定，如游憩广场集会时容纳人数的多少及疏散要求，人流和车流的组织要求等；文化广场和纪念性广场所提供的活动项目和服务人数的多少等；交通集散广场的交通量大小、车流运行规律和交通组织方式等。总的来讲，大而单纯的广场对人有排斥性，小而局促的广场则令人有压抑感，而尺度适中有较多景点的广场具有较强的吸引力。乡村的中心广场不宜规划太大。除中心广场外，还可结合需要设置小型休闲广场、商业广场、街边小广场等其他广场。对于街头小广场的尺度，C.亚历山大指出，小广场最大的直径最好不要超过70英尺（约21.3m），否则会令人感到不愉快；凯文·林奇建议40英尺（约12.2m）是亲切的尺度，80英尺（约24.4m）是宜人的尺度。

芦原义信在《外部空间设计》一书中提出了著名的"十分之一"理论（one-tenth theory）："外部空间可以采用内部空间尺寸的8～10倍的尺度。"例如日本对宴会大厅的称呼为八十张席房间（7.2m×18m）或一百张席房间（9m×18m），把这一尺度按8或10倍折算分别为57.6m×144m（72m×180m）及72m×144m（90m×180m）。这对掌握乡村公共空间设计是一个重要的参考。凯文·林奇提出大多数成功的围合广场都不超过450英尺（约137m），格尔建议最大尺度可取230～330英尺（70～100m）。

人类的五官感受和社交空间划分为以下3种景观规模尺寸。

(1) 25m 见方的空间尺寸 日本学者芦原义信指出,要以 20～25m 为模数来设计外部空间,反映了人的"面对面"的尺度范围。这是因为人们互相观看面部表情的最大距离是 25m,在这个范围内,人们可自由地交流、沟通,感觉比较亲切。超过这个尺寸辨识对方的表情和说话声音就很困难。这个尺寸常用在广场中为人们创造进行交流的空间。

(2) 110m 左右的空间尺寸 根据对大量欧洲古老广场的调查,一旦超出 110m,肉眼就只能看出大略的人形和动作。超过 110m 以后,空间就会产生广阔的感觉,所以尺寸过大的广场不但不能营造出"起居室"的亲切氛围,反而使人自觉渺小。

(3) 390m 左右的领域尺寸 这种尺寸适用于大城市或特大城市的中心广场。大城市户外空间如果要创造宏伟深远的感觉时才会用到这样的尺寸,乡村广场一般不应用这样的尺寸。

广场的比例则有较多的内涵,包括广场的用地形状、各边的长度尺寸及比例、广场的大小与广场上建筑物的体量之比、广场上各个组成部分之间相互的比例关系、广场的整个组成内容与周围环境的相互关系等。

关于广场空间的宽高比,卡米洛·希泰在总结欧洲广场设计的手法中提出广场宽度的最小尺寸等于建筑高度,最大尺寸不超过建筑高度的 2 倍,D/H 值为 1～2 较合适。

芦原义信指出 D/H 值为 1～3 是广场视角、视距的最佳值。

图 5-31、图 5-32 为我国传统聚落中两个空间尺度较适宜交往、尺度适当的广场实例。

图 5-31 浙江乌镇中心广场平面尺寸约 26m×20m,D/H 值约为 2.5,是较为亲切宜人的交流尺度

图 5-32 云南香格里拉四方街广场平面尺寸约 29m×26m,D/H 值约为 2.5,是较为亲切宜人的交流尺度

广场的平面形状以长宽比小于 3 为宜,如果广场宽度适宜,而长度过于延长,就会失去广场的感觉。

建筑物的体型与广场的比例关系,可以根据不同的要求用不同的手法来处理。有时在较小的广场上布置较大的建筑物,只要处理得当,注意层次变化和细部处理,也会得到很好的效果。

广场尺度不当是乡村广场建设失误的重要原因之一。乡村与大中城市最大的区别就体现在空间尺度上,空间尺度控制是否合理直接关系着小城镇公共空间设计的成败。许多乡村广场在建设过程中都存在尺度失调的现象,盲目照搬大城市,建设大广场,使广场与乡村应有的亲切尺度相违背,与人性化的尺度相背。与大中城市相比,乡村用地规模小、广场功能组成、类型相对简单,对广场尺度定位不当就会产生偏差与失误。2004年,建设部等四部委对各地建设城市游憩集会广场的规模做了如下规定:原则上,小城市和镇不得超过 1hm², 中等城市不得超过 2hm², 大城市不得超过 3hm², 人口规模在 200 万以上的特大城市不得超过 5hm²; 在数量与布局上, 也要符合城市总体规划与人均绿地规范等要求。

4. 乡村广场设计的空间组织 乡村广场的空间组织首先取决于广场的功能, 人在广场中的活动是多样化的, 这就要求广场的功能多样化, 由此导致了广场空间的多样化。乡村广场的功能要求按照实现步骤的不同, 大致可以分为两类: 整体性的功能和局部性的功能。整体性的功能目标确定属于广场创作的立意范畴, 局部性的功能则是为了实现广场的"使用"目的, 它的实现必须通过空间的组织来完成。

(1) 空间组织要点

①整体性: 整体性包括两方面内容: a. 广场的空间要与乡村大环境相协调、整体优化、有机共生, 特别是在老建筑群中创造的新空间环境, 与环境的关系应该是"镶嵌", 而不是破坏, 整体统一是空间创造时必须考虑的因素之一; b. 广场的空间环境本身也应该格局清晰, 整体有序, 于严谨中追求变化。

②层次性: 随着时代的发展, 乡村广场的设计越来越多地考虑人的因素, 人的需要和行为方式成了乡村广场设计的基本出发点。乡村广场多属于为居民提供集会活动或休闲娱乐场所的综合型广场, 尤其应注重空间的人性特征。由于不同性别、不同年龄、不同阶层和不同个性人群的心理和行为规律的差异性, 广场空间的组织结构必须满足多元化的需要, 包括公共性、半公共性、半私密性、私密性的要求, 这决定了乡村广场的空间构成方式的复合性。

乡村广场空间根据不同的使用功能分为许多局部空间即亚空间。每个亚空间完成广场一个或两个功能, 成为广场各项功能的载体, 多个亚空间组织在一起实现广场的综合性, 这种多层次的广场空间提升了空间品质, 为人们提供了停留的空间, 更多地顺应了人们的心理和行为。

层次的划分可以通过地面高程变化、植物、构筑物、座椅设施等的变化来实现。领域的划分应该清楚并且微妙, 否则人们会觉得自己被分隔到一个特殊的空间。整个广场或亚空间不能小到使人们觉得自己宛如进入了一个私人房间, 侵犯了已在那里的人的隐私, 也不应大到几个人坐着时都感到疏远。

③步行设计: 由于广场的休闲性、娱乐性和文化性, 在进行乡村广场内部交通组织设计时, 广场内应尽量不设车流, 作为步行环境, 以保证场地的安全、卫生。在进行乡村广场内部人流组织与疏散设计时, 要充分考虑广场基础设施的实用性, 目前许多广场布置大量仅供观赏的绿地, 这是对游人行走空间的侵占, 严重影响了广场实用性, 绿草茵茵的景象固然宜人, 但是如果广场内草坪面积过大, 不仅显得单调, 而且也为广场内人流组织设置了障碍。另外, 在广场内部人行道的设计上, 要注意与广场总体设计和谐统一, 还要把广场同步行街、步行桥、步行平台等有机地连接起来, 从而形成一个完整的步行系统。

由于人们行走时都有一种"就近"的心理, 对角穿越是人们的行走特性, 当人们路过广场时, 都有很强烈的斜穿广场的愿望; 当人在广场中活动时, 一般是沿着广场的空间边沿行走, 而不选择在中心行走, 以免成为众人瞩目的焦点。因此, 广场平面布局不要局限于直角。另外, 人们在广场上行走距离的长短也取决于感觉, 当广场上只有大片硬质铺地和草坪，又没有吸引人的活动时，会显得单调乏味，人们会匆匆而过，还觉得距离很长；相反，当行走过程中有多种不同特色的景观时，人们会不自觉地放慢脚步加以欣赏，并且并不感觉到这段路程有多长。所以，地面设计高差可以稍有变化，绿树遮阴也必不可少，人工景观力求高雅生动，并与自然景观巧妙地融合在一起。

(2) 空间组织的具体手法 广场空间的组织还要重视实体要素的具体设计手法，因为实体要素能更直接地作用于人的感官，如硬质景观、水景、植物绿化、夜景照明等。

①硬质景观在环境中的作用：硬质景观是相对于以植物和水体为主的软质景观而言，主要指以混凝土、石料、砖、金属等硬质材料形成的景观。硬质景观常用的形式是建筑、铺地和环境艺术品。

铺地作为硬质景观在环境中有重要作用，应该引起足够的重视。铺地材料的选择应注重人性化，有的乡村为了片面地提高地面铺装的档次，大面积使用磨光花岗岩，导致雨、雪天气时地面又湿又滑，给行人安全带来极大的隐患。广场铺地比较适宜的是广场砖或经过凿毛处理的石材等达到一定摩擦系数的铺装材料。

建筑小品指座凳、路灯、果皮箱等设施。多数小品是具有一定功能的，可以称为功能性小品。广场空间环境中的环境小品，如雕塑、壁画等传统艺术品，新兴的波普艺术品以及动态艺术品，其布局和创作质量好坏直接影响环境质量。在设计时应注意使用地方材料、传统材料，使广场更具有地域感，从而增加识别性。另外，在广场空间环境中使用环境小品，特别要注意整体和谐关系，同是一把椅子，摆在什么位置、面向什么景观就决定着人们的视线和心情。

②水景在环境中的作用：水景是重要的软质景观，也是环境中重要的表现手段之一。水景的表达方式很多，诸如喷泉、水池、瀑布、叠水等，动、静态水景的使用能使环境生动有灵气。乡村广场中的水体应部分设置成动态，为人们创造"琮琤流水意，仿佛似鸣琴"的佳境。清脆的水流声充满节奏和韵律，为广场空间增添活泼、欢快的勃勃生机。

广场水景的设计要注重人们的参与性、可及性，以适应人们的亲水情结。同时，还应注意北方和南方的气候差别，北方冬季气候寒冷，水易结冰，故北方乡村广场的水面面积不宜太大，喷泉最好设计成旱喷，不喷水时也可作为活动场地。

③植物绿化在环境中的作用：植物绿化不仅有生态作用，还起到分隔或联系空间的双重作用，是小城镇广场空间环境的重要内容之一。由于植物生长速度缓慢，要特别注意对场地中原有树木的保留。还可采用垂直绿化的方式，充分利用建筑与小品的墙面、平台、平台栏板等做好绿化处理。

广场草坪：草坪是广场绿化运用得最普遍的手法之一，草坪一般布置在广场辅助性空地，供观赏、游戏。广场草坪空间具有开阔宽敞的视线，能增加景深和层次，并能充分衬托广场的形态美。

广场树木：树木主要起分隔、引导作用，树木越高大，分隔、引导作用就越强，树木体量不适当会造成广场的封闭感。

花坛与花池：适当的广场花坛、花池造型设计可以对广场平面和立面形态加以丰富，起到景观高潮的作用。还可以在花坛上利用植物拼成主题图案或文字，起到画龙点睛的作用。

廊架：可在小型休闲广场的边缘布置廊架，提供人们休息、遮阳、纳凉的场所。还可用廊架联系空间，并进行空间的变化。

④光影与夜景照明在环境中的作用：光影的使用是创造丰富环境效果的方法之一，应充分利用光影，增强造型效果，提高环境质量。随着经济的发展，夜景照明方法和使用范围越来越广泛，在广场环境设计时也应得到足够的重视。

>>> 第六章 乡村公共艺术品规划

一、乡村公共艺术品的概念及特征

(一) 乡村公共艺术品的概念

公共的意思是"共有的"或"市民的"。公共领域（public sphere）是近年来英语语系国家学术界常用的概念之一，这个概念是根据德语"offentlichkeit"（开放、公开）一词译为英文的，这个德语词汇根据具体的语境又被译为"the public"（公众）。所谓"公共领域"，指社会生活的一个领域，在这个领域中，像公共意见这样的事物能够形成。这种具有开放、公众特质的，由公众自由参加和认同的公共性空间称为公共空间（public space）。公共艺术品所指的正是这种公共开放空间中的艺术创作或设计作品。

乡村公共艺术品是指设立于乡村公共空间中的、能够反映乡村公共精神并被公众普遍认同的艺术创作或设计作品；它可以采用雕塑、壁画、环境标识、公共设施和环境综合艺术设计等形式，来创造具有较高识别度和美誉度的乡村空间环境的环境构件；乡村公共艺术品设计是乡村整体环境设计的有机组成部分。

乡村公共艺术品是以某种载体和形式创作，面向非特定的社会群体或特定乡村的大众，通过公共渠道与大众接触，设置于公共空间之中，为社会公众开放并被其享用的合法的艺术作品，并且这些作品能促进乡村社会民主观念与公共空间更好地形成。

(二) 乡村公共艺术品的特征

乡村公共艺术品是按照美的或有意味的形式法则进行的创造性活动的产品，是体现乡村公共空间民主、开放、交流、共享的一种精神和态度，是使存在于乡村公共空间的艺术能够在当代文化的意义上与社会公众发生关系的一种思想方式。

乡村公共艺术品在艺术形式上具有开放性，要求作品适应时代、乡村空间和人的需求。首先，作品能够适应时代的审美要求，在作品造型设计和整个乡村公共空间的整体设计上与时代同步，体现时代精神，具有鲜明的时代特征。其次，在空间上，作品能够与周围的环境形成互动关系。

乡村公共艺术品表现上具有通俗性。乡村公共艺术品面对不同的社会层次、教育背景、年龄结构、宗教信仰等人群，因此乡村公共空间艺术作品的表现语言应满足公共性和开放性条件之下的通俗化倾向。这里的通俗性并不是指一般的大众喜闻乐见的世俗化作品，而是指以大众的审美情趣和审美心理为艺术创作的基本出发点进行作品的创作，同时应强调作品的亲和力,强调作品与环境的和谐性,从而创造一种和谐完美的人文环境。乡村公共艺术的导入能够激发或揭示出特定空间场所或地区的内在活力和意义,能够促成乡村开放空间中人与人、人与环境的相互交流,这种方式可以是短期的艺术活动,也可以是长期的艺术品的设立。在日本,有"大地艺术节"之称的"越后妻有艺术三年展"就是利用该地区丰富的自然景观资源和丰厚的文化资源,在尊重自然生态的前提下,创造了人、艺术、自然三者交流互融的契机。稻草人系列红侧影被放置在梯形田野中,代表家庭似乎在田野里工作。小金属板放置在他们的胸部,上面显示着他们的名字和出生日期。稻田这件作品是由诗、风景影像和雕塑组成,从台上看,诗和雕塑看起来像是一幅画。作品利用自然的坡地、田野,把具有农耕文化符号表征的稻草人、稻田引入其间,表达了传统乡村文化中人与自然的和谐、人与人之间的温暖(图6-1、图6-2)。在乡村公共艺术品创作中,要提升艺术与文化的内涵,反对一味地迎合公众心态、随声附和、毫无创意的作品。但是,不要设置那些完全建立在个人审美意趣之上,虽然不乏生动、新颖之艺术精神,却难以进入大众审美层次的作品,防止将艺术作品从艺术家工作室和美术馆直接搬到公共空间中的做法。

乡村公共艺术品在功能上具有综合性。乡村公共艺术品并不是一种孤

图6-1 日本有"大地艺术节"之称的"越后妻有艺术三年展"中的稻草人系列

(谷川真美,2003)

立的、单纯的物象,其中存在着审美主体与客体的关系问题。从艺术学的角度来看,乡村公共艺术品是一种美化乡村环境、装饰空间的艺术作品;从社会学的角度来看,乡村公共艺术品设计的观念和方法首先应该是社会学的。另外,许多乡村公共艺术品既有实用功能,又在环境中起到了改善整体视觉关系的美化作用,因此,它不是单纯的艺术品创作,而是乡村景观的有机组成部分(图6-3)。

图6-2 "河流往哪里跑了?"大约600面黄旗延伸3.5km,它代表着古老的信浓河的蜿蜒的途径,作品也影射了现代文明中环境和人之间关系的危机

(谷川真美,2003)

图6-3 长期居住在乡村的加拿大艺术家Alastair Heseltine是一个钟情于大自然的人,喜欢与藤条和木头打交道,他用这些当地乡村生活中常见的材料,创作出了大量具有乡土气息的雕塑、装置、家具等作品

二、乡村公共艺术品的范畴

乡村公共艺术品追求和解决的不只是美化乡村、美化环境的问题,而是更为广泛、深刻的乡村社会效益问题,是对社会公众的沟通与关怀。空间、时间上能够和公共性发生广泛关系的艺术都属于公共艺术的范畴,具体包括艺术品与艺术设施。艺术家要和景观设计师、结构工程师、民俗学家、规划师等不同的专业人士合作才能创作出情景交融的乡村公共艺术品。乡村环境艺术的公共化、场所化、景观化符合当今社会知识系统开放、交叉、跨界、互融的趋势。

1. 艺术品

(1) 雕塑 雕塑在景观环境中的运用在西方开始于古希腊、古罗马时代,为了纪念功臣伟人,用大理石等高贵石材雕刻当时的伟人、先哲、英雄等,并置于庭园、广场中供人瞻仰。至今,各式庭园中除了许多人像外,还有神像、动物及抽象性雕塑。在我国,具有代表性的是古代陵寝园林中沿道排列的石像生,气势磅礴、蔚为壮观。与放在私人环境中的雕塑不同,乡村雕塑可以把一个乡村的历史变迁铸进自身之中,这是其他艺术形式做不到的。雕塑应用的材料很广泛,天然材料有石材、木材等,人工材料有各种金属、陶瓷、水泥、混凝土、树脂复合材料、纤维材料等,实物材料有机械零件、各种生活废品等。

现在,人们习惯将雕塑分为纪念性雕塑与装饰性雕塑。纪念性雕塑是以雕塑的形式来纪念人与事,主要表达某种特定意义,多以纪念碑的形式出现。纪念性雕塑也不一定都是很严肃的造型或题材,有些是较自然或轻松的内容或形态。作为一种文化现象,装饰性雕塑是由诸多因素构成的,是直接体现人类审美行为、精神活动的一种实践方式和表现结果。装饰性雕塑偏重趣味性,淡化情节性,注重思想化抒情,富于浪漫主义的夸张,具有象征性表现技法的内涵(图6-4、图6-5)。纪念性雕塑与大型装饰性主雕常设于主要建筑物之前、道路交点、绿地中心、以庭园树林为背景的位置、景观轴线终端等。一般或小型的装饰性雕塑常设于建筑旁、园路边沿、阶梯两侧、桥墩、路墩上、水景、假山旁以及室内场所等。

图6-4 日本北海道富良野美瑛村花田景观中用装饰性雕塑——巨大的稻草人来装饰景观

图6-5 广州南沙区新垦镇百万葵园装饰性雕塑

纪念碑与纪念性雕塑有些相似，但它以纪念前人或记载事件为主。纪念碑一般以文字与形体作为表现媒介，而纪念性雕塑主要通过形体表现。纪念碑可用的材料也很广，如石材、金属、混凝土等，它的设计布局原则也与纪念性雕塑类似。

(2) 壁画 壁画是最古老的艺术形式。如果按广义的概念来理解，壁画早在法国的拉斯科洞窟与西班牙的阿尔塔米拉洞穴中就已经产生了。从中国古代画像砖与殿堂壁画，到敦煌壁画、印度阿旃陀壁画、意大利文艺复兴时期壁画、前苏联革命与战争时期壁画、墨西哥壁画运动、美国街道壁画，直到壁画形式越来越多、在环境中应用范围越来越广的今天，壁画应用的材料也越来越多，天然材料有黏土、石头、皮等，人工材料有各种金属、玻璃、陶瓷、塑料、水泥、混凝土、纸纤维等，实物材料有报纸、照片、灯具、机械零件、各种生活用品等。

和雕塑分类一样，壁画也可分为纪念性壁画与装饰性壁画。壁画有纪念、宣传、教育、审美、视觉识别、调节心理、弥补建筑物缺陷等功能。雕塑可以独立的个体形式出现，壁画一般必须依附于建筑，即使独立性很强的壁画也离不开墙体等附着物。壁画与雕塑一样，也是景观环境的重要组成部分，设计师自选材时起就应考虑环境的整体性、场所空间的特质及其与人的关系，以文化的视角来注视人们的生存空间，更注重作品的意义。壁画的构思应结合壁画所处的场所，业主的建议与要求，创作者与公众的情感诉求等。壁画的构图设计与色彩搭配应以其所在的建筑墙面为依托，以建筑物之外的景观为参照，以观者的视觉流程为主线，以壁画的创作主题为全局引导。

(3) 构造小品 构造小品主要指假山石作，它在中国古典园林中得以重用。假山比较复杂，用黄石、湖石等加工堆砌而成。名匠的佳作可以将千山万壑之势寓于小小石山之中。唐代王维在《山水诀》中说道："主峰最宜高耸，客山须是奔趋。"元代筑山则以"奇峰怪石，突兀嵌空，俯仰万变"称胜。明清时期假山堆叠名家有计成、石涛、张南垣、李渔、戈裕良等。假山堆叠在中国园林中还有造型颇具审美价值的天然奇石，并常赋予石以独特的性格等人文色彩。在深受中国文化影响的日本，为禅思而设计的"枯山水"中砂石的用法简洁，细节完美，空间意蕴宏大。

西方虽没有我国那样的假山堆砌，但石作应用也很普遍，跌落的台阶、石板常营造出变化多端的滨水景观，石材及其各种肌理效果在景观构筑物与铺地中得到充分应用。

2. 艺术设施 乡村广场、街道等环境都离不开各种各样的设施。它们不仅在功能上满足人们的需求,而且也保证了所在环境的功能实现,对美化环境也起着一定作用。它们是一个乡村个性化表现的重要媒介,是乡村的细部,把乡村装点得像家一样亲切、温馨、和美。这些设施体量虽小,但也能调节人们的日常生活,反映乡村的文化品位。

那么,从公共艺术的视角考量乡村环境设施,凸显的正是以文化价值为出发点的对乡村环境的营造。因此,我们便获得了充足的理由使乡村环境设施从朴素的实用主义的桎梏中解脱出来。

乡村环境设施主要是指放置于乡村公共空间中供人们共享的设备和器具,种类繁多,如公共座椅、照明灯饰、卫生设施、标识系统等。乡村环境设施与人们的生活息息相关,在一个没有路灯、路标、公共座椅和垃圾站的乡村,人们的生活质量很难得到提高。乡村环境设施几乎遍布乡村的每一个角落,是乡村环境的重要组成部分。传统的乡村环境设施设计更多地关注它的使用功能,以安全、舒适、方便、效率为其设计诉求。但在现今这个知识经济时代和信息社会,乡村环境设施功能至上物质层面的追求已显单薄,在满足基本使用的前提下,应该有更为"精神"的艺术表现。这种精神主要体现在:尊重村庄历史文脉、体现村庄特色、彰显地域精神、注重人文关怀、把握时代脉搏、主张参与互动(图6-6)。

图6-6 北海道与农村环境相协调的指示牌

三、乡村公共艺术品规划

乡村公共艺术品是乡村文化建设的重要组成部分,是乡村文化最直观的载体。它可以连接乡村的历史与未来,积淀乡村的记忆,讲述乡村的故事,满足乡村人群的行为需求,创造新的乡村文化传统。

由于当代公共艺术的文化定位及其样式与乡村及其文化特性有着不可分割的内在关系,不同乡村的历史、文化、地理、经济结构乃至传统意义的民情特性都是乡村公共艺术品生存的现实基础。

(一)乡村公共艺术品专项规划

乡村公共艺术品专项规划一般作为乡村景观规划的分系统、子项目。乡村景观规划是指为满足人们现实生活和精神审美的需要，对乡村各项景观要素采取保护、利用、改善、发展等措施，为乡村发展提供从全局到个案、从近期到远期的总体性政策要求和宏观布局。

乡村公共艺术品专项规划是促进乡村公共艺术可持续发展，推动乡村公共艺术制度建设中最为重要的一环。乡村公共艺术品规划是指公共艺术品在乡村公共空间中的系统组织和计划，直接关系到乡村的整体格局，涉及乡村的历史文脉、发展现状、景观风貌等。

乡村公共艺术品专项规划对所涉乡村元素的分析研究有据可依，因其建立在乡村景观规划以及乡村总体规划的基础之上，站在社会学、心理学、文化学、经济学的角度，以艺术创作的方式提炼和塑造乡村公共空间的人性化、人文化的问题。乡村公共艺术品规划要立足于日常的乡村生活，生活的"日常"从一般意义上讲，是指"乡村居民共有的平凡而普通的生活体验：交通、放松、穿行、购物、饮食、娱乐等"。乡村公共艺术品规划编制应由公共艺术研究、创作机构与乡村规划设计、研究院所联合完成。规划编制人员应包括公共艺术家、景观设计师、规划师、建筑师以及社会、历史、政治、经济领域的专家。规划编制的物质层面要素主要指区域、空间、点位的硬性布局，精神层面要素主要指思路、题材、风格的软性控制。前者主要是指对村庄入口、广场、道路节点、街头绿地、建筑立面等户外场地和交通枢纽、乡村文娱设施等室内空间进行布局规划，这些地方是构成乡村公共空间的主要领域；后者是针对不同乡村的地域、文脉，规划确定思路、风格，因此，会表现出明显的差异性。当然，这些差异性也为后来的创作特色提供了翔实的依据。

乡村公共艺术品专项规划编制应重视公共艺术品设计的前期策划。策划就是用公共艺术设计的思路，将公共艺术观念具体落实到乡村的每个片段、每个点位，并纳入乡村规划的整体格局中。只有这样，乡村公共艺术品内涵才能融入景观，物化在每一件作品之中。策划可以为规划出思想、出策略，使规划的各种条款具有活力，具有可操作性。策划的前提是要把握村庄的过去、现在和未来，理解一个村庄的情感，归纳村庄的特性。策划过程中，一方面，要挖掘村庄的历史传统与地域文化，确立独特的文脉题材；另一方面，要总结村庄的当代精神或文化内涵，或公众日常生活普遍关注的当代题材。

乡村公共艺术品专项规划编制过程应纳入当代艺术观念，并对艺术的发展做出预期，这才是衡量规划是否成功的关键部分。因为从乡村景观规划中选择出可以让公共艺术品介入的点位并不难，难的是用什么样的观念来引领乡村未来的公共艺术。规划主要作用于未来，而未来时态的公共艺术发展会与公众发生更紧密的联系，达成主客体价值观的统一，使受众将公共艺术融入自己的生命过程，成为日常生活的有机部分。

当然，乡村公共艺术品专项规划终归是宏观的把握、总体的控制，每一件作品还需公共艺术家在规划的大原则下，发挥艺术创造的个性来实际完成。乡村公共艺术品规划是乡村公共艺术设计的依据。要具体设计一处乡村公共艺术品，创作者首先要依据乡村公共艺术品规划，以大的乡村文脉来定位公共艺术题材，使题材不错位、不重复。也可从规划中了解乡村对艺术品质的定位。所以，公共艺术家接受一个乡村公共艺术品设计任务之后，首先要了解这个乡村的公共艺术品规划，知道自己的工作目标、创作方向，并判断这处设计符不符合自己一贯的艺术追求，抑或是让更适合这个任务的其他公共艺术家来完成。这样，就可减少或避免在"急""仿"心态下，造成速度至上的"粗糙"与拿来主义的"豪华"。

乡村公共艺术品规划以专项规划的方式融入乡村系列规划，成为乡村建设的一个部分。

最终要如同总体规划与控制性详细规划一样，通过立法，才能成为一个完整的正式成果。这样，乡村公共艺术品就有了合法性，纳入到乡村建设的法制轨道，才具有良性、可持续发展的可能。这关系到乡村公共艺术的整体发展态势。

随着中国城市化和城乡发展一体化进程的加快，乡村环境建设日新月异，乡村公共艺术品建设也得到快速发展。但是，就整体乡村公共艺术品设计现状来看，可以明显看出其中存在良莠不齐的现象，主要问题如下：①缺乏整体设计和多方参与，没有整体规划，导致乡村公共艺术品不能形成规模；②乡村公共艺术品不能同所在的空间环境、尺度、形状、文脉背景等因素有机结合；③在主题选择、位置放置、色彩运用、材料选取、尺度控制、意境创造等方面有待进一步提高。

（二）机构设置与基金建立

乡村公共艺术品规划是从属于乡村社会公共事务，并涉及公共行政范畴的文化事业。为使乡村公共艺术品专项规划得到逐步实施，同时使更广泛的大众能够参与社会的艺术活动并享受资源的分配，主管公共艺术发展和管理的权力机构（含协作性的社会组织）、运作机制及其法律制度的建设就成为了必然的需要。

目前，国内多数乡村还没有设立跨行业、跨学科、跨地区的公共艺术的专门管理机构，另外，由于没有完善的法规和制度的建设，乡村公共艺术的社会公共性、建设程序与实施方式的公平性也必然受到严重的影响。

由于乡村公共艺术品的创作和实施一般涉及乡村规划、建筑设计、景观设计和乡村管理等多个领域，所以只有它们之间的协调配合以及组织化、制度化和程序化的落实，才能保证乡村公共艺术建设的公共性、整体性和完美性的实现和监控。由于目前我国乡村中还没有建立起由规划师、建筑师、景观设计师、艺术家、政府职能机构等共同构成，并行使发展、协调、监控和服务职能的多级制的乡村公共艺术委员会（或类似的专门职能机构），因此，对本领域的发展和协调工作就难以做出专业化和规范化的指导与把控。作为常设性的乡村公共艺术机构（如各级公共艺术委员会）可以是隶属于政府部门的下设机构，也可以是由政府扶持的社会性专业顾问机构。它的基本职责是在政府、村民代表和艺术家之间，在乡村公共艺术品专项规划、艺术家提名、艺术作品遴选、艺术基金使用等方面做出决断，成为政府行政决策、实施与管理的重要技术支撑，并成为乡村公共艺术传播与推广的纽带。

为解决乡村公共艺术品建设资金不足的问题，还可拟定乡村公共艺术基金方案。方案可以参照城市公共艺术设计规范，不仅要求新建建筑按工程成本的百分比提取公共艺术基金，还可成立学术顾问委员会和基金监管委员会，对基金进行合理计划和管理，对乡村的公共艺术计划进行组织创作、评议和审核，使公共艺术品能够以丰富多彩的形式体现乡村精神。我国的经济发展近年来一直呈上升趋势，但完全依靠国家出资来推动乡村公共艺术事业是远远不够的，调动一切积极因素，集中各方面的资金是解决问题的重要途径。

（三）政策引导与制度建设

2001年2月28日，全国人民代表大会常务委员会批准了中国政府于1997年10月27日签署的《经济、社会及文化权利国际公约》。这就意味着我国已经将经济、社会及文化权利问题放置在一个国际的平台上，与国际社会一起通过对话和交流，在经济、社会和文化方面更深入地进行改革开放，逐步完成整个社会的结构转型，建设一个保障权利的社会。

乡村公共艺术品领域需要规范、透明的管理机制，尤其是需要行之有效的专项法律规章，以使创作者、使用者和管理者都能按照相应的法规依据行使各自的权利。因此，对于相应的制度和法律的建立与维护是不可或缺的，它们一般包括乡村公共艺术品设计项目在乡村公共工程建设总预算中所占资金比例的法规，乡村公共艺术品建设专项资金使用的管理和监督法规，保证乡村公共艺术品的遴选机制、程序以及监理机构的合法性的法规，乡村公共艺术品的安置与所在环境的基本功能保障、历史文化及生态保护等制约相适应的法规，艺术家作品的知识产权保护及社会赞助者约定权益的保护性法规，以及其他有关乡村公共艺术品的管理、更换、拆迁等方面的法律法规。随着各地方法规及行政自主权力的加大，它们的建设和执行势在必行。但由于地区经济及文化实力不平衡等原因，各地有关法规的内容也会各有差异。中国台湾1998年发布、2002年和2003年两次修改的《公共艺术设置办法》就是针对公共艺术的具体实施细则。这个设置办法有以下几方面值得借鉴：①咨询、政策研拟、法令修订、评审委员会的组成；②关于公共艺术从策划到实施过程的透明性和社会推广的统一性；③评议、执行、决定的统一性；④管理过程、赠与方式的法律化和专业化的规定；⑤公共艺术设置是一项社会化活动。

建立以策划人、艺术家为创作主体，艺委会为评审主体，广大民众为评议主体，政府为推进主体的"四位一体"的乡村公共艺术品建设运作机制。采取政府引导、市场运作相结合的措施，以获取优秀乡村公共艺术作品。建立一支高水准的艺术策划、创作队伍，实行乡村公共艺术品艺术策划人制度；开辟一个流动的乡村公共艺术品展示平台；建立一个集创作、制造、展示为一体的乡村公共艺术中心。完善乡村公共艺术品建设资金保障措施，通过政府专项拨款、建设单位自筹、企事业单位资助和社会捐款捐助等措施，构筑乡村公共艺术品建设资金体系。

过去的乡村公共艺术品建设机制和实施方式的弊端主要在于：由规划师和建筑师先后分别完成乡村的规划布局和建筑设计，甚至在主体施工完成之后，再由公共艺术家在指定空间中搭配作品。一方面，难以使整体环境的艺术品质得到保障；另一方面，使得艺术家在工作之初就陷入了规划师和建筑师设定的前提和既成的空间限制之中，难以最大限度地发挥艺术家的想象力与创造力。20世纪90年代中期以来，一些公共艺术家开始从艺术的当代社会使命以及艺术与整体环境品质的关系着眼，主张在尚未实施的乡村项目的规划及设计阶段，由规划师、建筑师、景观设计师、公共艺术家以及其他不同专业和文化背景的人员一起就村庄环境的自然、人文及使用功能的特性等问题展开广泛研讨、多边交流和充分协作，以使得乡村公共艺术品设计方案的整体性、合理性和完美性得到应有的事前保障。

乡村公共艺术品的公众精神的弘扬及其制度法规的建立与维护，必然建立在整体社会的文明程度之上，建立在一定的民主政治制度及政治文明的自觉程度之上。未来关于乡村社会公共领域及其公共艺术建设及管理的法律制度，必将要更多地关注和落实广大民众的意志和利益，并在肯定和维护民众个人合法的艺术创作和文化传播权利的前提下，发展民众平等参与和共同享有的公共艺术事业。

>>> 第七章 乡村景观规划与中国传统环境理论

"天人合一"的传统观念是古代村落、城市用地选址的基本思想。古人在科技不发达的时代,凭直觉认识和经验积累,曾总结出了以天、地、人相协调为准则的认识观念和一种特殊的择地评价标准和体系、择地方法和构建居住环境的准则理论,即风水理论。虽然风水理论对其本身的科学性、合理性及其对人的心理作用的阐述方面缺少缜密的逻辑分析和准确的科学论证,但它汲取了中国传统哲学的智慧,所以风水理论这一特殊而古老的人居环境学是古人建村择地的依据。作为一种思想观念,风水学中的一些理论应该对乡村景观规划建设有所指导,特别是风水学中关于择地选址、植物种植等方面的思想对乡村景观建设过程中的山水改造、植物种植等方面能起到一定的指导作用。

一、风水的概念

关于风水,《辞海》当中的解释是:"风水,也叫堪舆,旧中国的一种迷信,认为住宅基地或坟地周围的风向水流等形势,能招致住者或葬者一家的祸福,也指相宅、相墓之法。"在古代中国,风水是一门玄术,也称青鸟、青囊,就是研究人类赖以生存发展的微观物质(空气、水和土)和宏观环境(天地)的学说。而从现代意义上来说,风水理论实际上就是地理学、地质学、星相学、气象学、景观学、建筑学、生态学以及人体生命信息学等多种学科综合一体的一门科学。其宗旨是审慎周密地考察、了解自然环境和人文环境,有节制、有规律地利用和改造自然环境,创造良好的居住和生存环境,赢得最佳的天时地利人和的境界。

二、风水与乡村景观要素

风水和景观在天人合一的思想考虑上是一致的。风水与乡村景观具有以下关系:

①风水学中的形势以主山、少祖山、祖山为基址背景进行基址的选择,在景观中形成了"山外有山"的多种层次的立体轮廓线,增加了整个规划设计空间的层次感和进深感。

②风水中以河流、水池为基址前景,在景观中这样的布局形成了开阔平远的视野,而隔水回望,有生动的波光水影,构成了绚丽的画面。

③风水中以案山、朝山为基址借景、对景,形成了基址前方远景的构图中心,使人们的视线有所归宿,两重山峦起到了增加风景层次感和深度感的作用。

④风水以水口山为屏挡、为障景,这样的改造方法在景观上使基址内外有所隔离,形成空间对比,使人进入后有豁然开朗、别有洞天的效果。

⑤作为风水地形补充的人工风水建筑物如牌坊、楼阁、宝塔、桥梁等景以标志物、构图中心、控制点、视线焦点、观赏点或观赏对象的姿态出现,均具有观赏性和易识别性。风水物的设置与景观设计的考虑是统一的。

⑥风水中多植树、种花,保护山上及平地上的风水林,保护村头古树,形成了郁郁葱葱的植被和绿化带,不仅可以调节温湿度,保持水土,造就良好的小气候,也在景观环境中形成了风景如画、优美动人、鸟语花香的自然环境。

(一) 风水与选址

传统的风水学对人居环境的选址主要有五个大的步骤,分别是:寻龙、察砂、观水、点穴、取向。

寻龙就是考察山脉的起始、终止、朝向、形态、起伏等。比较重视山脉上的岩石、土壤、植被等地理要素。《地理指蒙》中有云:"石为龙之骨,土为龙之肉,草为龙之毛。"这与现代的地质学、地貌学、土壤学、植物学等内容不谋而合,体现了一定的科学性和合理性。根据研究表明,风水中以龙为靠山,有其科学合理之处:一是风水讲究"藏风得水",以龙为靠山,选择宅院,可构成一个优美而相对封闭的环境;二是龙脉要求植被茂盛,以便为生活提供相对充足的建筑材料、燃料、野果及其他林产品,能满足人们基本的生产生活需要;三是龙脉上还可能有煤炭、铁矿等矿产资源为人们生存发展提供保证。

察砂就是对吉祥地周围群山的考察。"砂"也指山体,"龙"是高大的主要山体,"砂"则是"龙"旁边的小山丘。风水学认为,仅有"龙"还不能成为吉祥之地,"龙"的周围还需要各种"砂"来拱卫和呼应,如果没有"砂","龙"就很难聚纳生气。因此,在考察地点的时候,环绕四周的群山也很重要,它们的位置和形态也是吉祥地质量好坏的标志。按照现代的观点,观水的科学性在于:一是水是生活、生产资源,傍水而居,取水、灌溉等方便。二是风水学认为,水有五形,即金、木、水、火、土,有凶有吉,其实说的是水的形式和走势对临水居民居住地的影响。三是水具有交通、役险的作用。水不仅在古代作为重要的交通载体,迄今也以水运为廉,大江、大河、湖泊和深渊等水体,更是易守难攻的防线。四是水具有纳气、导气、蓄气之功能,还是景观的重要构成要素,具有景观陪衬作用。

点穴就是寻找天地之气汇聚之地,它是选择人居环境的最终目的,也是最困难的。《葬经》云:"三年寻龙,十年点穴。"即穴位必须借助于有形的地形、山水、岩石、土壤、植被等自然因素加以分析判断,并加以验证。其现代解读:一是风水中的一些点穴原理可用当今的科学知识加以解释,如风水形法在穴区确定后,常用土坑法点穴。二是点穴时,宅院相对位置的高低很重要。《管子·地员篇》有云:"高毋近阜而水用足,低毋近水而沟防省,因天材,就地利。"也就是说,如果穴位过高,会造成取水不便;而穴位过低,则有水患之忧,这是显而易见的道理。三是风水点穴时还很重视穴位与周围环境之间的关系,在点穴时一定要有预见性。

取向其实是决定方向。一般指的是与建筑基址垂直相对的方向,它是建筑基址选择和布局中的一个重要参数,现代解释为:选择朝向的过程中,应综合考察当地的气候、水文、地形、土壤、植被等地理环境因素以及美学观。在取向时,非常看重风向和太阳辐射等因素。

在风水理论中,关于最佳城、村址选择的论述,可概括为:北面有蜿蜒而来的群山峻岭，南面有远近呼应的低山小丘，左右两侧则护山环抱，重重护卫。中间部分堂局分明，地势宽敞，且有屈曲流水环抱。整个风水区构成一个后有靠山、左右有屏障护卫、前方略显开敞的相对封闭的小环境（图7-1、图7-2、图7-3）。图中龙穴就是最佳选址，"枕山、环水、面屏"被认为是古代村落选址最佳的空间模式。

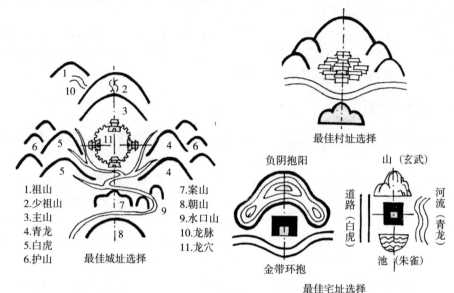

图7-1 风水理念中的最佳城、村、宅的选址模式
（刘沛林，1998）

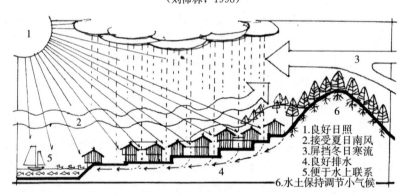

图7-2 村镇选址与生态关系
（王其亨，2005）

图7-3 云南西双版纳傣族村落选址与生态关系
（刘沛林，1998）

(二) 水

风水理论认为："吉地不可无水""风水之法，得水为上"。之所以注重"水法"，讲究水的功用利害，是因为水与生态环境中的"地气""生气"息息相关。《管子·水地》云："水者，地之血气，如筋脉之通流者也，故曰水具材也。"所以上古先民在选择阳宅地基时，大都选择依山傍水，以山环水抱环境优美的两河交汇处的"汭"位或河流弯曲的内侧的"澳"位来作基址（图7-4、图7-5）。这样一方面由于水性向下，水流冲击的惯性可以让河床弯曲的"汭"位或"澳"位淤泥不断积聚，使得作为宅基的面积不断扩大；另一方面近水居住可以更方便进行渔猎和交通，有利于生产和生活。许多村落选址有"未看山，先看水，有山无水休寻地"的说法。故村落多位于溪流附近，谓之"居无绝溪"。这一点在许多地名中得以印证，如屯溪、临溪、小川、河口等。

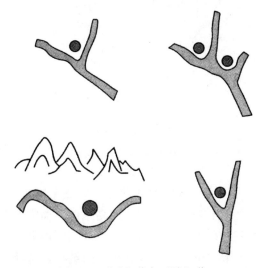

图7-4 "汭"位与"澳"位

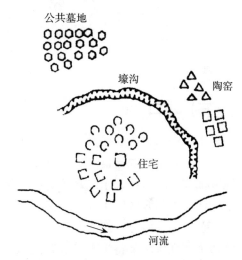

图7-5 半坡村原始村落选址河流"澳"位

风水理论要求"水要抱"，即村前有溪流环绕形如"腰带水"。正如《水龙经》所言："水积如山脉之住，水流如山脉之动。水流动则气脉分，水环流则气脉凝聚。大河类干龙之形，小河乃支龙之体。后有河兜，荣华之宅；前逢池沼，富贵之家。左右环抱有情，堆金积玉。"这里显然是把水当作龙脉来看待，任何以水为环带的村落，只要水绕归流一处，即是该村生气的来源。如福建《莆田浮山东阳陈氏族谱》在记述其族聚地东阳村（图7-6）的兴盛时写道："东阳发脉囊山隐伏而来，至吴塘始露奇顶，木兰使华陂水迤逦入怀，缠绕青龙方位，右去处得东阳桥一砥沟西奴仆水口，回抱有情。至西漳村，又缠玄武，会青龙水入海，作腰带状，壶山秀拱于前，真文明胜地也。"

另外还应注重选好水源、水质两要素。因错选水源可造成水灾、错选水质要患疾病。风水经典《博山篇》主张"寻龙认气，认气尝水。其色碧，其味甘，其气香，主上贵。其色白，其味清，其气温，主中贵。其色淡，其味辛，其气烈，主下贵。若苦酸涩，若发馊，不足论。"这与现代科学的认识是一致的。历代的风水师就是通过对山川地理的仔细观察，凭借其朴素的审美观，将大自然明净秀丽之水借来营造人们理想中的福地，从而达到趋吉避凶、造福于人的目的。

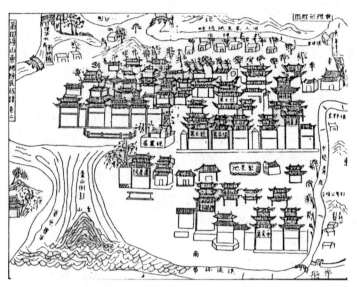

图 7-6　东阳形胜图
(刘沛林，2005)

（三）水口

风水中的水最重要的是水口，古人所谓"入山寻水口"就是指此。风水上称水来之处为天门，若来处不见源流谓之天门开；水之去处为地户，不见水去谓之地户闭。水流进或流出的地方都称为水口，来水以水流宽阔平缓朝抱有情为佳，去水则要屈曲流连收缩紧密为好。风水中认为天门开阔则主财源广进，地户闭藏则主财用不竭。我国地势西高东低，通常情况下，入水口多在西方、西南和西北方，出水口则大多放在东方和东南方。所以我国很多城市村镇乃至百姓院落都将出水口放置在东方和东南方天干的位置上，以之来聚财纳福，这就是阳宅风水中所说的"开门放水"。

水口是村落外部空间的重要标志，被视为村落的门户与灵魂。水口用以界定村落空间序列的开始，一般多选在山脉转折或两山夹峙狭窄处，随着山势的蜿蜒以及茂密树木和众多建筑的遮掩，形成了一个狭小的入口，容一条小路及溪水弯曲而过。以水口山为障景、为屏挡，使村基址内外有所隔离，形成空间对比。使入水口后有豁然开朗、别有洞天的景观效果（图 7-7）。

为了增加水口的锁钥之势，最普遍的做法是以桥作关锁，辅以树、亭、塘；在人文层次较高的地区则以文昌阁、魁星楼、文笔塔等高大建筑为主，辅以庙、亭、堤、桥等。例如，兰溪古村建宗祠以关水口东佐锁潆庵，西造锁漾桥；淳安何村在村口建有高大的文昌阁；建德新叶村的水口建有文昌阁、五谷祠和传云塔；清潭村在水口建紫金岩塔（又名螺狮塔）（图 7-8），周围有 9 座山峰，是为"九龙抢珠"之象，历来被视为镇溪护村之宝。平原地区的水口则常在水中央立洲或作土墩，并在洲或墩上建庙或阁，典型的例子莫过于侗族的风雨桥，一进入侗寨，先看见寨门，然后经过风雨桥进入村寨。通常还在桥上建造亭、廊，作为休息的场所，浙江乌青镇的分水墩上即建有阁。这种于村口建（植）高大建筑或桥梁、亭阁、大树的做法，虽然是出自一种象征意味的目的，但在客观上弥补了自然环境的不足，使景观趋于平衡与和谐。

讲究聚族而居的古代徽州人特别重视水口地带景观的建构，在村落的出入口即水口地带建造园林，作为村人聚玩憩闲之地，有人称之为水口园林。此处也正是人（村落）与自然（山林）有机结合的最佳位置。水口园林以变化丰富的水口地带的自然山水为基础，因地制宜，巧于因借，适当构景，在原有山水的基础上，点缀凉亭水榭，广植乔木，使山水、田野、村舍有机融为一体。徽州水口园林是风景构筑与风水理论有机结合的最好体现（图7-9）。

图7-7　风水水口景观

（万艳华，2000）

图7-8　清潭村紫金岩塔

图7-9　徽州水口园林

（四）风水与建筑

风水对农村建筑的影响，主要体现在如下方面：①对基址的选择，即追求一种能在生理和心理上都得到满足的地形条件；②对居处的布置形态的处理，包括自然环境的利用与改造，房屋的朝向、位置、高低、大小、出入口、道路、供水、排水等因素的安排；③在上述基础上添加某种符号，满足人们避凶就吉的要求。

阳宅相法是传统风水学中有关居住建筑选址、布局处理及确定兴造时间的方法及理论。包括形法、理法、日法、符镇法等。农村住宅设计要适应不同地域自然条件、生产特点及生活习惯等，必须考虑建筑物的防寒、防潮、散热、供热等问题，应尽量使主要房屋有良好的朝向。住宅设计应结合生产生活的特点以及当地自然条件，从实际出发，因地制宜，就地取材，因材致用。

农村住宅主要由住房（包括堂屋、厨房、卧房、储藏屋）及院落（包括厕所、沼气池、畜禽圈舍、晒场、柴堆及绿化用地等）两部分组成。

建筑布局的原则包括：

①太极的原则，反映了自然界的气息与阴阳。

②整体系统原则，天人合一。

③因地制宜的原则，依据客观性，根据环境条件选取与自然相协调的方式进行建筑的设计和修建。

④依山傍水的原则，满足人们狩猎、捕捞、饮水、交通等必要的生活条件。

⑤观形察势的原则，需要把小环境和大环境放在一起观察。

⑥地质检验的原则，对地质进行考察，包括对土质、湿度、磁场等因素的考察。

⑦坐北朝南的原则，考虑太阳高度角以及太阳辐射的问题。

⑧适中居中的原则，建筑的布局不偏不倚恰到好处，大小和高低均处于适中的状态，并尽可能优化。

⑨安全的原则，很多风水理论都注重将村庄的格局弄成一个保护屏障，要求有强大的防御功能。

⑩顺乘生气的原则，因为在风水学上气是万物的本原，所以万事万物都应顺气而生。

（五）风水与植物

按照风水理论的观点，理想的风水地不仅形局佳、气场好，而且山清水秀、环境宜人。风水理论认为"草木郁茂，吉气相随""木盛则生""益木盛则风生也"。清代《宅谱迩言·向阳宅树木》中有更详尽阐述："乡居宅基以树木为毛衣，盖广陌局散，非林障不足以护生机，溪谷风重，非林障不足以御寒气。故乡野居址，树木兴旺宅必兴旺，树木败宅必消乏。大栾林大兴，小栾林小兴，苟不栽树木如人无衣，鸟无毛……"说明树木景观对形成"吉地""龙穴"具有重要的作用。所以风水思想十分重视种植树木，主张在城镇、村落、居宅庭院内外种植树木。这样可以起到挡风聚气的功效，还能维护小环境生态，使村落、庭院小环境在形态上完整，在景观上显得内容丰富和有生机。山水绿化是形成优美环境的重要因素，山水不可强求，但通过努力绿化是可以实现的。

1. 风水学中植物的应用

（1）利用植物的灵性，即利用植物之间、植物与人之间存在的一种场——生物场 科学测定证明，植物是有情绪的。美国的巴克斯特对 25 种植物进行试验后，提出植物具有"超感官知觉"的功能。

（2）植物有阴阳属性及生态习性 "适者生存，优者美存"，说的就是规划设计时要尊重植物的生态习性。清代林枚《阳宅会心集》卷上"种树说"载："于（村落）背后，左右之处有疏旷者则密植以障其空""稀薄则怯寒，过厚则苦热，此中道理，阴阳务要中和。"因此喜阳的植物，如植（置）于阴湿的环境，则体弱、无花、无果或死亡，如白兰花、玫瑰、梅花、牡丹、芍药、杜鹃、菊花等；而文竹、龟背竹、万年青、绿萝、巴西铁等，可长期置于室内或阴暗处，属于阴性植物。

（3）植物之间以及万物之间，都存在"场" 在场的作用下，各物体的微粒子能够互相影响，互相转移变化。前苏联科学家发现物体周围都有粒子场，人体有，建筑物有，植物也有。植物间场的强弱取决于生克制化状况，完全可以用中国的五行理念调整生克制化关系。用植物的五行来布场，不仅考虑观赏性，而且具有功能性，可调整环境，调整情怀，颐养身体。如临水的园林建筑，配置黑色（低明度）系列植物，用以调整人体的肾部，如松柏、蒲桃、旱莲等。用于调解心脏和神经的，栽植五行中属火的红色系列植物、花卉，如火石榴、木棉、红枫、红桑、红背桂等。调解肺部的植物,可用五行中属金的白色系列植物,即树皮白、花白或叶白的植物,如白千层、柠檬桉、九里香、白兰花、络石、白睡莲等。调解肝部的植物,可用五行中属木的绿色系列植物,如绿牡丹、绿月季及大量的绿色植物。调解脾胃的植物,可用五行中属土的黄色系列植物,如凌霄、黄素馨、金桂、金菊、黄月季等。

(4) 形态求吉 风水理论对园林树木种植配置的方位、品种也有特殊要求,如不可在门前种植大树,"大树当门,六畜不存",门前有大树易遮挡阳光,干扰阳气生机进入屋内,同时屋内阴气不宜驱出,还使人出入不方便和易招雷击。清代高见南《相宅经纂》中记载:"东种桃柳,西种栀榆,南种梅枣,北种柰杏""中门有槐富贵三世,宅后有榆百鬼不近""门前喜种双枣,四畔有竹木青翠则进财""树木弯弯,清闲享福;桃株向门,荫庇后昆;高树般齐,早步云梯;竹木回环,家足衣禄;门前有槐,荣贵丰财"。这些风水理论实则具有科学道理,不仅符合园林树种的生态习性,且可改善城镇、村落、居宅庭院的小气候,符合人们观赏的要求。

总之,乡村环境绿化应注意利用植物的灵性,植物的阴阳属性,植物与人、环境以及植物之间生克制化的关系,注意植物配置(阴阳元素平衡)、树种选择、种植方位、树形选择(主张端正方圆,对称均衡)、植物颜色(金、木、水、火、土)等。不仅力求景观美,而且注意发挥植物的功能,从而创造良好的风水环境。

2. 植物与民俗文化 在历史的长河中,中国人对许多绿化植物积累了不少感官上的美、丑、恶习惯性印象,流传下来的习俗文化,在规划布置中也是不可忽视的。植物的这种非生物学上的"善恶",是一种习俗文化认定。择其主要植物分述如下,以供规划设计参考。

(1) 松 松是古今被咏赞的植物。松耐寒耐旱,阴处枯石缝中可生,冬夏长青,凌霜不凋,可傲霜雪。松能长寿不老,民俗祝寿词常有"福如东海长流水,寿比南山不老松"。在书画中常有"岁寒三友"(松竹梅),以示吉祥。松是广泛被视为吉祥的树种。

(2) 柏 与松并崇。《群芳谱》中说"柏,阴木也",是指柏向阴指西。柏常被誉为"不同流合污,坚贞有节,地位高洁"。《本草纲目》说:"元旦以之浸酒辟邪"。民间习俗也喜用柏木辟邪。一般在陵墓多植柏树。

(3) 桂 桂多生于中国南方,有丹桂、金桂、银桂、月桂、缅桂、柳叶桂等多种。桂花香气袭人,可作茶饮,可用药饵。习俗将桂视为祥瑞植物,历来将科举高中称为"月中折桂"。桂谐音"贵",有荣华富贵之意。桂的生态习性喜素厌腻,适于生长在无油腻的书院、寺庙中,在宅院中不茂盛。

(4) 椿 椿被视为长寿之木,属吉祥。人们常以"椿年""椿龄"祝长寿。自古寿联有"筵前倾菊酿,堂上祝椿龄"。

(5) 槐 民间俗谚有:"门前一棵槐,不是招宝,就是进财"。槐被视为吉祥树种。另外,槐也可药用。《本草纲目》记载:"槐初生嫩芽,可作饮代茶。或采槐子种畦中,采苗食之亦良。"槐树益人,为绿化常用树种,也是风水布置中不可少的树种。

(6) 梧桐 梧桐是桐之一种。桐有油桐、泡桐、紫花桐、白花桐、梧桐等。桐的用途很多,油桐可榨油,泡桐最遮阴,梧桐宜制琴。梧桐具灵性,传说能引来凤凰。祥瑞的梧桐常在图案中与喜鹊合构,谐音"同喜",也是寓意吉祥。

(7) 竹 历代对竹的诗词歌赋,传送迭出。竹材可用于建屋、制笔、造纸、家具、雕绘。《花镜》认为:"值霜雪而不凋,历四时而常茂,颇无妖冶,雅俗共赏。"文人将竹视为贤人君子。竹的高风亮节，令人愿与贤者居，固有"宁可食无肉，不可居无竹"之说。在中国的竹文化中，把竹比作君子，国画中，常将松、竹、梅称为"岁寒三友"。"五清图"是松、竹、梅、月、水，"五瑞图"是松、竹、萱、兰、寿石。

竹的品种很多，许多竹都寓有文化意蕴。如斑竹（湘妃竹）、慈竹（孝竹、子母竹）、罗汉竹、金镶玉竹、天竹（天竺、南天竹）等。如将天竹加南瓜、长春花合成图案，谐音取意可构成"天地长春""天长地久"的寓意。竹又谐音"祝"，有美好祝福的习俗意蕴。

(8) 合欢　合欢为落叶乔木，羽状复叶，夜合晨舒，象征夫妻恩爱和谐，婚姻美满，《群芳谱》中说，合欢"一名益身……使人释忿恨……安和五脏，利心志，令人欢乐"。合欢适于宅旁庭院栽植。

(9) 枣　枣为中国民居宅旁常见树种。木硬，可制器具，可为木刻雕版。果可食用，"补中益气，久服神仙"（《本草经》）。北方民谚有："桃三杏四梨五年，枣树当年即出钱"，言其结果之速。枣谐音"早"，民俗常有枣与栗子组合图案，谐音"早立子"。

(10) 栗　栗子可食用，可入药，阳性。栗子与"立子"谐音，是求子的吉祥物。枣、栗子、花生、石榴等，常有用在新婚桌上或帐中、以求吉利的文化习俗。

(11) 桃　桃在民俗、宗教、审美观念中，都有其重要文化意味。桃花红、白、粉红、深红、烂漫芳菲，娇媚出众。中国人常以桃花喻美女娇容。古人多用桃木制作各种厌胜辟邪用品，如桃印、桃符、桃剑等。端午节门上插桃枝，也是源自桃可辟邪气的习俗观念。此外桃果有"仙桃""寿桃"之美称。桃树花美、果鲜，在习俗心理上可趋吉避煞，又少病害而易植，故为庭园绿地宅居所常植。

(12) 石榴　石榴花红似火，果又可解渴止醉，有美观和实用价值，而广为民居庭院宅房栽植。在习俗文化中，认为"石榴百子"，是"多子多福"的象征。

(13) 橘　屈原曾以《橘颂》歌咏了橘的形质品格。橘的果鲜美可食，皮、核可入药，植之有经济效益。在广东话中，橘与"吉"谐音，以橘趋吉祈福。

(14) 梅　梅在冬春之交开花，"独天下而春"，有"报春花"之称。梅的品格傲霜雪，有"四德"之说："梅具四德，初生为元，开花如亨，结子为利，成熟为贞。"梅花五瓣，象征五福：快乐、幸福、长寿、顺利、和平，又合中国的阴阳"五行"金木水火土。梅庭栽、盆景皆有观赏价值。梅有"四贵"：贵稀不贵密，贵老不贵嫩，贵瘦不贵肥，贵含不贵开。故有"梅开二度"来形容美得恰当。

(15) 莲花　莲的食用价值很高，莲子、藕可食用，可药用，莲子可清心、解暑，藕能补中益气。除实用价值外，莲花在中国有深邃的文化内涵，佛教常以莲花自喻，佛教的建筑、器物也都有莲花图案。在中国，莲花被崇为君子，《群芳谱》中说："百节疏通，万窍玲珑，亭亭物华，出于淤泥而不染，花中之君子也。"莲谐音"廉"，民俗有"一品清廉""连生贵子"等谐音取意。

(16) 芙蓉　芙蓉此处指木芙蓉。四川盛产，秋冬开花，霜降最盛。芙蓉耐寒，遇霜花盛，故又名拒霜，正所谓"群芳落尽独自芳"（王安石《拒霜花》）。芙蓉谐音"富荣"，在图案中常与牡丹组合为"荣华富贵"，均具吉祥意蕴。

(17) 牡丹　牡丹有"花王""富贵花"之称，中国名花，品种繁多。牡丹花朵丰腴妍丽，被誉为是国色天香的富贵之花。历代名人雅士常以此命书斋、园圃。牡丹有美色和美誉，寓意吉祥，因此在造园中，常与寿石组合为"长命富贵"，与长春花组合为"富贵长春"

的景观。

(18) 月季 月季花期长，又名月月红。《群芳谱》中说月季"逐月一开，四时不绝"。杨万里的《月季花》诗有："只道花无十日红，此花无日不春风。"因月季四季常开而民俗视为祥瑞，有"四季平安"的意蕴。月季与南天竹组合有"四季常春"意蕴。

(19) 葫芦 葫芦为藤本植物。藤蔓绵延，结实累累，籽粒繁多，中国人视作象征子孙繁盛的吉祥植物，民俗传统认为葫芦吉祥而辟邪气。端午节民间有门上插桃枝、挂葫芦的习俗。

(20) 茱萸 茱萸气味香烈，农历九月九日前后成熟，色赤红，民俗以此日插茱萸，以此辟邪。《花镜》说"井侧河边，宜种此树，叶落其中，人饮此水，永无瘟疫。"中国的重阳节民俗集会也称为"茱萸会"。

(21) 菖蒲 菖蒲为多年生草本植物，适于宅旁绿地中种植。《本草纲目》说菖蒲"乃蒲之昌盛者"。民俗认为菖蒲其花主贵，其味使人延年益寿，并被视为辟邪气的吉祥草木。菖蒲有医药价值，《本草经》说："菖蒲主治风寒湿痹，咳逆上气，开心孔，补五脏，通九窍，明耳目，出声音。久服轻身，不忘不惑，延年。益心智，高志不老。"

(22) 万年青 万年青为多年生草本植物，叶肥果红，民俗视为吉祥，建宅迁居，小儿初生，一切喜事常用为祥瑞象征。《花镜》说："吴中人家多用之，造屋易居，行聘治圹，小儿初生，一切喜事，无不用之，以为祥瑞口号。"

三、风水补救措施

"补风水"是中国古代村落获得好风水的重要途径之一。对某些在形局或格局上不太完备的村基，往往采取一定的补救措施，具体表现有引水聚财、植树补基、建塔"镇煞"或"兴文运"等。

1. 引水聚财 水在中国文化中有着特别的含义，通常被看作财富的象征。所以，许多没水的村落要引水入村，有的甚至在村落的宗祠等地开挖池塘，或"荫地脉，养真气"，或聚财、兴运。《莆田浮山东阳陈氏族谱》对东阳村基的记述，"自公卜居后，凡风水之不足者补之，树木之凋残者培之"，并在宗祠中心"开聚星池以蓄内地之水"。有的村落则在村落的不同方位引水、开塘，以人工开渠引水来弥补山川形胜的不足，如歙县唐模、黄山西溪南等村都以开渠引水穿村形成水街，更有别具特色的宏村水系，水流千家、千家流水。

2. 植树补基 在平原或没有靠山的地区，通常采用植树的方法弥补村基之不足。《阳宅会心集》卷上"种树说"中指出，在周围形局太窄的情况下，不可多种树，否则会助其阴，"惟于背后左右之处有疏旷者，则密植以障其空"。树木的种植可起到挡风聚气的功效，还能维护小环境的生态，使村落小环境在形态上完整，在景观上显得内容丰富和有生机。如福建龙岩县的银潋村就在村后有各种树木，形成密林蔽日、茂林修竹等景观。

3. 建塔"兴文运"或"镇煞" 在古代越是经济文化发达的地区，人们越重视风水的形局。通常要求水口之山要笔直尖耸，以象征文运昌盛。对不理想的水口之山，则加以人工补救，多数修建"文昌塔""文峰塔""魁星楼"等。这在风水中有较明确的规定："凡都省府州县乡村，文人不利、不发科甲者，可于甲、乙、丙、丁四字方位上，择其吉地，立一文笔尖峰，只要高过别山，即发科甲。或于山上立文笔，或于平地建高塔，皆为文笔峰。"有些塔或类似塔的修建则是为镇洪水或镇煞用的，如江苏《同里镇志》中说："吴淞淞水由庞山湖东下抱镇……此洲当湖之口，砥柱中流，一方之文运系焉。虑为风涛冲激渐至沦没，乃倡议捐金累石筑基，环以外堤，植以榆柳，创建圣祠以为之镇压。"类似例子不胜枚举。

以上三种补基方法，无论是在景观构成还是在客观效果上，都有着重要作用。引水补基和植树补基的结果，无疑增加了村落的生机，建塔兴文运和镇煞的结果，丰富了村落景观的天际线。从生态学和美学的角度来说，补基的方法有一定可取之处。

在乡村建设与开发利用的今天，有必要在摒弃风水理论迷信糟粕的同时，继承这一古老传统文化的精髓，以整体性地保护村落的环境，如在村头及四周群山上多植林木、果树等，形成郁郁葱葱的绿化地带和植被，这样既保持水土、调节温湿度，又可形成鸟语花香、风景如画的自然环境；对溪水走向的复原，山脉缺陷的修补均可起到"化凶为吉"的效果；努力改善交通条件，扩大与外界的联系从而达到繁荣发展的目的。

四、案例一——古村张谷英景观分析

始建于明朝洪武年间、被誉为"天下第一村"的张谷英大屋，位于湖南省岳阳县境内，古村选址四面环山，地势北高而南低，依龙形山由东南向西北绵延铺陈，达数里之遥，浑然一体，渭溪河水横穿全村，俗称"金带环抱"。

1. 以群山合护的要塞型设险防卫　渭洞镇这块"金牛泳海"之宝地，东南西北四个山坳（即梓木坳、桐木坳、佛坳、大当坳）确系自然生成的"城门口"，盆地四面环山、险如天屏，盆地内丘陵起伏，幽如鬼谷，600多年来，渭洞张谷英村一直没有受到战争骚扰。抗战期间，岳州城沦陷，日本侵略者在巴陵大地到处烧杀掳掠，无恶不作，而渭洞张谷英大屋由于在山根隐蔽，却金汤之固免遭骚扰，这在乱世年代里，确实是休养生息的人间美境，实属形胜（图7-10）。

2. 古村张谷英的地理环境意象　古代在村落和住宅选址中，民间风水师在某种程度上往往起到今天规划师的作用。他们主要是对周围环境与地景进行研究，强调用一种直观的方法来体会，了解环境古貌，寻找具有良好生态和美感的地理环境。张谷英村的地形地貌、民居分布、周围景象，可以从龙脉、水、砂意象中看出张谷英村在风水理论上的应用。

(1) 龙脉的意象　沿龙脉流行于地中的"生气"，可以带来幸福，故而必须寻求生气充溢永驻之地。水汇而龙止，而且生气不因风而散，因此，这种地点的构成，是周围环山的山河襟带之地。张谷英村与其地处长沙岳麓山分支平江小聚成大峰尖、旭峰尖、笔架尖交汇格局相合，形成"小聚"。张谷英村的少祖山，蜿蜒磅礴，横阔十余里，东至芭蕉坳，西至梓木坳，它与同时来自湖南省西北部的雪峰山脉的庐山山系和岳麓山系，共同形成了张谷英村北面的高大雄伟的天然屏障，阻挡着北部寒风，迎纳着南部阳光和暖湿气流，形成良好的小气候，而在景观上，由龙头山、大峰山组成的主山、少祖山秀峰层集，气势磅礴，林木葱郁，霞破云锦，多彩多姿。

(2) 水的意象　古代风水家认为，"吉地不可无水""风水之法，得水为上"，甚至是"未看山时先得水，有山无水先寻地"，所以注重"水法"，讲究水的功用利害，是因为水与生态环境中的"地气""生气"息息相关。以风水"水法"论张谷英村，渭溪河水迂曲于古村东、南、西三面，正形成小聚和"金带环抱"之势，自然属于风水宝地，事实上这一地理

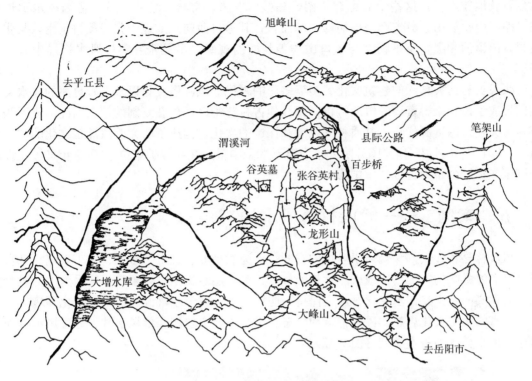

图 7-10 古村张谷英地形地貌图
（张岳望，2001）

形势，也确实为古村张谷英带来了许多利益，它不仅为村民提供了洗涤、汲水之便，而且极大地方便了农田灌溉，使得四周阡陌纵横，土地肥沃。另外，玉水村中过，麻石搭为桥，在渭溪河上五十多座石桥错落有致，十几口水清如镜的长寿井依傍"玉带水"边，大有"但见青山环绕水，夕阳轻托彩云飞""炊烟有路回天井，翰墨潜声立凤台"与"文峰轴对钟灵秀，玉水萦环孕贵品"之气象（图 7-11）。

图 7-11 张谷英村的青山绿水

(3) 砂的意象 在风水格局中砂乃统指前后左右环抱聚落乡村或城镇的群山，并与之后倚的来龙或谓主山镇山者呈隶从关系。从砂的意象可释明围合渭洞张谷英村四面群山的种种意象，就地望而言，这些山名称有笔架、马鞍、玉凤、文峰（旭峰）等，皆因风水喝形而来，略以由岳麓山系分支而来的旭峰山脉而言，其形自西向东逸迈于张谷英村正南，与张谷英村以渭溪河相隔，重重朝案与水口山秀美壮丽的观瞻，足见张谷英村风水格局中砂山之至善。

张谷英村博大精深的建筑文化、多姿多彩的古代家风民俗文化以及玄妙莫测的风水文化共同形成了该村旅游资源的鲜明特色，是其他古村落难以模仿和复制的，也因此形成了张谷英村得天独厚的资源优势，其质朴的风韵和深邃的文化，构成了研究明清湘楚文化的"活化石"。2001 年 6 月 25 日被国务院公布为第五批全国重点文物保护单位，2003 年又被建设部和国家文物局公布为首批"中国历史文化名村"。

五、案例二——岭南村落风水林

风水林是古代人们深受风水思想的支配，认为对平安、长寿、多子、人丁兴旺、升官发财具有吉凶影响的人工培植或天然生长的林木，其表层意义是藏风聚气、得水为上的风水作用，其现实的意义是传承文化、水土保持、防风蔽日、调节小气候、保护和美化环境，还包含有丰富的历史文化思想、民族特点和生态意义。主要有坟园墓地风水林、寺院风水林和村落宅基风水林 3 种基本类型（图 7-12）。

图 7-12　村落风水林

（1）风水林的格局　岭南村落风水林的格局与中国古代传统的村落风水林格局一脉相承，又有其自身的特点。由于岭南地区地形复杂、地貌多变，不同村落的基址状况有较大差异，风水林的格局形式也多有变化，或坐落于村落旁山间，或高耸于村落旁低地，或横亘于海岸与村落之间，唯一不变的是风水林依旧三面环绕在村落周围，与前方流水（或池塘）共同形成完整的封闭圈。坐落在山脉上高耸的村落风水林起到了进一步加强空间封闭性的作用，而在一些低地地区或是海边，在选址时没有山脉形成封闭空间，那么高大繁茂的林木围合就成为替代的解决办法，传统的"山环水抱"格局就变成了"林环水抱"，以维持居住空间的封闭性。

(2) **群落特征**　岭南村落风水林根据其生境条件、群落组分、景观外貌等特征划分为低地常绿季雨林、山地常绿阔叶林等类型。有些是原生林的残余部分，也有在村落附近星散分布的次生林。岭南村落风水林的群落结构受人为影响很大，不同植物层的数量比例也有较明显的区别，主要群落的植物种类因地域条件的不同也存在较大差异。

(3) **景观特色**　岭南古村落风水林历史悠久，植物种类多样，有胸径达到50cm的粗壮的木质藤本，有季雨林群落特有的附生、茎花和板根植物现象，有高大壮观的古树群落，还有多种国家珍稀保护植物以及各类果树、药用植物，丰富的植物资源形成了独具特色的岭南村落风水林景观，真实地反映了乡土自然植被的景观特色。村落风水林显示了崇尚山水的自然情趣，同时也体现出了地域文化和地域特色的双重特点。

(4) **植物种类**　岭南村落风水林中植物种类丰富，主要都集中在大戟科、樟科、茜草科、桑科、壳斗科、桃金娘科、蝶形花科。当然，丰富多样的植物种类也为动物物种多样性提供了完美的栖息地，增加了种群和物种的丰富度。

第二篇

绿化篇

>>> 第八章 乡村绿地规划概述

本书的乡村绿地系统规划，是指在乡村总体规划的指导下，在乡村用地范围内，依据自然条件、地形地势、基础植被状况和土地利用现状等，对乡村体系下的各类绿地进行定位、定性和定量的统筹安排和统一部署，最终形成乡村体系下的一个完善的有机的绿色空间系统，以实现乡村绿地所具有的多重功能，并指导人们对乡村绿地进行合理建设、利用和保护。

乡村绿地系统规划是乡村人居环境建设的基本保障。乡村绿地系统规划的基本职能是通过具体的、准确的乡村绿地空间落实到乡村体系空间实体上，描绘出未来乡村体系下绿地发展的美好愿景，同时也能保证乡村绿地系统与其他乡村各类建设发展系统关系的协调。同时又成为指导乡村绿地建设和发展的基本纲领，在其指导下保证未来乡村绿地的各项建设稳步推进，给乡村绿地系统建设的实际工作提供了依据。

与乡村绿地相关的现行法规和标准主要有：《中华人民共和国城乡规划法》《城市用地分类与规划建设用地标准》（GB 50137—2011）、《镇（乡）村绿地分类标准》（CJJ/T 168—2011）、《公园设计规范》（CJJ 48—92）、《城市居住区规划设计规范》（GB 50180—93）、《城市道路绿化规划与设计规范》（CII 75—1997）等。这些法规和标准从不同角度对某些种类的绿地做了明确规定。

一、乡村绿地的概念

乡村绿地是指在乡村行政空间范围内，以自然植被和人工植被为主要存在形态，用于优化乡村生态环境，为村民提供游憩场地和美化乡村环境的用地。它的内容包含两个层次：①镇区或村庄建设用地范围内用于绿化的土地。②镇区或村庄建设用地之外，对镇区或村庄生态、景观和安全防护、生产和居民休闲生活具有积极作用、绿化环境较好的区域。

二、乡村绿化的功能作用

乡村绿化对于改善乡村气候、美化环境、维护生态平衡具有重要的作用。同时，绿化又是乡村景观的重要组成部分，也是农村人居环境建设的标志。乡村绿化水平和当地的思想认识、经济水平、地区环境、乡村性质、人口密度等因素密切相关。随着乡村经济的持续稳定发展及人们对绿化认识的深入，现阶段乡村绿化得到了迅速的发展。

1. 改善乡村的生态环境 城市环境污染对乡村生态环境造成了影响，特别是城乡结合部，生态环境堪忧。同时乡村环境污染还具有特殊性，由于乡镇企业呈现出发展水平低、高投入、低产出、高排放的特征，农民追求作物产量大量使用农药化肥，使得农村土壤环境持续恶化，农村土壤农药残留、重金属超标、土壤酸化等，影响了我国农业基础的安全，因此控制乡村污染是夯实我国经济社会发展基础的关键。发展具有乡村特色的园林景观可以有效地防风固土、调节气候、净化空气、削减噪声，完善由乡村田野、自然植被和自然山水共同组成的生态系统，逐步使空气更加清新、河流更加清澈、林木更加茂密、植被更加葱郁。

2. 美化环境，为乡村添景生色 绿化景观是软质景观，各种建筑、道路等构成乡村的硬质景观，它们共同形成村镇的总体景观。高矮参差、层层叠叠、形态各异的树木花草，以其特有的色、香、姿、韵和多姿多彩的布置形式，装扮着乡村建筑、道路、河流，丰富了乡村的主体轮廓，为乡村景观添色。

3. 创造经济效益 乡村绿化可以结合生产，创造经济效益。各乡村可根据不同的地点和条件，因地制宜地种植有特色、有经济价值的植物。如乡村边缘的防护林、公园绿化都可以结合生产种植用材林（水杉、柳杉、香樟、泡桐、枫香等）、经济林（油桐、椿树、青桐、乌桕、银杏等）、药用林（楝树、厚朴、杜仲等）、果树林（苹果、橘、桃、李、梨等）。我国已有一些乡村，以种花、销售鲜花为其主要经济来源。

乡村绿化的实施还可以创造间接的经济效益。随着农村经济的快速发展，广大农民的生活水平有了较大幅度的提升，村民迫切希望能改善生产条件和生活环境，乡村绿化规模将不断扩大，有意识地发展绿化苗木基地及种植一些经济林树种，为日益发展的农村绿化提供了树种来源，绿化不但可以成为农民的绿色银行，还可以形成浓郁的地域文化与特色，有效提升乡村的品质与魅力，吸引城市居民到乡村休闲度假，增加农民收入。近年来，那些生态环境好、风光优美、具有一定林果经济特色的乡村，已逐步成为城市居民假日休闲的重要选择。

4. 安全防护作用 乡村绿化的安全防护作用近年来逐渐被人们所认识。位于地震区的乡村，在发生地震灾害时，绿地能有效地成为人们疏散、避难的场所。

当发生火灾时，大块的绿地既能起到隔离和缓冲的作用，有效地防止火灾蔓延，同时也可作为人们疏散的场地。比较好的防火树种有珊瑚树、厚皮香、山茶、油茶、罗汉松、蚊母树、八角金盘、夹竹桃、石栎、海桐、女贞、冬青、枸骨、栲、青冈栎、大叶黄杨、棕榈、银杏、槲栎、栓皮栎、麻栎、苦木、臭椿、槐树等。

5. 可以满足农村精神文明建设，创造社会效益 乡村景观绿化美化了乡村，提高了游览观赏价值，增强了社会公益设施，为农民提供了更高层次的文化娱乐、休闲嬉戏的绿色空间。农村经济发展，农民生活改善，空闲时间多了，但农民的精神文化生活相对贫乏，在乡镇（村庄）中心区种植花草树木，营造园林绿地，建造一些健康文明的娱乐场所和体育设施，可以吸引农民进行各种有益健康的户外活动及体育锻炼，提高广大农民文化素质和健康水平，满足农村精神文明建设的需要。

三、我国乡村绿化存在的问题与不足

(1) 思想认识上不足 部分乡村干部和居民绿化意识淡薄，对乡村绿化不重视。片面认为乡村处于广阔的原野，到处郁郁葱葱，既有农作物，又有树木，没有必要再搞绿化。另外还普遍认为搞绿化投资期太长，见效慢。因此，各类绿地总量偏低，公共绿地不能满足使用要求，防护绿地不能满足防护要求，对附属绿地缺乏关注，大部分村镇绿地现状指标都很低。

(2) 乡村绿化水平普遍不高，重视程度不够　我国有几百万个乡村，绿化的发展情况各不相同。南方大部分乡村绿化工作与乡村建设基本协调，而北方大部分乡村除了绿色的农田及道路两旁的行道树以外，几乎没有其他绿化面积。

(3) 无特色　绿地作为居民日常活动的主要游憩空间，村镇优美的自然环境、浓郁的风土人情、富于变化的空间形态、宜人的尺度特征决定了它的用地规模和尺度应更具有亲和力，形态和布局更为灵活，地域特色应更为突出。但是，在城镇化过程中社会各个层面对城市生活的一味向往反映在城镇建设过程中，多数倾向于追求气派和所谓的现代感，城镇绿地从尺度到建设方式都简单照搬城市绿化的形式，没有切合村镇的自然及人文特征，致使许多村镇的绿地建设缺乏对地方风貌特征的保留、延续和体现。

(4) 缺乏管理　一些乡村对其绿化缺乏应有的重视，没有按照乡村的特点进行总体规划，致使乡村绿化的整体水平低，质量差，缺乏管理，与乡村其他建设不协调。

(5) 绿化不讲效益或效益不高　这是我国乡村义务绿化受阻的重要原因之一。

四、乡村绿地规划原则与程序

(一) 乡村绿地规划的原则

(1) 城乡绿地一体化　乡村绿地是城市绿地的外延，是城市生态环境的重要组成部分。乡村绿地应与城市绿地同步规划、同步建设，使乡村绿地和城市绿地形成一个有机整体。形成以城带乡、以乡促城、城乡联动、整体推进的城乡绿地一体化建设格局。

(2) 科学规划、合理布局，绿化点、线、面结合　规划设计的总体功能目标要突出保护生态环境、改善生产条件、改善农民居住环境的作用，发挥绿化、净化和美化的功能，绿地要与天然林、生态林、快速丰产林基地及绿色通道建设结合起来，搞好"四旁"（村旁、宅旁、路旁、水旁）绿化和庭院绿化。同时将园林规划设计与当地的生态旅游、农业观光旅游等结合起来，在创造优美环境的同时，充分发挥社会效益、生态效益和经济效益。

坚持点、线、面相结合。点的绿化，主要是农民住宅庭院、村庄社区、村庄公共场所和民俗景点的绿化；线的绿化，主要是指街道、公路、河渠的绿化及环村林带等；面的绿化，主要是指村庄周边的片林、山区的工程造林、平原的农田林网等。

(3) 体现田园风光，突出"农"字　乡村绿地的规划设计要依乡村总体规划，根据乡村所处的自然环境条件，突出农村特色、展现田园风格，充分利用树木花草的形态、色彩、轮廓之美，营造出村庄绿化优美的景观。诸如金灿灿的油菜花、绿油油的禾苗、亭亭玉立的荷花、翠绿挺拔的竹林等。因地制宜地将园林绿化与自然景观融合，形成风韵独特的乡村园林景观。

(4) 绿地系统要因地制宜，根据各地区特点、乡村性质、经济水平来制定规划　我国地跨亚热带、温带、亚寒带，各地自然地形、地质条件不一，气候气象各不相同，经济发展水平、人口疏密程度均不一样。因而在绿化用地、树种选择、绿地系统的配置等方面，均要根据各自的特点而定。地广人稀的乡村，只要有能力就多建绿地，在这些地方树木花草是很宝贵的，指标不受限制。在严寒地区，植树多考虑防风的作用。在炎热地区，绿地布置要考虑乡村通风。在旅游疗养乡村，绿化区是乡村的主要功能分区之一，一般规定其绿化下限指标，限定建筑密度，提高绿地率，而不规定绿化上限指标。

(5) 实用、经济、美观三者统一 我国大部分农村财政状况较差，因此在规划设计时要努力做到花最少的财力、物力和人力来达到较理想的效果。反对哗众取宠，充分利用农村特有的景物资源，把农村园林化同保护生态环境、促进经济发展有机地结合起来。

(6) 绿化要充分利用乡村原有地形、地貌、水体、植被和文物古迹等自然、历史、人文景观，少占好地和道路 绿化布局要充分利用乡村原有的自然景观（山、河、湖、林）为背景，创造出丰富的乡村园林景观。绿地应尽可能利用不适宜作为农田、布置建筑和道路交通的荒废地、闲散地、垃圾堆放地之类，整治清理后用来搞绿化。结合河塘清淤，在两边搞绿化。一些零碎的低产地流转出来整治后搞绿化，经巧妙布置，会有奇特的效果。例如在长江边某乡村规划时，就是将通江河港船闸边无法利用的土地处理成绿地，把街道沿河一侧也布置为绿地，种上树木，点缀一些小品雕塑及座椅，成为群众很好的休闲地。

旧乡村改造时，各地要根据具体情况，确定合适的绿地指标，并较均衡地布置于乡村中。旧乡村绿地很少，这是我国的普遍现象。在旧乡村改造时，应适当提高建筑层数，降低建筑密度，合理紧凑地布置道路系统、工程管线，留出绿地面积。

综上所述，乡村绿地规划的原则可以概括为："村庄绿化任务多，路河庄台是重点；景观生态和经济，三大功能要兼顾；乡土树种要优先，增加绿量放首位；花果竹菜皆入景，好看好吃又赚钱；绿化模式莫搬城，种管费用要降低；各村切忌一个样，特色才是常青树。"

（二）乡村绿地规划程序

乡村绿地规划一般按以下程序进行：

①基础资料调查：乡村自然气候调查；乡村地形地貌调查；乡村范围内原有绿地及分布情况调查；乡村建设用地总体规划及各分项规划；乡村范围内植被类型及景观调查；乡村范围内植物、动物生长情况调查；乡村周边植被类型及景观调查。

②确定绿地规划原则、标准：根据乡村实际情况，即原有绿化、经济水平、规划总体目标、自然气候条件、地形地貌及植被情况等，制定绿地规划的原则和标准。

③绿地规划初步方案设计。

④初步方案的优化、协调、调整，形成最终的乡村绿地规划。

五、乡村绿地系统规划内容

由于我国经济发展的特殊国情，长期以来重视经济较为发达的大城市，而轻视一般乡村。在绿地系统规划工作上，同样体现出城市与乡村之间发展的不均衡。在一些经济不发达的乡村，由于严重缺乏技术力量和基础资料，乡村总体规划都尚未出台，更不用提乡村绿地系统规划了。《中华人民共和国城乡规划法》明确指出，城乡规划应包括城镇体系规划、城市规划、镇规划、乡规划和村庄规划。城市规划、镇规划分为总体规划和详细规划，详细规划分为控制性详细规划和修建性详细规划。

我国未来的乡村绿地系统规划必须符合我国国情,应贯穿包含镇规划、乡规划和村庄规划在内的乡村规划的每个阶段,逐步建立与乡村规划体系(即镇域规划、镇区总体规划、详细规划和村庄建设规划)相呼应的乡村绿地系统规划体系。从规划层次来说,乡村绿地系统规划分为:乡村体系绿地系统规划、镇区绿地系统总体规划、镇区绿地控制性详细规划、镇区绿地修建性详细规划和村庄绿地建设规划(图8-1)。其中,乡村体系绿地系统规划主要针对镇域,从乡村体系整体角度出发,基于整体适宜性评价的基础,提出涵盖体系内各居民点的乡村体系绿地系统发展目标以及整体的绿地系统布局结构、各类绿地性质和内容,对下一层级绿地系统规划具有宏观的指导作用;镇区绿地系统总体规划则属于包含一般建制镇和乡村集镇在内的镇区居民点绿地总体规划阶段;镇区绿地控制性详细规划和修建性详细规划则是落实上位镇区绿地系统总体规划的各项要求和规划指标。村庄绿地建设规划由于尺度较小,与镇区详细规划一样,是在1:1 000、1:5 000比例的图幅上,对上位绿地系统规划所确定的绿地进行空间区域控制,在刚性控制与弹性引导相协调的基础上,在乡村体系下制定一系列绿地建设的规定性和引导性的指标,保障乡村绿地规划能够自上而下进行落实和实施。

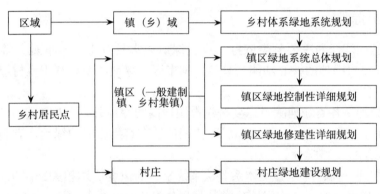

图8-1 乡村绿地系统规划层次
(石磊等,2015)

乡村绿地系统规划应在深入调查研究的基础上,根据《乡村总体规划》中的乡村性质、发展目标、用地布局等规定,科学制定各类乡村绿地的发展指标,合理安排乡村各类园林绿地建设和乡村大环境绿化的空间布局,达到保护和改善乡村生态环境、优化乡村人居环境、促进乡村可持续发展的目的。

(一)镇域范围

①构建镇域绿地系统构架,提出城乡一体的绿地系统布局结构。
②对各类生态控制绿地提出规划控制要求。
③村庄绿地规划控制。

(二)镇区范围

①结合城镇自然基底条件和城镇布局结构提出镇区绿地布局结构。
②根据区域经济社会的发展需要,制定科学合理的绿地规划指标及分期建设目标。

③各类绿地体系规划，包含公园绿地体系规划、防护绿地体系规划。

④各类附属绿地指标和景观规划控制。道路附属绿地在指标控制基础上提出不同级别道路的景观规划要求；居住用地绿地在指标控制基础上还应建议游园的位置，作为镇公园体系的补充。

⑤绿地应急避险功能规划。

⑥绿化景观特色的确定。

⑦树种规划，包含树种规划原则、植物景观特色规划、推荐基调树种、主要行道树种、防护型树种等。

⑧古树名木保护规划。

⑨分期建设规划，与镇总体规划期限相一致，小城镇绿地系统规划分期建设可分为近、中、远三期。近期规划应提出绿地建设规模、建设内容及投资估算。

⑩规划实施措施，从法规、政策、管理、专业技术保障、公众参与等方面提出保障规划实施的建议。

六、乡村绿地的分类与绿地定额指标[①]

（一）分类原则

1. 以绿地的功能作为主要分类依据　乡村绿地通常具有生产、景观、游憩、生态防护等多种功能。以乡村绿地的核心功能为分类依据来区分绿地类型有利于乡村绿地系统规划和绿化建设管理工作。

2. 全面性原则　各类绿地除考虑乡村建设用地内的绿地外，还应该包括建设用地之外、对镇区或村庄生态、景观、安全防护和居民休闲活动有直接影响的绿地，有利于乡村绿地系统规划编制的系统性、科学性。

3. 协调性原则　乡村绿地分类体系要从系统整合的角度协调相关部门出台的法规规范，遵守住房和城乡建设部的《城市用地分类与规划建设用地标准》（GB 50137—2011）、《镇规划标准》（GB 50188—2007）、《村庄整治技术规范》（GB 50445—2008）、《土地利用现状分类》（GB/T 21010—2007）中有关绿地分类的规定，和《城市绿地分类标准》（CJJ/T 85—2017）相衔接，使各专业规划内容互相协作。规划分类体系便于实施操作与建设管理。

4. 层次性原则　我国地域辽阔，气候条件和环境状况差异大，经济发展水平存在差异，各地的乡村绿地布局形式和要求也不一样，绿地形式差别较大。镇用地类型多，绿地形式较丰富，分大类、小类两个层次进行分类，覆盖较全面。乡和村庄规模小，用地类型简单，绿地形式相对简单，很大程度上依赖周围的环境绿地维持生态平衡，分类采用一个层次就能满足要求。

（二）绿地分类

为使分类代码具有较好的识别性，便于图纸、文件的使用和绿地的管理，本标准使用英文字母与阿拉伯数字混合型分类代码。镇绿地大类用英文 green space（绿地）的首字母 G

[①] 本部分内容主要参照《镇（乡）村绿地分类标准》（CJJ/T 168—2011）。

和一位阿拉伯数字表示，小类各增加一位阿拉伯数字表示。如 G_1 表示镇公园绿地，G_{11} 表示镇公园绿地中的镇区级公园（表 8-1、表 8-2）。

表 8-1 镇绿地分类

类别代码		类别名称	内容与范围	备 注
大类	小类			
		公园绿地	向公众开放，以游憩为主要功能，兼具生态、美化等作用的镇级绿地	
G_1	G_{11}	镇区级公园	为全体居民服务，内容较丰富，有相应设施的规模较大的集中绿地	包括特定内容或形式的公园以及大型的带状公园
	G_{12}	社区公园	为一定居住用地范围内的居民服务，具有一定活动内容和设施的绿地	包括小型的带状绿地
G_2		防护绿地	镇区中具有卫生隔离和安全防护功能的绿地	
		附属绿地	镇区建设用地中除绿地之外各类用地中的附属绿化用地	
	G_{31}	居住绿地	居住用地中宅旁绿地、配套公建绿地、小区道路绿地等	
	G_{32}	公共设施绿地	公共设施用地内的绿地	
G_3	G_{33}	生产设施绿地	生产设施用地内的绿地	
	G_{34}	仓储用地	仓储用地内的绿地	
	G_{35}	对外交通绿地	对外交通用地内的绿地	
	G_{36}	道路广场绿地	道路广场用地内的绿地	包括行道树绿带、交通岛绿地、停车场绿地和绿地率小于 65% 的广场绿地等
	G_{37}	工程设施绿地	工程设施用地内的绿地	
		生态景观绿地	对村庄生态环境质量、居民休闲生活、景观和生物多样性保护有直接影响的绿地	
G_4	G_{41}	生态保护绿地	以保护生态环境，保护生物多样性，保护自然资源为主的绿地	包括自然保护区、水源保护区、生态防护林等
	G_{42}	风景游憩绿地	具有一定设施，风景优美，以观光、休闲、游憩、娱乐为主要功能的绿地	包括森林公园、旅游度假区、风景名胜区等
	G_{43}	生产绿地	以生产经营为主的绿地	包括苗圃、花圃、草圃、果园等

表 8-2 村绿地分类

类别代码	类别名称	内容与范围	备 注
G_1	公园绿地	向公众开放、以游憩为主要功能，兼具生态、美化、景观等作用的绿地	包括小游园、沿河游憩绿地、街旁绿地和古树名木周围的游憩场地等
G_2	环境美化绿地	以美化村庄环境为主要功能的绿地	
G_3	生态景观绿地	对村庄生态环境质量、居民休闲生活和景观有直接影响的绿地	包括生态防护林、苗圃、花圃、草圃、果园等

(三）乡村绿地的计算原则与方法

1. 计算原则

①计算镇、乡和村庄现状绿地与规划绿地的指标时，应分别采用相应的镇区或村庄人口数据和用地数据；规划年限、镇区或村庄建设用地面积、规划人口应与镇（乡）村总体规划一致，统一进行汇总计算。

②绿地应以绿化用地的平面投影面积为准，每块绿地只应计算一次。

③绿地面积计算的精确度应按制图比例尺确定。1∶25 000、1∶10 000 的图纸应取值到个位数；1∶5 000 的图纸应取值到小数点后一位数；1∶1 000、1∶2 000 的图纸应取值到小数点后两位数。

2. 计算方法

(1) 镇绿地 镇绿地定额指标主要有 2 个指标：人均公园绿地面积、绿地率，分别按下列公式计算。

①人均公园绿地面积：

$$A_{glm} = A_{tg1} / N_{tp}$$

式中 A_{glm}——人均公园绿地面积（m²/人）；
A_{tg1}——镇区公园绿地面积（m²）；
N_{tp}——镇区人口数量（人）。

②绿地率：

$$\lambda_g = [(A_{tg1} + A_{tg2} + A_{tg3}) / A_t] \times 100\%$$

式中 λ_g——绿地率（%）；
A_{tg1}——镇区公园绿地面积（m²）；
A_{tg2}——镇区防护绿地面积（m²）；
A_{tg3}——镇区附属绿地面积（m²）；
A_t——镇区建设用地面积（m²）。

(2) 村绿地 村绿地的主要统计指标应按下列公式计算。

①人均公园绿地面积：

$$A_{glm} = A_{vg1} / N_{tp}$$

式中 A_{glm}——人均公园绿地面积（m²/人）；
A_{vg1}——村庄公园绿地面积（m²）；
N_{tp}——村庄人口数量（人）。

②绿地率：

$$\lambda_g = [(A_{vg1} + A_{vg2}) / A_v] \times 100\%$$

式中 λ_g——绿地率（%）；
A_{vg1}——村庄公园绿地面积（m²）；
A_{vg2}——村庄环境美化绿地面积（m²）；
A_v——村庄建设用地面积（m²）。

镇绿地的数据统计按表 8-3 的格式汇总。

表 8-3 镇区绿地统计表

序号	类别代码	类别名称	绿地面积 (m^2)		人均绿地面积 (m^2)		绿地率(%)(绿地占镇区建设用地比例)	
			现状	规划	现状	规划	现状	规划
1	G_1	公园绿地						
2	G_2	防护绿地						
		小计						
3	G_3	附属绿地						
		中计						
4	G_4	生态景观绿地			—	—	—	—
		合计			—	—		

备注：____年现状镇区建设用地____ hm^2，现状人口____人。
____年规划镇区建设用地____ hm^2，规划人口____人。

村庄绿地的数据统计按表 8-4 的格式汇总。

表 8-4 村庄绿地统计表

序号	类别代码	类别名称	绿地面积 (m^2)		人均绿地面积 (m^2)		绿地率(%)(绿地占村庄建设用地比例)	
			现状	规划	现状	规划	现状	规划
1	G_1	公园绿地						
2	G_2	环境美化绿地						
		小计						
6	G_3	生态景观绿地			—	—	—	—
		合计			—	—		

备注：____年现状村庄建设用地____ hm^2，现状人口____人。
____年规划村庄建设用地____ hm^2，规划人口____人。

七、乡村绿化植物（树种）规划

（一）乡村绿化植物（树种）规划的原则

1. 尊重自然发展规律 植被区划或植被分区，是根据植被空间分布及其组合，结合它们的形成因素而划分的不同地域。它着重于植被空间分布的规律性，强调地域分异性原则。我国的植被区划划分为八大植被区域（包括 16 个植被亚区域）、18 个植被地带（8 个植被亚地带）和 85 个植被区。其中，八大植被区域是：Ⅰ寒温带针叶林区域、Ⅱ温带针阔叶混交林区域、Ⅲ暖温带落叶阔叶林区域、Ⅳ亚热带常绿落叶林区域、Ⅴ热带季雨林雨林区域、Ⅵ温带草原区域、Ⅶ温带荒漠区域、Ⅷ青藏高原高寒植被区域。乡村绿化的应用植物种类选择，要基本切合本地区植被地理区中所展示的植物种类分布规律。例如，北京自然植被是以北温带落叶阔叶树与针叶树混交林为主，其中落叶阔叶树种又占较大比例。因此，乡村绿化主要应用植物种类应符合这一地域性植被分布规律。

2. 适地适树、以本土植物为基础 选择适当的植物种类栽植到适合其生长的立地条件之上，就叫做适地适树。要做到适地适树，一是要了解各类树种和植物的特性；二是要了解植树绿化场所的自然环境条件。做到树种和土地选择对路、相互适应，才能获得植树绿化成活率高、生长健壮的良好效果。

乡土树种是本地区地带性植被类型的常见主要树种，是经过长期自然选择而保存下来的树种。乡土树种适应本地区的气候、土壤等自然条件，生长稳定、抗逆性强、病虫害较少；另外大量营造本土植物能真正体现古朴、乡土味、民族味的乡村环境，形成鲜明的地方特色，增加可识别性。因此乡土植物应成为本地区植树绿化的首选。另外还可以改人工种植草坪为野草自由生长，不用种植，只管整修平整。美国、日本等发达国家已有成功范例。因为野草生命力强，无需养护投入，且比人工草坪能更好地清洁空气，进行新陈代谢。

对于已经过引种驯化试验、经济价值和观赏价值高、能适应本地自然条件的树种，也可推广应用。

3. 合理搭配经济树种和农业经济作物 做到投入少，见效快，既美化环境，又增加农民收入。能带来经济收益的树种主要包括经济树种、用材树种和果树（表8-5）。

表8-5 我国南、北方经济树种选择

	北 方	南 方
经济树种	核桃、文冠果、板栗、枣树、柿树、白蜡、（杜仲）、枸杞、（花椒）、（栓皮栎）、桑树、紫穗槐、沙棘、香椿、柽柳	油茶、油桐、千年桐、油橄榄、乌桕、油棕、椰子、香榧、漆树、（女贞）、肉桂、八角、棕榈、沉香、（茶）、咖啡树
用材树种	红松、落叶松、栎树、油松、黄菠萝、（云杉）、（冷杉）、杨树类、柳树、榆树、槐树、桧柏、沙柳、沙枣、胡杨、（泡桐）、臭椿	杉木、马尾松、云南松、（水杉）、楠木类、青冈栎、木荷、桉树、樟树、榕树、高山松、油杉、柳杉、三尖杉、铁杉、圆柏
果树	苹果、桃树、杏树、梨树、海棠、红果、石榴、李子、樱桃	柑橘、金橘、枇杷、杨梅、荔枝、香蕉、槟榔、芒果、（猕猴桃）

注：打"（）"的树种南北方都有。

农业经济作物主要包括下面几种：四季常绿的大蒜、葱、韭菜等。瓜类等藤蔓植物，既会开花又会结果，观赏实用两相宜，如丝瓜、南瓜、冬瓜、甜瓜、西瓜、葡萄等。豆类作物，如绿豆、大豆等。

4. 遵循节能、节水、节电及节约资源、资金和充分利用现有土地的原则 乡村绿化要选择容易栽植成活、抚育管理简便的植物种类，以省工、省水、省肥、节省资金、降低管理成本；推广应用生根粉、菌根剂和保水剂、蒸腾抑制剂等抗旱促生制剂，普及铺膜、盖膜及压石覆草等抗旱造林技术措施；有条件的村庄可采用渗灌、滴灌及小管出流等节水灌溉方式，减少大水漫灌；提倡将林木抚育剩余物粉碎还林、使用中水浇灌绿地等。

5. 保护古树名木 古树名木是对一个地方的见证和文化底蕴的积淀，也是不可再生的自然资源，乡村植物规划应把古树名木作为既定条件来考虑，如果建筑布局与其发生位置上的矛盾，应将建筑定位退让一步，以保留树木。

(二) 植物（树种）规划的编制内容

以乡村所在城市的城乡植物（树种）规划内容作为参考，对所规划的乡村进行绿化植物（树种）规划的编制。

1. 对乡村本土植被物种进行调查研究　要调查当地原有植被种类和外地引种驯化的植物种类，了解它们的生态习性、生长情况等。除本地区外，相邻地区、不同的小气候条件、各种小地形（洼地、山坡、阴阳坡等）的同类树种生长情况也应了解，作为制订植物种类应用可行性方案的基础资料。

2. 根据乡村绿化类型的目标功能，选择具有不同绿化效益的植物材料，并确定相应的骨干树种　不同类型的乡村绿地，一般应选择不同的骨干树种。乡村道路绿化要选择抗汽车尾气、滞尘、有大块浓荫的高大阔叶乔木；河渠绿化应选择喜水湿、根系发达、涵养水源、保持水土的树种；农民住宅庭院绿化可选择有花、有果、有经济价值、有观赏效果的树种；环村林带和集中片林要选择多种针阔、乔灌树种，合理混交；村庄公共场所、民俗村景区应注重选择春季开花、秋季彩叶等美化村容村貌、具有观赏价值和景观效果的树种。

3. 制订主要的树种比例　制订主要的树种比例，其目的是有计划地生产苗木，使苗木的种类及数量符合各类型绿地的需要。制订树种比例要根据各种绿地的需要，主要安排好以下几个比例。

(1) 乔木与灌木的比例　以乔木为主，因为乔木是行道树及庭荫树的骨干，一般占70%。

(2) 落叶树与常绿树的比例　落叶树一般生长较快，对"三废"的抗性及适应乡村环境的能力较强。常绿树则能使乡村一年四季都有良好的绿化效果及防护作用，但常绿树生长缓慢，投资也较大，因此一般乡村中落叶树比重应大些。

(3) 速生树和慢生树的比例　为了使乡村在短期内实现普遍绿化，应以速生树为主。速生树（如悬铃木、泡桐、杨树等）往往早期绿化效果好，容易成荫成才，但有的寿命较短，如不及时更新和补充慢生树则影响绿化效果。慢生树种早期生长较慢，绿化成荫较迟，但树龄寿命长，树木价值也高。因此，在一些新建设地区，近期要抓速生树，尽早取得有效的绿化效果，并考虑若干年后分批更新或用慢生树来替换速生树的计划。

4. 编制乡村绿化植物名录　通常应包括在乡村绿化中应用的乔木、灌木、花卉和地被植物种类。表8-6是浙江省村庄绿化植物规划。

表8-6　浙江省村庄绿化参考植物

类别或功能	种类	植　物
山体绿化	乔木	杉木、柳杉、马尾松、黄山松、湿地松、火炬松、黑松、金钱松、侧柏、柏木、银杏、日本扁柏、加杨、意杨、垂柳、泡桐、麻栎、栓皮栎、锥栗、樟树、檫树、白榆、楝树、川楝、刺槐、喜树、枫杨、枫香、木麻黄、木荷、黑荆树、紫穗槐、合欢、山合欢、杨梅、乌桕、枣树、桑树、杜仲、枸橘、毛竹、淡竹、刚竹、青皮竹等
	灌木	杜鹃类、夹竹桃、胡枝子、野山楂、火棘、珊瑚树等

(续)

类别或功能	种类	树 种
农田林网	乔木	水杉、池杉、落羽杉、马尾松、柏木、银杏、加杨、意杨、垂柳、泡桐、桉树类、榕树、木麻黄、樟树、白榆、楝树、川楝、刺槐、槐树、喜树、梽木、枫杨、紫穗槐、香椿、薄壳山核桃、乌桕、枣树、桑树、枸橘、毛竹、淡竹、刚竹、青皮竹、绿竹、雷竹、早园竹等
	灌木	龙柏、小叶黄杨、黄杨、海桐、雀舌黄杨、大叶黄杨及其他耐水湿的灌木
	草本	除虫菊、德国鸢尾、山麦冬、细叶沿阶草以及其他耐水湿的草本
耐水湿植物	乔木	湿地松、柳杉、圆柏、香樟、木麻黄、大叶桉、冬青、柚、棕榈、杜英、紫楠、重阳木、池杉、落羽杉、水松、水杉、侧柏、垂柳、杨树、河柳、臭椿、红椿、乌桕、白榆、椰榆、榉树、枫杨、梽木、悬铃木、朴树、槐树、喜树、西府海棠、红叶李等
	灌木	胡颓子、八角金盘、郁李等
	草本	石菖蒲、大花美人蕉、铃兰、骨碎补、马蹄金、花菖蒲、蝴蝶花、马蔺、溪荪、石蒜、忽地笑、细叶沿阶草、红花酢浆草、冷水花、垂盆草、翠云草、花叶芋、旱伞草、虎耳草、棕竹、朱蕉、一叶兰、龟背竹、花叶鸭跖草、广东万年青等
抗污力强的植物		柳杉、水杉、池杉、落羽杉、黑松、金钱松、银杏、桧柏、侧柏、柏木、粗榧、臭椿、珊瑚树、紫薇、女贞、石榴、枫香、木荷、桂花、厚皮香、广玉兰、合欢、棕榈、胡颓子、杨梅、榕树、刺槐、相思树、薄壳山核桃、枫香、黄金榕、樟树、杜仲、夹竹桃、棕榈等
防火植物		珊瑚树、厚皮香、山茶、油茶、罗汉松、蚊母树、八角金盘、夹竹桃、海桐、女贞、青冈栎、大叶黄杨、枸骨、棕榈、银杏、麻栎、臭椿、刺槐、白杨、柳树、泡桐、悬铃木、枫香、乌桕等
经济树种		毛竹、杨梅、枇杷、银杏、山核桃、薄壳山核桃、香榧、柿树、油茶、厚朴、杜仲、香椿、枣等

资料来源：浙江省绿化委员会、浙江省林业厅，浙江省村庄绿化规划指导意见，2010.

八、乡村绿地规划的基础资料

调查研究并进行基础资料的收集和整理是乡村绿地规划的前期工作，要在收集过程中弄清楚乡村景观发展的自然、社会、历史、文化背景以及经济发展的状况和生态条件，找出发展中拟要解决的主要矛盾和问题。拥有扎实的第一手资料，正确认识对象，进而制定合乎实际、具有科学性的规划方案，是乡村绿地规划工作的必经之路。

（一）乡村绿地规划基础资料的收集

乡村绿地规划要在大量收集资料的基础上，经分析、综合、研究后编制规划文件。除了常用的城市规划的基础资料（如地形图、航测照片、遥感影像图、土地利用现状图、行政区划图、电子地图等），还需要收集以下资料。

1. 自然条件资料 乡村绿地规划需要的自然条件资料包括：

（1）地形图资料 图纸比例为1∶1 000～1∶5 000，视面积大小，通常根据规划精度要求进行选择。

（2）气象资料 主要包括历年及一年中逐月的温度、湿度、降水、蒸发、风向、风速、风力、日照、冰冻期、霜冻期等。

(3) 土壤资料 主要包括土壤类型、土层厚度、土壤物理及化学性质、不同土壤分布情况、地下水深度、冰冻线高度等。

2. 社会条件资料 乡村绿地规划的社会条件资料包括：

①当地历代史料、地方志、典故、传说、文物保护对象、名胜古迹、革命旧址、历史名人故居、各种纪念地的位置、范围、面积、性质、环境情况及用地可利用程度。

②当地社会发展战略、生产总值、财政收入及产业分布、产值状况、乡村建设特色资料等。

③当地建设现状与规划资料、用地与人口规模、道路交通现状与规划、用地评价、土地利用总体规划、风景名胜区规划、旅游规划、农业区划、农田保护规划、林业规划及其他相关规划。

3. 园林绿地资料 园林绿地资料包括以下内容：

①当地景观现有情况，包括范围、面积、性质、质量、植被状况及绿地可利用的程度。

②当地卫生防护林、农田防护林。

③当地是否有风景名胜区、自然保护区、森林公园，其位置、范围、面积与现状开发状况。

④当地现有河湖水系的位置、流量、流向、面积、深度、水质、库容、卫生、岸线情况、污染情况及可利用程度。

⑤当地历次相关规划及其实施情况。

4. 技术经济资料 依据土地利用性质将其分为生产性用地和非生产性用地，其中生产性用地可按照种植类型划分，如玉米地、小麦地、油菜地、荞麦地等。非生产性用地可划分为：居民点，指居民居住用地；水域，指天然形成或人工挖掘的水体，包括河流、水库、坑塘；荒地，难以利用的土地。

5. 植物资料

①当地生物多样性调查（表8-7、表8-8）。

②当地古树名木的数量、位置、名称、树龄、生长状况等资料（表8-9）。

③现有植被种类及其对生长环境的适应程度（含乔木、灌木、露地花卉、草坪植物、水生植物等）。

④附近地区绿化植物种类及其对生长环境的适应情况。

⑤主要园林植物病虫害的情况。

⑥当地有关园林绿化植物的引种驯化及科研情况。

表8-7 乡村绿地现状调查表（示例）

填报单位： 地形图编号：

编号	景观名称和位置	用地属性	绿地类别	绿地面积（m²）	调查区域内应用植物种类		
					乔木名称	灌木名称	地被及草本名称

调查日期： 年 月 日 调查人：_____

表 8-8　乡村绿化应用植物品种调查卡片（示例）

区名_____　地名_____　绿地类型_____　调查综述_____

种名	科名	植物形态			生长状态			株数	丛数	面积	病虫害	
		乔木	灌木	草本	优良	一般	较差				有	无

调查日期：　年　月　日　　　　　　　　　　　调查人：_____

表 8-9　古树名木保护调查表（示例）

区属：		详细地址：		电脑图号：	
编号：		树种：	树龄：	保护时间：	批次：
树高：		胸径：　　m	冠幅：　　m（东西）		m（南北）
生长势：	好　中　差				
立地状况	古树周围 30m 半径范围是否有危害古树的建筑或装置等：				
	树干周围的绿地面积：				
	其他：				
已采取的保护措施	保护牌		围栏		牵引气根
其他情况：					
照片胶卷编号：			拍摄人：		
树木全貌照片 （照片粘帖处）			树干立地环境 （照片粘帖处）		

记录人：_____　　　　　　　　　　　日期：_____

6. 绿化用地管理资料　乡村绿地规划用地管理资料包括以下内容：
①管理机构的名称、性质、归属、编制、规章制度等建设情况。
②科研与生产机构设置等。
③乡村绿化维护与管理情况，最近 5 年内投入的资金数额、专用设备、绿化管理水平等。

（二）乡村绿地现状调查

乡村绿地现状调查，是编制规划过程中十分重要的基础工作。调查所收集的资料要求准确、全面、科学，通过现场踏勘和资料分析，了解掌握乡村绿地空间分布的属性、绿地建设与管理信息、绿化树种构成与生长质量、古树名木保护等情况，找出乡村绿地系统的建设条件、规划重点和发展方向，明确乡村发展的基本需要和工作范围。只有在认真调查的基础上，才能全面掌握乡村绿地的现状，并对相关影响因素进行综合分析，做出实事求是的相关评价。

1. 乡村景观分布属性调查　乡村绿地分布属性调查包括以下内容：
①组织专业阶段，依据最新的规划区地形图、航测照片或遥感影像数据进行外业现场踏

勘，在地形图上复核、标注出现有绿地景观的性质、范围、植被状况与权属关系等各项要素。

②对于有条件的地区，可采用卫星遥感等先进技术进行现状绿地分布的空间属性调查分析。

③将外业调查所得的现状资料和信息汇总整理，进行内业计算，分析景观区域的汇总面积、空间分布及树种应用状况（表），找出存在的问题，研究解决的办法。

④乡村绿地规划分布属于现状调查的工作目标，是完成乡村绿地现状图和绿地现状分析报告的依据。

2. 乡村绿地应用植物种类调查　乡村绿地应用植物种类调查主要包含以下几个方面的工作内容。

(1) 外业　区域规划范围内全部园林绿地的现状植被踏勘和应用植物识别、登记（表）。

(2) 内业　将外业工作成果汇总整理并输入计算机；查阅国内外有关文献资料，进行园林绿化植物应用现状分析。通过现状分析，进一步了解乡村绿化树种应用的数量、频率、生长状况、群众喜爱程度以及传统树种的消失、新树种推广应用等基本情况，筛选出乡村绿化常用树种和不适宜发展树种，为今后规划已采用的基调树种和骨干树种做参考。

3. 乡村古树名木保护情况评估　调查乡村区域古树名木的保存现状，进行评估，主要内容包括：

①实地调查当地是否有符合政府颁令保护的古树名木，了解符合条件的保护对象情况。

②对未入册的保护对象开展树龄鉴定等科学研究工作。

③整理调查结果，提出现状存在的主要问题。

具体工作步骤如下：制订调查方案，进行调查地分区，并对参加工作的调查员进行技术培训和现场指导，以使其掌握正确的调查方法。工作要求如下：

①根据古树名木调查名单进行现场测量调查，照相，并填写调查表的内容。

②拍摄树木全貌和树干近景特写照片若干。

③调查树木生长势、立地状况、病虫害的危害情况，测量树高、胸径、冠幅等数据。

（三）乡村绿地规划的成果

乡村绿地规划的成果包括规划文本和附件。其中规划文本是对规划的各项目和内容提出规定性要求的文件；附件包括规划说明、基础资料和规划图纸，规划说明是对文本的具体解释，规划图纸包括区位图、规划区域布局现状图、用地评定图、用地现状分析图、规划总平面图、各分项规划平面图、规划分区放大平面图、分区节点放大平面图、节点透视及小品效果图若干，图纸比例1：1 000～1：5 000，或按照实际需要确定。

九、村庄绿化的具体模式

村庄绿化是村庄基础设施和公共服务设施建设的重要组成部分，也必须坚持从实际出发，从农民要求出发，同步推进、协调完成。以下是结合村庄基础设施和公共服务设施建设的具体途径概括出的各种村庄绿化的具体模式。

1. 综合整治型绿化模式 适用于重点水源区和未来规划中保留的村庄,这些村庄产业经济基础薄弱,农民生活尚不富裕,要结合村庄环境整治和建设,有重点地开展村庄绿化。在绿化规划设计中,要突出以下重点:①将村庄环境整治清理出来的垃圾场地、柴草杂物堆放地、私搭乱建地等场所,统一规划为绿化用地;②有重点地开展村庄绿化建设,选择一两项村庄绿化重点地段为突破口,重点搞好,改善村庄环境;③在绿化树种和植物材料的选择上,要以乡土种类为主。

2. 整理推进型绿化模式 适用于产业经济基础较好、农民生活比较殷实的村庄,依据其支柱型产业的不同,又可细分为农业、休闲、工商、文化古迹4个类型。这些类型的村庄要结合基础设施建设和公共事业发展,全面开展村庄绿化。在绿化规划设计中,要注重以下几点:

①村庄绿化要结合本地的支柱产业进行,绿化要服务于产业的发展,创造良好的产业发展环境。

②全面开展村庄绿化建设,包括公路街道、住宅庭院、河渠两岸、公共场所、环村林带、集中片林等,提升村庄建设的整体水平。

③在绿化树种和植物材料的选择上,要注重针阔、乔灌、花草相结合。

④细化分类:农业产业模式,在绿化上重点建设好农田林网、环村林带、集中片林,发挥生态保障功能;休闲产业模式,在绿化上重点建设好住宅庭院、景区景点,提高观赏效果;工商产业模式,重点做好公路街道、工矿企业厂区绿化,多选用抗污染、耐粉尘树种,保护生态环境;保护修复模式,绿化要在保护好历史文化古迹、古民居的基础之上进行,按照村庄总体规划开展绿化,突出历史文化特色,促进环境美化。

3. 拆建改造型绿化模式 适用于集体经济实力较强、农户富裕程度较高的村庄,实施旧村改造、新村建设,规划中分别纳入中心城、新城、重点镇区和独立建设的类型。这些村庄要结合新村建设,全面开展村庄绿化。在绿化规划建设中要注重以下两点:一是把村庄绿化纳入新村建设总体规划之中,作为新村建设的重要内容抓好;二是这些村庄绿化基本上要按照城市社区绿化规划进行,并应适当考虑原有的历史、文化记忆。同时搞好村庄周边的公路、河渠、林带、片林的绿化建设。

十、乡村绿化的管理问题及对策

1. 乡村绿化的义务和责任 乡村绿化不仅是政府的事情,更应是每个村民的义务和责任。每个村民有权利、有义务绿化好自己周围的每一寸土地。不仅有义务绿化好自家的房前屋后,而且有义务绿化周围的道路和其他空闲地方。不仅有绿化义务,还有管理责任。我国一直在倡导义务绿化,虽然取得了一些成绩,但与投入相比较,效益甚微。这不仅与我国广大农民的修养和认识水平不高有关,更重要的是在义务绿化问题上,只讲义务、责任,而没有提出相应的利益,大大挫伤了人们义务绿化的积极性。付出了艰辛的劳动,就要有所收获,这是普遍的道理,也符合市场运行的机制,在绿化方面也是如此。在乡村绿化方面应倡导谁劳动、谁投资、谁受益的原则。这样不仅可以减轻政府负担,而且可以提高全民绿化的积极性。

2. 乡村绿化的管理 绿化的管理应随着乡村现代化建设的步伐,采用现代管理方式、方法，从植物种类的选择、种植栽培、浇水施肥，到病虫害防治、日常修剪等各项工作都应当专业化、合同化。绿化可委托绿化公司进行管理，淡化政府职能，减轻政府负担。

3. 乡村绿化的经济效益　绿化不讲效益或效益不高是我国义务绿化受阻的重要原因之一。把绿化同栽培经济作物结合起来，同科研结合起来，同产业结合起来，走出一条适合我国国情的乡村绿化发展道路。

4. 乡村绿化的资金落实　绿化需要资金，建设高标准的绿化景点，所需资金就更大。可以以村级资金投入为主，区、镇政府以奖代补，厂企单位出资赞助，多渠道筹集绿化资金，以保证绿化建设的顺利进行。

十一、案例——村庄绿化规划与镇社区绿化规划

（一）村庄绿化规划——北京市平谷区将军关新村绿地规划（中国建筑设计研究院）

将军关村位于北京市平谷区东北部，因村北有长城重要关口将军关而得名。1983年，将军关被列为平谷县（现平谷区）第一批文物保护单位。2001年7月，将军关段明代长城及石关遗址被列为市级文物保护单位。北京申奥成功后，将军关城关遗址及长城城墙修缮工程被列入北京市"人文奥运文物保护计划"。将军关村有深厚的文化底蕴，集自然资源与人文景观于一身，村内主要道路十字街由鹅卵石铺成，其北部有别具风格的鼓楼，延续着历史的遗迹，是一座环境优美、民风淳朴的传统村落，具有得天独厚的发展优势。因部分村民住宅紧邻城墙和将军关遗址，需逐步搬迁至新村。

将军关新村位于现状村庄以南约600m，用地形状近似平行四边形，南北长约450m，东西宽约260m，总用地面积约13.2hm^2，建设用地为10.2hm^2。用地内地势东高西低，坡度较缓。现状建设用地内全部为农田，且不属于农田保护区。

绿化规划首先利用新村用地的坡地地形和现有的果树，体现当地的地形地貌特征，保护好自然生态环境；其次，注重北方村庄和长城文化人文环境的创造。新村内绿地由面积较小的集中绿地与分散布局的楔形绿地共同构成。集中绿地与村级公共活动场所结合布置，满足居民日常休闲健身等活动要求以及人流较为密集地段的空间场地要求。楔形绿地分布在居住组团之间、住区内部道路转角地段等处，结合园林小品设计，与宅间绿地、庭院绿地等共同构成居民茶余饭后休闲小聚的理想场所，同时，结合步行、车行道路创造出步移景异、柳暗花明的现代农村住区新景观。

新村按南、北两片区布局，中部为步行街，设有商业及公共服务设施，沿街设绿化小品及休憩设施，在将军关石河东岸及商业步行街南、北两侧布置休闲绿带，形成贯穿新村东西部的绿色通廊，与新村绿化相结合，并与周边山体、林地、水体呼应。在此处的绿化带中设计了将路一侧人工渠与将军关石河相联系的水体，形成了从街到房、由房到河、由河生桥等一系列高低起伏、错落有致、虚实相间的水巷空间序列。新村还注重以小块绿地点缀在院落空间中，与家家户户的庭院绿化一起构成新村绿化系统中的多点元素（图8-2、图8-3）。

乡村景观规划设计

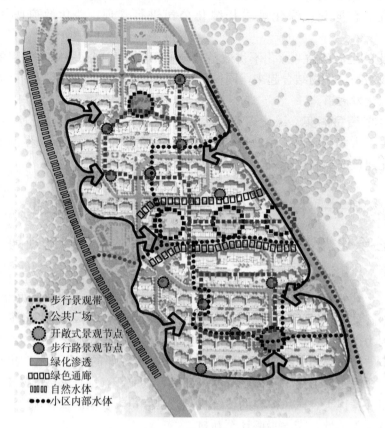

图 8-2 北京市平谷区将军关新村规划绿化景观图
（方明、董艳芳，2006）

图 8-3 景观效果图
（方明、董艳芳，2006）

（二）镇社区绿化规划——河北省张家口怀安县左卫镇中心社区绿地规划（中国建筑设计研究院）

左卫镇位于河北省张家口市怀安县东北部，北与万全县隔洋河比邻，东与宣化县接壤，南与太平庄乡相邻，北距张家口市区 26km、万全县城 7km，西距县城柴沟堡 30km，西靠金沙滩林场。2004年，左卫镇被建设部等六部委确定为全国重点镇之一。左卫新镇位于老镇西部，通过金泉大道与老镇相通。新建镇区以居住、行政办公、文化活动为主，结合水面、体育公园作为镇域范围内的行政、文化活动中心。规划设计内容包括左卫镇镇政府、小学、居住小区、商业步行街和办公商业综合区的景观绿化。规划设计总面积37.074hm²（图8-4）。

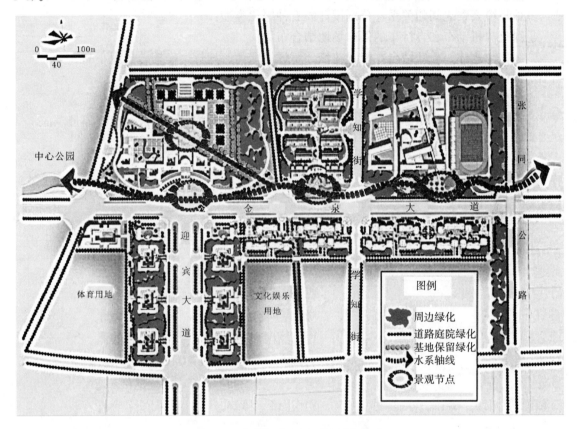

图8-4　左卫镇中心社区的绿化体系
（方明、董艳芳，2006）

1. 绿地系统

(1) 生态廊道　将整个镇区内的大型公园及广场绿地通过生态廊道连成一体，提高整个镇区的环境品质。

(2) 人行步道系统　沿主要干道设置以绿化分割的步行道路，给行人提供安全、便捷、舒适的交通环境。

(3) 绿化包围建筑　将传统的封闭式内院绿化与开放式外部绿化相结合，以外部绿化为主，构成以乔木、灌木、草地围合的立体化空间绿地系统，以达到强化环境、强化绿化、弱化建筑的效果。

规划突出了左卫镇中心区水环境的优势和特色，以局部地区营造的微地形绿地系统为静态轴线，以穿梭于其中的潺潺流动的水景景观为动态轴线，并行交织，开合有序，创造出以山水、健康、生态、交往为主题的水系景观纽带。规划把金泉大道的公共景观和各个地块中最精彩的景观节点相结合形成视觉中心，通过步移景异的滨水景观带和步行系统串联起各个地块。此外还利用水的不同形态特征形成池、瀑、塘、溪、泉、雾喷泉等宜动宜静、多姿多彩的水体主题景观。如镇政府广场以几何化的水池和水景弧墙为主题，居住小区则塑造溪流围绕入口广场的景观，小学的报告厅坐落在水面上，波光粼粼的水面倒映着建筑，形成了一幅诗意盎然的画卷。

2. **绿化形式**　乡村主路金泉大道两侧的人行道和建筑之间严格控制出绿化带，根据绿地与其他环境要素之间的关系，分别设计成五种绿化类型：

①绿化与机动车和自行车的停车场地结合布局。

②绿化与水体、雕塑结合，配置花坛、草坪、绿篱、地灯、座椅等景观小品。

③绿化与广场结合，形成公共活动休闲、娱乐的场地。

④绿化与建筑墙体、屋顶、透空栏杆、挡土墙结合。

⑤绿化做分隔带使用，以乔木、草地、绿篱等互相结合配置，形成绿化分隔带。

>>> 第九章 村镇公园绿地规划设计

村镇公园绿地是指在村镇地区范围内，向公众开放，以游憩为主要功能，兼具生态、美化等作用的绿地。根据《镇（乡）村绿地分类标准》（CJJ/T 168—2011），村镇公园绿地按照镇和村两个层次进行分类，主要包括镇区级公园、社区公园、村庄小游园、沿河游憩绿地、街旁绿地和古树名木周围的游憩场地。

在国外，乡村公园最早起源于20世纪的英国。伴随着1840年以来的工业革命，以英国为主的欧洲国家开始了工业化的快速进程，城市人口急剧膨胀，居住环境急剧恶化。人们怀念乡土岁月，因而不断地发起类似于回归田园、回归自然的运动。在英国，乡村公园随处可见，乡下人把这里当成后花园，城里人则喜欢到这儿闲庭信步，领略自然风光。近年来，由于强调城乡一体化，乡村公园也在我国悄然兴起。不少农村地区开始建设乡村公园，为当地居民提供休闲、娱乐、健身的公共场所。

一、村镇公园绿地的特色与功能

（一）村镇公园绿地的特色

村镇公园是一种新型的公园形态，其内容既不同于一般的城市公园，又有别于传统的田园农业生产活动。它在乡村资源基础之上经过重新规划改造，达到自然景观、人文景观与农业景观的整体和谐统一。因此，乡村公园与其他公园相比有其自身的特色。

1. 乡村自然与地域特色 村镇公园以乡村自然风景资源为依托，突出了丰富多彩、各具特色的自然风光。我国幅员辽阔，从南到北，俊美山川、秀丽水乡、辽阔草原等都是充满丰富地域乡村特色的自然画卷。这是城市公园无可比拟的自然优势，也更加能够满足游人回归自然、返璞归真的愿望。

2. 农业特色 村镇公园以乡村农业资源为依托，突出了丰富多彩的乡村农业特色。以乡村传统劳作形式、农业生产、农事节气活动等可开展与设计各种观光游览、聚会、展示等活动；传统或现代的农用器具、农家产品加工制作、农业工艺等，都是村镇公园可以利用与展现的丰富的资源和内容；同时，结合千姿百态的现代观光农业产品，高科技现代农业技术的应用，既能使游人从中领略现代化农业的气息，又能成为现代高效农业的展示窗口和示范区。

3. 乡村民俗文化特色 村镇公园以乡村民俗文化资源为依托，突出了乡村特有的民俗文化风情。淳朴的乡村生活和人文景观，为游人领略特有的乡村文化提供了极其丰富的资源。借助乡村公园的平台，从普通的小品等的展示，到一些聚会、表演的开展，都可使这些资源得到很好的传承与发扬。这些资源不仅使乡村居民感受到亲切感，同时更能使其他地区的游人在乡村公园中感受到独特的民俗风情。

（二）村镇公园绿地的功能

村镇公园不仅具有公共文化休息及游憩的功能，也为村民了解社会、认识自然、享受现代科学技术带来了种种方便。同时，它对美化村镇面貌、平衡村镇生态环境、调节气候、净化空气等均有积极的作用。

1. 休闲游憩功能　　和城市公园主要带给游人休闲游憩体验一样，村镇公园同样具有服务乡村居民，使其休闲游憩、放松心情、陶冶情操的重要功能，更是乡村居民修养身心、强身保健的重要场所。村镇公园具有的感受优美的环境、缓解压力、体验参与性项目等功能都是乡村其他地域和资源所不能提供的。

2. 科普教育功能　　结合村镇公园的特色，利用公园良好的场地和环境，可给游人提供更多的科普展示功能。同时，在公园内也可开展各种科普教育活动，以增加乡村居民学习文化知识的机会，在体验中学习，在游玩中学习。

3. 美化环境功能　　村镇公园绿地是村镇景观的重要组成部分，它的存在不仅给村镇人居环境带来了生机与活力，还给村镇增添了富于变化的美丽景色，丰富了村镇景观。其美化功能主要体现在：丰富建筑群体的轮廓线、形成不同的村镇特色等。

4. 文化传承功能　　建立村镇公园，可使乡村特有的生活文化、民间文化以及民俗文化得以继承，创造出独具特色的乡村文化。许多民间娱乐活动、民俗文化精髓都可在乡村公园的开发中得到保留和发展，甚至融入了新农村建设等具时代特色的新内容，从而被赋予了新的含义，使乡村优秀文化得到传承和发展。

5. 改善环境功能　　村镇公园优美的环境、大量的绿化对整个乡村区域来说，都起到了调节气候、净化空气、改善环境的重要作用。同时，村镇公园的建立也可以改善乡村环境卫生，提高生活环境品质。

二、村镇公园绿地规划设计

（一）村镇公园规划设计原则

村镇公园的主要特点是规模小、功能全、游人固定、地貌复杂、使用率高，大众性和公共性较为突出。村镇公园景观规划，必须根据其综合性功能，结合植物的生理、生态和形态习性，合理运用造园要素和造园艺术，才能创造出既有良好的生态环境，又有人工艺术美与天然美的和谐统一体。通常情况下必须遵循以下基本原则：

1. 地域性原则　　我国乡村地域文化丰富多彩而且地域差异明显，在村镇景观建设和区域整合中突出特色，可以提高村镇的知名度，并促进村镇的发展。虽然一个村镇与其周围的村镇有许多地理、风俗等方面的共同点，但是在大同中也有小异，如地域自然条件、产业特点、建筑风格、历史文化、生活习俗、植物群落等，这些区别形成了村镇的个性。公园绿地的规划和建设，应该在保护乡村景观的完整性和田园文化特色的前提下，塑造一个自然生态平衡、景色优美、具有地方文化特色的公园绿地。

以北京市为例，北京市域范围内的187个乡镇在空间区位上分别处西部山区、北部山区、山前平原区和中心城外围的近郊区域，各乡镇的发展定位和产业特色各有不同，其中

41个重点镇（不含乡）的规划定位和主导产业具有较大的差异性和特色：12个镇以旅游及文化创意为主导产业，14个镇以工业为主导产业，7个镇以农业及农产品加工为主导产业，6个镇以房地产及建筑业为主导产业，2个镇具有多项主导产业。因此，北京市提出乡镇公园即"一镇一园"建设工程，要求突出各乡镇公园的主题特色、区位特征和人文内涵，打造不同乡镇的品牌形象。

2. 生态性原则 生态性原则是村镇公园绿地设计的一项根本原则。大树、河（溪）流、池塘与自然植被等是乡村重要的景观构成要素和宝贵的景观资源，因此在村镇公园规划中，乡村特色景观资源的利用、场地的适宜性分析、植物的适地适树合理配置、节能环保材料的使用、资源的再生与循环利用等都是生态性原则中的重要设计手段。

3. 人本性原则 在生态性原则的基础上，将人作为设计的根本对象。脱离了乡村居民使用的乡村公园是空洞而没有意义的。以人为本原则就是要求在设计中，充分考虑活动主体——人的行为、使用需求、心理与空间感受。对于不同的功能区域，分析其使用人群的特点，将设计做精做细，细微之处体现出人文关怀。农村的经济形式不同于城市，它是以农耕为主的自然经济，很多村民之间有着亲密的血缘关系，在这种环境中，村民之间的交流很频繁，因此，更应该注重休闲空间的设计，创造出适合村民交流的休闲空间。应注重绿地的使用性和实用性，避免一味强调植物的装饰性，使得绿地好看不好用。

人本性还体现在尊重农民意愿，注重社会参与。由于村镇公园建设中所涉及的居民利益问题尤为复杂，编制村镇公园绿地规划时更应充分考虑与尊重当地村民的心理需求和民俗民风，这样才有利于村镇公园的可持续发展。

4. 文化性原则 文化性原则强调将村镇公园设计上升到新的高度，充分体现出不同景观的独有特色，不同地域的文化特点。在设计中应该多挖掘与提炼地方文化特色、风土人情，将其表现在公园设计中，使乡村优秀的文化、民俗风情得以传承。

5. 美学原则 在乡村公园设计中应遵循美的原则，让乡村居民感受到更多美好的事物与情绪。如植物作为一种活的景观元素，有其枝、叶、花、果、姿态、色彩等美学特征，植物配置时必须尽可能发挥出这些作用，向人们展示其美的一面；同时，植物按高低、大小不同，依本身生态习性而错落有致地配置在一起，会产生单体所不能替代的美学效果，这种群体美不仅表现为一个季节的群体美，同时也表现出四季分明的群体季相的美。

（二）村镇公园规划设计

村镇公园是乡镇基础设施和公共服务设施的重要组成部分，也是城市公园绿地体系的有机组成部分，在改善村镇生态环境质量、塑造村镇风貌、提高村镇居民的生活品质、促进城乡一体化建设等方面具有重要的意义。

1. 村镇公园的用地选择 在制定村镇公园总体规划时，应结合村镇河湖系统、道路系统、生活居住用地、商业用地等各项规划综合考虑。村镇公园的具体位置在村镇绿地系统规划中确定。

村镇公园的选址应注意以下几个方面：

①村镇公园的服务半径应使居住用地内的居民能方便使用，并与村镇主要干道、公共交通设施有方便的联系。以北京市为例，《北京市城市绿地系统规划（2004—2020）》明确指出："建制镇绿地规划建设的重点是：城镇合理布局集中公园绿地，其规模要满足综合功能

要求，达到服务半径 300m 标准。"湖北省刘家场镇的绿地规划中，以点、线、面的公园绿地体系，分别设置了寨子山镇区级公园、刘家河公园、官渡坪和府西两处游园，从而达到环境良好、生态健全、覆盖范围广的绿地规划目标（图 9-1）。

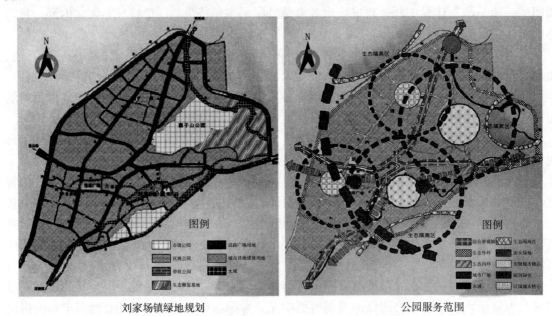

刘家场镇绿地规划　　　　　　　　　　公园服务范围

图 9-1　刘家场镇绿地规划与公园服务范围
（耿虹，2002）

②选择有自然山体或大面积水体的地段。镇域范围内的天然山体和大面积水体具有村镇空间向内聚合和吸引的向心力，又能起到村镇各功能组团之间的缓冲和控制、分隔与联系作用。村镇公园选址于此，或建于山坡上、视野开阔，或临水围合、环境清秀，不仅能体现公园选址依山傍水的自然环境的特色，还能促进村镇旅游业的发展。

③选择有古树名木及植被丰富的自然环境，还可在林地或苗圃、花圃的基础上加以改造，这样投资少，见效快。如山东郯城新村乡的古梅银杏园，就以古梅、古银杏为中心，设梅园、银杏园，并设亭台楼阁等景点。江苏省邳州市四户镇的白马寺院内有一颗古银杏树，为唐代所栽，此树高 19.5m、粗 3.85m，当地镇政府以此树建园，有效地保护了古树，而古树又为园林增添了内容，使园林更充实。

④选择可以利用的名胜古迹、人文历史、园林建筑的地段改造规划建设公园，既可丰富公园内容，又可保护文化遗产。

⑤选择园址应考虑到发展的可能性，适当留出发展备用地。

2. 村镇公园设计要素

（1）地形　地形是指公园中地表面各种起伏形状的地貌。在规则式园林中，一般表现为不同标高的地坪、层次；在自然式园林中，地形的起伏可营造出山体、丘陵、盆地等不同形式的地貌。

地形在公园中起到了非常重要的作用：①组织形成变化丰富的景观空间，增加公园层次，突出公园美感；②为建筑、人们活动提供所需的不同场地；③创造丰富的植物种植条件，提供干、湿，以至水中，阴、阳、缓、陡等多样性的环境；④利用地形自然排水，降低工程成本。地形的景观设计应在公园总体规划的基础上,根据四周乡镇道路规划标高和园内主要活动内容,综合考虑与造景有关的各种因素,充分利用原有地貌,统筹安排景物设施,对局部地形进行改进,使园内与园外在高程上有合理的关系。

(2) 水体 水体是公园中重要的景观要素,其形式多种多样。以存在的形式分类,可将水体分为喷水(如喷泉、涌泉等)、跌水(如瀑布、水帘等)、流水(如溪流等)、池水(如池塘、湖泊等)。

水体在公园中的作用可总结为以下几点:①改善环境,调节气候,控制噪声;②美化环境,营造优美的景观,放松人的心情,陶冶情操;③丰富公园中的娱乐项目,如划船、戏水、垂钓等,为其提供相应的场所;④为水生动植物的生长提供必要的条件,丰富公园的观赏与娱乐性,如各种水生植物荷、莲、芦苇等的种植和天鹅、鸳鸯、锦鲤等的饲养;⑤汇集、排泄天然雨水,节省工程投资;⑥为乡村防灾、救火等提供必要保障。

在公园设计中,要注意水体的循环利用、雨水收集、安全性等问题,确保节约用水和安全使用。在《公园设计规范》中规定硬底人工水体近岸 2.0m 范围的水深不得大于 0.7m,达不到此要求的应设栏杆,无护栏的园桥、汀步附近 2.0m 范围以内的水深不得大于 0.5m。

(3) 园路、广场 园路是公园中不可缺少的构成要素,好比一个公园整体的骨骼网络。与普通道路不同的是,公园园路除了具有组织交通、运输的作用外,还承担了景观设计上的要求:引导游人,组织游览线路,路面铺装材质提供多样的观赏性。

公园园路设计应遵循《公园设计规范》(CJJ 48—92),表 9-1 为规范中对园路宽度的要求。

表 9-1 园路宽度 (m) 规范表

园路级别	陆地面积 (a, hm²)			
	$a<2$	$2<a<10$	$10<a<50$	$a>50$
主路	2.0～3.5	2.5～4.5	3.5～5.0	5.0～7.0
支路	1.2～2.0	2.0～3.5	2.0～3.5	3.5～5.0
小路	0.9～1.2	0.9～2.0	1.2～2.0	1.2～3.0

除园路外,公园的其他铺装场地是人流活动、集散的重要空间,这些场地应根据集散、活动、演出、赏景、休憩等使用功能要求做出不同的设计。可充分运用植物、建筑、园林小品等与铺装场地结合,注意遮阴、隔离等效果,营造出开敞、半封闭或封闭的等不同空间形式。

(4) 建筑 建筑是公园构成要素中的重要组成部分,是满足公园不同使用、观赏功能的必要内容。其主要的内容可包括:商品百货或餐饮性建筑、带有展示等性质的文化性建筑、公园管理与服务性建筑、公共厕所、特色的景观建筑等。建筑设计应与公园其他要素设计相结合,建筑体量与占地面积不宜过大,应满足《公园设计规范》(CJJ 48—92)中对建筑占地面积的相应要求及必要的功能要求。表 9-2 是规范中对综合性公园各项用地所占比例的规定。

表 9-2 镇区级公园用地指标规定统计表

	用地类型	陆地面积 (a, hm²)		
		$10<a<20$	$20<a<50$	$a\geqslant 50$
各类用地所占陆地面积比例(%)	园路及铺装场地	5～15	5～15	5～10
	管理建筑	<1.5	<1.0	<1.0
	游览、休憩、服务、公用建筑	<4.5	<4.0	<3.0
	绿化园地	>75	>75	>80

(5) 植物 植物是村镇公园中所占比重最大的一个部分,植物配置是营造自然、优美的公园环境的重要手段。在设计时,应适地适树,合理配置园中各种植物(乔木、灌木、花卉和地被植物等),注重植物的构图、色彩、季相以及园林意境,同时考虑植物与其他要素如地形、山石、水体、建筑、园路等相互之间的配置。对场地原有的古树必须保留。

(6) 小品设施 小品设施是提升公园观赏性与合理功能的重要手段。公园中的小品设施见表9-3。

表9-3 公园中主要小品设施分类表

设施类型	举 例
景观设施	花架、花坛、景墙、展示架、喷泉、雕塑、置石等
休息设施	座椅、园凳、亭、台、廊、榭、舫等
游戏设施	各种健身器材、秋千、滑梯、攀登架等
服务设施	垃圾箱、指示牌、说明牌、园路灯、饮水台、洗手台、音箱等

公园中的建筑小品应突出其特色,宜小巧、齐整,具有园趣;并且小品之间应互相有机呼应,与建筑、绿地、地形、水体等园林要素相协调,使园中的所有景物具有整体感。

3. 村镇公园功能分区与植物景观设计 为了满足各种年龄层次居民的需要,村镇公园一般分成入口区、文化娱乐区、观赏游览区、安静休息区、儿童活动区、老人活动区、体育活动区以及公园管理区等不同的功能区。因各区的服务对象和功能各异,故在植物景观营造时要区别对待,分别考虑,以保证充分发挥各区功能为目的,精心选择植物材料,科学合理地进行配置。

(1) 入口区 村镇公园的规划面积大小各异,但一般来说都应设置主要入口区和次要入口区。公园主要出入口大都面向乡村主干道,绿化时应注意丰富街景,并与大门建筑相协调。大门前的停车场,四周可用乔、灌木绿化,以便夏季遮阴并与周围环境隔离;在大门内部可用花池、花坛、灌木与雕像或导游图相配合,也可铺设草坪、种植花灌木,但不应阻挡视线,且需便利交通和游人集散。主要入口区的植物景观营造主要是为了更好地突出、装饰、美化入口区,使公园在入口区就能引人入胜,能向游人展示其特色或造园风格,可用花坛、花境、花钵或灌木丛突出园门的高大或华丽,也可用高大的乔木配以美丽的观花灌木或花草,营造一个优雅的小环境。次要入口区是相对主要入口区而言的,从植物景观、入口区选址、园林景观等方面没有主要入口区要求严格。

(2) 文化娱乐区 文化娱乐区使游人通过游玩的方式进行文化教育和娱乐活动,其设施主要有展览画廊、文娱室、露天舞场等。该区植物景观以花坛、花境、草坪为主,便于游人集散,适当点缀几株常绿大乔木,不宜多种灌木,以免妨碍游人视线,影响交通;也可用花色、叶色或果色鲜艳的植物烘托热烈的气氛,或者用文化内涵丰富或地域性较强的植物营造文化氛围。各种供参观游览的厅室,可布置一些耐阴或盆栽花木。在建筑附近,可设置花坛、花台、花境。沿墙可利用各种花卉,成丛布置花灌木,所有树木花草的布置,要和小品建筑协调统一,与周围环境相适应,四季色彩变化要丰富,给游人以愉快之感。

(3) 观赏游览区 观赏游览区是乡村公园中景色最优美的区域,在植物配置上根据地形的高低起伏和天际线的变化，采用自然式配置。在林间空地中可设置草坪、亭、廊、花架、座椅等，在路边或转弯处可设月季园、牡丹园、杜鹃园等专类园，也可结合历史文物、名胜古迹，建造观赏树丛，营造假山、溪流等，创造出美丽的自然景观。若是以植物作为观赏主景，可把观花植物、形体别致的植物、观果植物等配置在一起，形成花卉观赏区或专类园，让游人充分领略植物的美；或利用植物组成不同外貌的群落，以体现植物群落美。观赏游览区的水体可以种植荷花、睡莲、凤眼莲等水生植物，以创造水景。但要处理好水生植物与养殖水生动物的关系。

(4) 安静休息区 安静休息区主要是专供人们休息、散步、欣赏自然风景的好地方。一般来说，安静休息区应选面积较大、游人密度较小、树木较多、与喧闹的文化娱乐区有一定距离的地方。可用密林植物与其他区域分隔，密林内结合布设自然式小空地、林中小草地或疏林草地，给游人提供一定的自由活动空间。该区内常设置一些聚散性场地，绿化既不能影响交通，又要形成景观。如休息广场，四周可种植乔木、灌木，中间布置草坪、花坛，形成宁静的气氛。

(5) 儿童活动区 儿童活动区主要是供儿童游玩、运动、休息、开展其他课余活动，学习知识、开阔眼界的场所。其周围应用密林或绿篱、树墙与其他区域分开，如有不同年龄的儿童活动区，也应有绿篱、栏杆相隔，以免相互干扰。区内游乐设施附近应有高大的、生长健壮的、树冠大的庭荫树提供良好的遮阴，也可把游乐设施分散在疏林之下。儿童区的植物布置，可利用耐修剪的植物整形成一些童话中的动物或人物雕像，以及茅草屋、石洞、迷宫等以体现童话色彩；或单纯利用植物色彩进行景观营造，如用灰白色的多浆植物配置于鹅卵石旁，产生新奇的对比效果；或者配置具有奇特的叶、花、果之类的植物，以引起儿童对自然界的兴趣，但不宜选用花、叶、果有毒的或散发刺激难闻气味的植物，如凌霄、夹竹桃、苦楝、漆树等；不宜用枸骨、刺槐、蔷薇、丝兰等有刺植物，因为有刺植物易刺伤儿童皮肤和损坏衣服；也不宜选用杨、柳、悬铃木等有过多飞絮的植物，此类植物易引起儿童患呼吸道疾病。

(6) 老人活动区 老人活动区是专供老人休闲、娱乐、晨练的场所。该区植物首先应选桉树、侧柏、肉桂、柠檬等能分泌杀菌素、净化空气的树种，或选蜡梅、米兰、茉莉、栀子等能分泌芳香性物质，利于老人消除疲劳和保持愉悦心情的保健植物，同时也应多用落叶阔叶林营造一种冬暖夏凉、季相丰富的环境景观。还可结合老人的怀旧心理和返老还童的趣味性心理，利用一两株苍劲的古树点明主题，种植各种观花树木烘托老人丰富多彩的人生。此外，在一些道路转弯处，应配置色彩鲜明的树种如红枫、红瑞木、紫叶李、紫叶桃、金叶刺槐等，起到点缀、指示引导的作用。

(7) 体育运动区 体育运动区以速生、强健、落叶晚、发叶早的落叶阔叶树为主，树种的色调要求单纯，以便形成绿色背景；不宜选用树叶反光发亮的树种，以免产生眩光刺激运动者的眼睛；也不宜选用易落花落果或果实、种子容易产生飞絮的种类，如构树、樱花、悬铃木、垂柳雌株、杨树、蒲公英等。球类运动场四周的绿化带可离场地5～6m，场内应尽量用草坪覆盖，有条件的地方可直接把运动场地安排在大面积的草坪中。在游泳池附近可设花廊、花架，不可种带刺的或夏季落花落果的花木。日光浴场周围应铺设柔软耐践踏的草坪。另外，在运动场附近，尤其是林丛之中，应设花架，配置美丽的观花植物，以利于游人休息。

三、乡村河道及水岸绿地景观规划

在我国广大的农村地区，分布着众多的河道，因而沿河游憩绿地也就成为村镇公园绿地的重要组成部分。

乡村河道是指流经乡村区域的河段，也包括一些历史上虽属人工开挖、经过多年演化已具有一定自然河道特点的运河、渠系等。广义上的乡村河道泛指在乡村地域内的河流、水渠、水塘等各种水体，以及这些水体的堤岸、边坡以及缓冲带（图 9-2）。乡村河流、湖泊、水塘等承担着防洪排涝的重要功能，是乡村水资源与水环境的重要载体，与群众生活和农村经济社会发展密切相关。

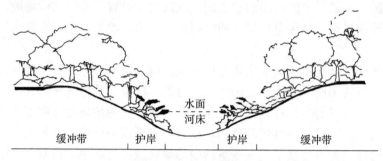

图 9-2 乡村河道结构

长期以来，受城乡经济二元化结构的影响，公共财政对乡村基础建设的投入不足，乡村环境卫生基础设施建设严重滞后，垃圾收集等设施配套不全，河道脏、乱、差是农村环境问题的集中体现。乡村河道的景观规划滞后于城市河道的景观规划，且乡村河道的治理大多还停留在传统的防洪、排涝、灌溉等基础功能上。但随着经济的发展，城市化进程的加快，乡村河道由于其得天独厚的资源优势，越来越得到人们的重视。乡村旅游的热门与人们亲水性的需求，使得乡村河道逐渐成为市民重要的休憩娱乐场所。

（一）乡村河道及水岸的功能与特点

1. 乡村河道及水岸的功能 河道的功能是综合性的，乡村河道与城市河道的区别在于河道的地域不同。因此，乡村河道具有河道的一切基本功能，同时更具地域特点以及服务乡村的主体功能。表 9-4 为乡村河道的主要功能。

表 9-4 乡村河道的功能

功能分类		功能体现
基本功能	防洪排涝功能	蓄留洪水，排除内陆水，流下功能（洪水流下、土石流下等），防止决堤，防止河床变动
	水利功能	水资源的供给（生活用水、工业用水、农业用水、环境用水、养殖用水），水上运输（航运），水力发电，热量供给，土石生产（建设用沙、园林用石等）
	环境功能	提供良好的居住环境，对风向与风力的影响，湿度上升，调节温度，水质净化（沉淀、分解、植物摄取、稀释、分离污浊物质等），维持地下水位
	生态功能	提供生物栖息的场所（鱼类、昆虫类、鸟类等动物和植物），维持生态系统稳定

(续)

功能分类		功能体现
扩展功能	景观功能	维持生物多样性： 水体本身的景观（水流、水面以及倒影等），水边景观（水及其近边），包含远景的景观（从桥、岸、水堤等看到的景观），从高处俯瞰到的包含河道的景观（山丘上以及城墙上看到的景观）
	休闲娱乐功能	直接与水接触的项目（游泳、戏水、滑水等），不直接与水接触的项目（漂流、划船、垂钓等）
	文化功能	提供艺术活动的题材与舞台（小说、绘画、音乐、诗词等），对乡村居民心理影响（地区的象征、自豪对象的形成，城区居民怀念对象的形成等），文明、文化的创造与对后世的传承（信仰、纪念活动、饮食文化、遗迹的保存、流域网的形成）

2. 乡村河道及水岸的特点 乡村河道是处于农村区域的河道，它与城市河道相比，具有自身独特的特点，主要体现在功能的多样性、河道结构自然多样、污染源复杂多样。

(1) 功能多样 乡村河道是承担着农村灌溉排涝任务的基础性工程，具有丰富的功能，它是调蓄分洪的重要通道，是农田排洪灌溉的主要渠道，是船舶运输的主要通道。同时，乡村河道又是生态与环境的重要载体，具有丰富的水资源、生物资源和矿物资源。有的农村河道还是重要的城乡饮用水水源地，与城乡经济社会发展和人民群众的生产生活密切相关。另外，农村河道还能提供休闲娱乐、美学、教育等功能，具有精神和文化价值。

(2) 河道结构自然多样 乡村河道按地貌形态分有山区河道与平原区河道两大类。山区河道较为陡峭，纵坡降较大，蜿蜒性强，水流较急，河岸冲刷较严重。平原区河道边坡较平缓，纵坡降较小，水面较宽，水流较缓，淤积严重，河床抬高，造成河势变化。另外，通航河道受船行波的影响，寒区河道受冻融影响，造成河岸崩塌，也会使河道结构发生变化。

(3) 污染源复杂多样 随着社会经济的发展，农村河道的污染越来越严重。乡村河道的污染来源有来自乡镇企业的工业废水污染、农村养殖污染（水产养殖和畜禽养殖）、农村面源污染、农村居民的生活垃圾和废弃物污染等。其中，农村面源污染是具有乡村河道污染特色的污染源。过量使用化肥，大量的氮和磷营养元素随着农田排水或雨水进入江河湖库，污染了水质，导致了水体的富营养化。农田使用的农药随着雨水或灌溉水向水体迁移，农药雾滴或尘微粒随风漂移沉降进入水体以及施药工具器械的清洗等都给乡村河道造成了污染。农村集约化养殖，畜禽粪尿未加妥善处理直接排放到农村河道形成污染，还有污水灌溉也同样对农村河道造成了不同程度的污染。

(二) 乡村河道及水岸绿地规划原则

1. 生态性原则 河道是水生态环境的重要载体。在规划时要保持乡村河道的自然生态性和亲水性。满足河道原有的自然功能，满足行洪、蓄水、航运、水生态等要求，保持水资源的持续发展。同时在具体设计中，应尊重地形地貌，尊重自然环境，依据生态科学要求，遵循自然生态规律，考虑植物的生态习性，适地适树，才能构成优美的乡村河道景观，达到美化环境作用。

2. 功能性原则 根据乡村不同河道的不同功能，在景观规划中要注意不同的侧重点。在考虑河道行洪、排涝、蓄水、输水、航运、养殖等基础功能之上，重点考虑规划河道的观赏性、游憩性、生态性。

3. 地域性原则 由于乡村这一很强的地域特点，因此在规划中也要考虑到乡村河道的地域性，根据不同的地域特征，在规划中与之相适应。

4. 经济性原则 在规划时需考虑到当地的经济能力，在节约成本、方便管理的基础上，为改善乡村环境，完善乡村河道功能，以最少的投入获得最大的经济效益、景观效益和生态效益。

（三）乡村河道生态护岸

生态护岸是指恢复后的自然河岸或具有自然河岸可渗透性的人工驳岸，它可以充分保证河岸与河流水体之间的水分交换，调节水位、增强水体自净作用，同时对于河流生物活动起到重大作用。我国农村河渠绿化存在很多问题，如以建设新农村名义进行拦河筑坝、河道渠化、硬化，这样会对原有自然水系和生态系统造成严重破坏，对大地生态系统的自然服务功能带来严重的损害（图9-3）。

图 9-3 新农村建设名义下的自然河流渠化
（俞孔坚，2006）

1. 生态护岸设计原则 护岸是保护河岸免受河流冲刷作用的构筑物。护岸设计时主要考虑以下几个方面：①治水性，护岸的首要功能是稳固堤岸，防洪保护城市免遭水淹；②亲水性，使人们走在岸边能接近水面，观赏美丽的水边风景；③安全性，水给人柔美感受的同时，强调亲水而忽视安全的做法是危险的。

护岸设计的好坏，决定了河岸空间能否成为吸引人的空间；并且，作为生态敏感带，护岸的处理对于河道的生态也有非常重要的影响。

2. 生态护岸设计方法 河道断面的处理和护岸的处理有密切的关系。河道断面处理的关键是要设计一个保证常年有水的河道并能够应对不同水位、水量的河床，这点对于北方城市的河道景观尤为重要。由于北方地区水资源短缺，平时河道水量很小，但洪水来时又有较大的径流量，从防洪出发需要较宽的河道断面。但一年内大部分时间河道无水，景观很差。为解决这种矛盾，可以采取一种多层台阶式的断面结构，使其低水位河道可以保证一个连续的蓝带，能够为鱼类生存提供基本条件，同时至少满足3～5年的防洪要求，当较大洪水发生时，允许淹没滩地。而平时这些滩地则是较为理想的开敞空间环境，具有较好的亲水性，适于休闲游憩。

(1) 自然原型护岸——生物材料（植物）法　对于坡度缓或腹地大的河段，可以考虑保持自然状态，配合植物种植，达到稳定河岸的目的（图9-4）。在水流和波浪比较平缓的地方，可以使用芦苇、菖蒲，但在水流湍急的区段，多种植柳树、杨树等具有喜水特性的植物。由它们生长舒展的发达根系来稳固堤岸，加之其枝叶柔韧，顺应水流，增加抗洪、护堤的能力。我国传统的治河六法即是这方面的总结。以瑞士苏黎世州的雷为苏河的驳岸建设为例，在护岸施工中仅以植物作为材料，方法是：在河岸坡脚处打入成排的木桩，木桩间以柳条编织连接如栅栏一样，最后将沙土填埋在栅栏后面。

(2) 自然型护岸——混合材料（植物与木材或石材混用）法　对于较陡的坡岸或冲蚀较严重的地段，不仅种植植被，还采用天然石材、木材护底，以增强堤岸抗洪能力（图9-5）。如在坡脚采用石笼、木桩或浆砌石块（设有鱼巢）等护底，其上筑有一定坡度的土堤，斜坡种植植被，实行乔、灌、草相结合，固堤护岸。以瑞士苏黎世州泰斯河为例，泰斯河是条较长的河流，洪水强度较大，因此采用了植物和石头相组合的护岸施工法。方法是：将柳枝插入石缝中直至石块的背面，当柳根生长时，便会固定在石块背后的沙土，并紧紧包裹着石块，石块之间紧密结合为一体，从而保护了河岸，而且为以鱼类为代表的水生生物提供了避难场所。

(3) 台阶式人工自然护岸——坚固材料（木材、石材、混凝土）法　对防洪要求较高而且腹地较小的河段，在必须建造重力式挡土墙时，也要采取台阶式的分层处理。在自然型河堤的基础上，再用钢筋混凝土等材料确保大的抗洪能力，如将钢筋混凝土柱或耐水原木制成梯形箱状框架，投入大的石块，或插入不同直径的混凝土管，形成很深的鱼巢，再在箱状框架内埋入大柳枝、水杨枝等；临水则种植芦苇、菖蒲等水生植物，使其在缝中生长出繁茂、葱绿的草木。

如瑞士苏黎世州的泰斯河与贝尔河的汇合处，频繁地发生洪灾。因此在这里都采用细方石浆砌法，修筑成坚固的驳岸。在浆砌石驳岸的顶端，由植物种植组成V形凹陷，以均匀的间隔排列。绿色植物使给人以生硬感的护岸轮廓线变得模糊起来（图9-6）。

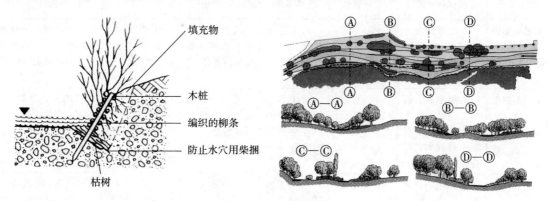

图9-4　自然原型护岸
（河川治理中心，2004）

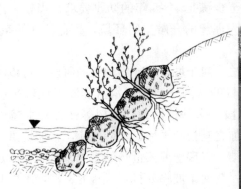

图 9-5　自然型护岸示意与实景图
（左图：河川治理中心，2004）

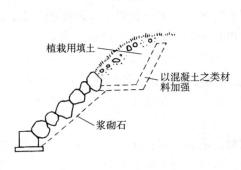

图 9-6　泰斯河坚固材料护岸示意图
（河川治理中心，2004）

每种护岸都具有自身的特点和适用范围（表 9-5）。使用中需要根据水岸的具体情况，综合考虑经济、环境和景观等要素，确定断面形式及组合方式。

表 9-5　不同护岸特点和适用范围
（刘滨谊、周江，2004. 经整理）

护岸类型	使用材料及做法	景观效果	生态效果	游憩功能适应性	经济性	适用范围
自然原型护岸（包括生物工程护岸）	运用植物及原生纤维物质等形成	软质景观，层次性好，季相特征明显	对生态干扰最小	适宜静态个体游憩和自然研究性游憩	工程量小，取材本土化，经济性好	坡度较缓，一般要求坡度在土壤自然安息角内，且水流平缓
自然型护岸	运用木材、石材、金属、土工织物及水泥、混凝土等材料，结合植物种植	软硬景观结合，质感、层次丰富	对生态系统干扰小，允许生态流的交换	适宜静态和动态、个体和群体游憩	有一定的工程量，但施工方便，周期短	适用于各种坡度，水流平缓或中等，一般护岸高度不超过 3m
人工护岸	浆砌块石、卵石、混凝土等	硬质景观	割断了水陆之间生态流的交换，生态性差	适宜静态和动态游憩	工程量大，周期长，投资较大	水流急、岸坡高陡（3～5m 以上）且土质差的水岸

(四) 乡村河道及水岸植物景观设计

1. 不同区段的植物景观设计 根据乡村河道及水岸的地域特点、功能特点等,可将乡村河道划分成4个不同的功能分区,即生态保护区段、生态修复区段、开发利用区段、过渡区段。不同区段,其植物景观设计也各有侧重。

(1) 生态保护区段 生态保护区段通常建立在自然保护区或者自身生态环境良好的乡村河段。在该区段内的植物景观设计以生态保护为主,维持并提升现有区段生态系统的健康性及完整性。建立生态保护区段可以达到涵养水源、水土保持、改善小气候、保护濒危物种的目的。生态保护区岸线建设尊重原生态,强调原生态植物群落概念,选择植物以乡土树种为主,体现自然、野趣,设计采用乡土树种为主的多物种生态原则,尽可能多布置多物种的植物群落,并且需要适当挖掘当地特色生物资源,保护珍稀濒危资源。

(2) 生态修复区段 生态修复区段多设立在污染较重的乡村河段。在该区段应通过利用植物的特性创造多样性的河道生物栖息地,设置植被缓冲带,恢复湿地,改善水质,并创造局部亲水空间,提供小规模的环境教育与亲水场所。目前大多数的乡村河道都属于这一区段,通过建立生态修复区段,利用河道及流域植物在吸收有害气体、净化空气、改善水质等方面的修复作用,改善河道生态环境是乡村河道建设的重点。生态修复区段植物景观建设应将野生植物与景观植物结合设计。生态设计中的植物素材包括沉水植物、浮水植物、挺水植物、沼生植物、湿生植物等,植物种类包括乔木、灌木、藤本、草本、花卉等。生态修复区段治污是关键,植物选择上多选可以减轻当地环境污染的植物,从而起到滞尘、增加湿度、净化空气、吸收噪声及美化环境的目的。

(3) 开发利用区段 开发利用区段多建立在生态环境较好的乡村河段和旅游开发区范围内的乡村河段。在满足两岸防洪要求的基础上,可适当营造河道与岸线的景观效果,为居民提供休闲娱乐的亲水空间。乡村河道开发利用不够合理,河道承受着大量生活垃圾、农业废弃物、农村加工业制造废弃物等点源污染物的侵害,开发利用区段内岸线的设计需考虑农村点源污染物治理。开发利用区段植物景观建设要体现自然、野趣,不同于城市河道,要具备乡村野趣户外活动、亲水休闲健身、历史民俗观赏、河道景观观赏等功能,充分考虑组织植物色彩、质感的季节变化,合理搭配不同观赏期的植物,发挥不同植物不同时期的最佳景观效果,同时要合理搭配落叶树种与常绿树种,做到四季有景。

(4) 过渡区段 过渡区段主要针对城乡结合地带或不同功能区之间的地段。过渡区段多用植物来隔离不兼容的土地使用类型,由于起着交接过渡的作用,过渡区段需要具备一定的规模和长度,可适当开展各种实验性经济活动,如可以开展植树造林、林副产品利用、渔业养殖等活动。过渡区段岸线植物需具备隔离过渡的作用,植物栽植上宜采取规则式栽植,景观上简洁大方,同时可搭配必要的景观休闲设施,以方便区段间的沟通与连接。

2. 绿化模式 村庄外缘水系的绿化模式以防护林为主,兼顾景观和经济效益。村周水系影响村内水质和村民生活大环境,重点通过科学地配置绿化群落,构建具有本地特色的景观生态屏障,修复受污染的土壤和水体,从外围保障村内水质。

(1) 河流 平原地区的村庄河流一般为小支流,河床平整,水量小时可能出现裸露的细沙或河泥,绿化时重点采用生态修复措施:

①连接堤岸的水滨缓坡,种植具有发达根系的地被植物以保持水土,保证堤岸安全。

②堤岸上方可种植经济林木，在形成良好的生态环境的同时，也为村民带来经济收益。河道两侧留有 1m 宽时，宜种植高大挺直乔木，既美观，也利于河道作业和交通安全；两侧留有 3～4m 宽时，可种植 2 行以上，注重常绿和落叶、树高与带宽的搭配，搭配少量灌木；河道绿化通道建设一般在 3 行以上，结合河道整体景观建设，形成与四周环境相协调的绿色风景线，利用平缓坡面情况，种植有观赏价值的乔灌木、花卉等。

③水边植物覆盖面较广时，略做整改，不加人工痕迹，只对人为破坏较严重的水滨进行植物修复，仿造自然水岸植物配置，保证水流通畅。

④在水流较小、河道较蜿蜒曲折的河流溪水通畅、灌溉便利的情况下，尽量保持其原始状态，两侧种植适生野生花灌木；对于山地溪涧，保持两侧的生态原貌为主，适当加以整治、疏通。

⑤靠近村庄的河道绿化选择树干挺直、树形美观、长势良好、无病虫害的苗木；对于村庄外围河流，在不影响农田种植的条件下，可扦插种植树木幼苗，使其自然成林。

(2) 沟渠　沟渠是沉积面上的水流冲蚀痕迹，一般宽 0.5～2m，深 20～50cm。人工挖掘的供水、排水沟渠，分为水泥和泥土两种河床，其中水泥河床会阻碍水分渗透，破坏了生态环境，绿化时应加以生态恢复。对于较宽阔的沟渠，建设缓坡自然式河岸，堤坝上种植单一或骨干树种的林带，形成两岸碧树夹一水的景观模式；对于较窄的沟渠，在周围列植较低矮的果树，减少水分蒸发和水土流失，同时注意沟渠的疏通、垃圾的清理，保持水流通畅。

(3) 池塘湖泊　一般来说，湖泊面积较大，周围自然条件较好，通常不做人工绿化布置；对于人工砌筑驳岸的湖泊环境，以恢复利用，植树种草，如较好的村庄边缘环境，种植成排树木，在水中散置水生植物，体现乡村田园风光，绿化效果很好。

>>> 第十章 村镇道路绿化

　　道路是乡村建设的骨架，道路绿化是整个乡村绿地的重要组成部分，它将乡村分散的小型绿地联系在一起，即所谓绿化的点、线、面相结合，从而形成乡村的绿地系统。在道路上种植乔木、灌木、花卉、草皮形成的绿化带，可以遮阳，也可以延长路面的使用寿命，同时对车辆行驶所引起的灰尘、噪声和震动等能起到降低作用，另外还能调节气候、防风等，从而改善道路卫生条件，提高乡村交通与生活居住环境质量。道路绿地的布置水平，在一定程度上对体现整洁、宁静、文明、绿色、环保的乡村景观面貌有着重要的影响，对形成丰富的街景和优美的乡村景观、改善乡村环境起着重要作用。

　　目前，我国广大农村道路绿地率低，整体绿化水平不高。在某些乡村中，由于旧街过窄，人行道宽度还成问题，因此道路两旁主要以栽植行道树为主，绿化类型单一，形成"一条路，两行树"的格局（图10-1），并且行道树生长也不良，亟待改善。

图10-1　我国广大农村道路绿化"一条路，两行树"的格局（北京延庆某乡村道路）

一、村镇道路基本类型

村镇所辖地域范围内的道路按主要功能和使用特点划分为公路和村镇道路两类。

（一）公路

　　公路是村镇与城市之间、村镇与村镇之间的道路。公路按其使用任务、性质和交通量大小分为2类5个等级。2类指汽车专用公路与一般公路，5个等级指高速公路、一级公路、二级公路、三级公路及四级公路。汽车专用公路包括高速公路、一级公路及二级公路，一般公路包括二级公路、三级公路及四级公路。各级公路的技术特征见表 10-1。

表 10-1 各级公路的技术特征

(金兆森，2005，经整理)

公路分级		功　能	车道数	交通量（辆/年）	备　注
高速公路		专供汽车分道高速行驶并控制全部出入的公路	4～8	折合成小客车 25 000 辆以上	具有特别重要的政治、经济意义
一级公路		专供汽车分道快速行驶并部分控制出入的公路	4	折合成小客车 10 000～25 000 辆	联系重要的政治、经济中心
二级公路	汽车专用公路	专供汽车行驶的公路	2	折合成中型载重汽车 4 500～7 000 辆	联系政治、经济中心或矿区、港口、机场
	一般公路	运输量繁忙的城郊公路	2	折合成中型载重汽车 2 000～5 000 辆	联系政治、经济中心或矿区、港口、机场
三级公路		运输任务较大的一般公路	2	折合成中型载重汽车 2 000 辆以下	沟通县以上城市
四级公路		直接为农业运输服务的公路	1～2	折合成中型载重汽车 200 辆以下	沟通县、乡镇、村

公路的技术标准是确保该公路达到相应等级的具体指标，不同等级公路能够容许车辆行驶的数量、速度、载质量亦不相同。其主要技术指标，按《公路工程技术标准》（JTJ01—88）的规定执行（表 10-2）。

表 10-2 各级公路主要技术指标

(金兆森，2005，经整理)

公路等级	汽车专用公路						一般公路					
	高速公路			一级		二级		二级		三级		四级
地形	平原微丘	重丘	山岭	平原微丘	山岭重丘	平原微丘	山岭重丘	平原微丘	山岭重丘	平原微丘	山岭重丘	平原微丘	山岭重丘
行车速度 (km/h)	120	100	80	60	100	60	80	40	80	40	60	30	40	20
行车道宽度 (m)	2×7.5	2×7.5	2×7.5	2×7.0	2×7.5	2×7.0	8.0	7.5	9.0	7.0	7.0	6.0	3.5
停车视距 (m)	210	160	110	75	160	75	110	40	110	40	75	30	40	20

以上 5 个等级的公路构成全国公路网，其中二级公路相互交叉，既有汽车专用公路，又有一般公路。

（二）村镇道路

村镇道路是村镇中各组成部分的联系网络，是村镇的"骨架"与"动脉"。根据村镇的层次与规模，村镇道路按使用任务、性质和交通量大小分为 3 级（表 10-3）。

表 10-3　村镇道路规划技术指标

（金兆森，2005，经整理）

规划技术指标	村镇道路级别		
	主干道	干道	支路
行车速度（km/h）	40	30	20
道路红线宽度（m）	24～40	16～24	10～14
车行道宽度（m）	14～24	10～24	6～7
每侧人行道宽度（m）	4～6	3～5	0～3
道路间距（m）	≥500	250～500	120～300

对村镇内部道路系统的规划，要根据村镇的层次与规模、当地经济特点、交通运输特点等综合考虑，一般可按表 10-4 的要求设置不同级别的道路。

表 10-4　村镇道路系统组成

（金兆森，2005，经整理）

村镇层次	规划规模分级	道路级别		
		主干道	干道	支路
镇区	特大、大型	●	●	●
	中型	○	●	●
	小型	—	●	●
村庄	特大、大型	—	○	●
	中型	—	○	●
	小型	—	—	●

注：●表示应设的级别，○表示可设的级别。

二、村镇道路绿化设计

关于公路绿化，我国有相关标准可以参照，此处只对村镇道路的绿化设计进行论述。

1. 道路横断面的基本形式　根据乡村道路交通组织特点的不同，道路横断面可分为一板两带式、两板三带式、三板四带式等不同形式。一板两带式就是在路中完全不设分隔带的车行道断面形式（图 10-2）；两板三带式就是在路中心设置分隔带将车行道一分为二，使对向行驶车流分开的断面形式（图 10-3）；三板四带式就是设置两条分隔带，将车行道一分为三，中央为机动车道，两侧为非机动车道的断面形式（图 10-4）。

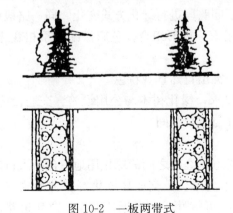

图 10-2　一板两带式

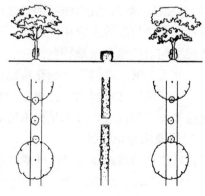

图 10-3　两板三带式

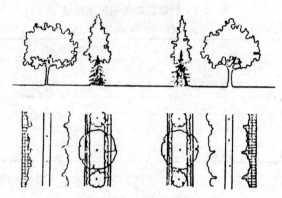

图 10-4 三板四带式

2. 村镇道路景观设计原则

（1）生态优先 以改善大气环境质量、保护生态环境资源、提高生活环境水平为目标，在降低交通能耗、减少尾气污染的同时，将道路绿化与地域自然风貌、历史、文化相结合，运用美学原理、科学设计，实现生态、景观、休憩等多功能的协调发展，提供健康、安全、舒适的出行空间。

（2）以人为本 做到乔、灌、花、草相结合，形成赏心悦目的村镇街景；同时要符合安全行车视线、安全行车净空和行人安全通行的要求。

（3）因地制宜 植物种植应适地适树，坚持乡土树种优先，适当利用引种栽培成功的新品种，丰富树种，科学配置。土壤和土层厚度必须满足植物正常生长需求，对不适宜的土壤改良后进行绿化。

（4）注重文化性和城镇特色 每个村镇都具有独特的地域文化和地方特色，在现代化的道路绿化设计中，应充分挖掘村镇特有的历史文化和地域特征，并将其融入绿化设计中，用植物景观展示物质世界和文化世界的多彩多姿。

（5）资源节约 遵循节地、节水、节能理念，推广使用微喷、滴灌、渗灌，再生水利用和雨水收集利用等节水技术，降低养护成本，提高绿化效能，建设节约型园林。

另外，乡镇道路绿化景观设计还应符合以下规定：

①在乡镇绿地系统规划中，应当确定园林景观路与主干路的绿化景观特色。园林景观道路应配置观赏价值高、有地方特色的植物和园林小品，主干路充分体现园林绿化景观风貌。

②同一道路的绿化宜有统一的景观风格，可在不同路段进行绿化方式变化。同一路段的各类绿带，在植物配置上应相互配合，并协调空间层次、树形组合、色彩搭配和季相变化，充分体现不同道路绿化景观特色。

③毗邻山、河、湖的道路绿化应结合自然环境，突出自然景观特色。

④道路绿化设计应当保证行车视线和行车净空要求，绿化树木与公用设施、交通设施、市政设施等要统筹设置，以满足树木需要的占地条件与生长空间。

3. 村镇道路绿化设计

（1）村镇道路绿地组成及绿地率 道路绿地是指道路红线之间的绿化用地，包括人行道绿化带、分车绿带、路侧绿带、街头休息绿地、停车场绿化、交通岛绿化等多种形式（图10-5、图10-6）。结合我国村镇用地实际及加强绿化的可能性，一般近期新建、改建道路的绿地所占比例宜为15%～25%，远期至少应在20%～30%。

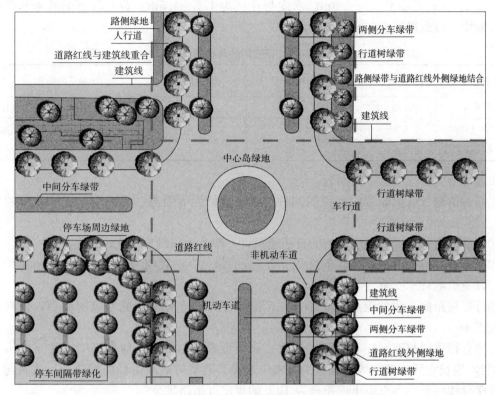

图10-5 道路绿地组成平面示意图

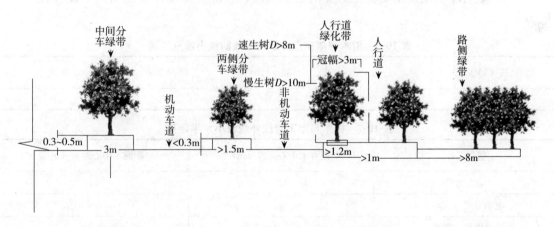

图10-6 道路绿化布置剖面示意图

(2) 人行道绿化带 人行道绿化可以根据规划横断面的用地宽度布置单行或双行行道树。行道树布置在人行道外侧的圆形或方形（也有用长方形）穴内，方形坑的尺寸不小于1.5m×1.5m，圆形直径不小于1.5m，以满足树木生长的需要。种植土表面高度宜比人行道低5～10cm，以利于地面水直接流入树穴，树穴内可栽植地被植物、铺填透水透气材料或用硬质材料透气格栅遮盖，不得黄土裸露。

种植行道树所需的宽度：单行乔木宽1.25～2.0m；两行乔木并列时宽2.5m～5.0m，

错列时宽 2.0~4.0m（表 10-5）。对建筑物前的绿地所需最小宽度：高灌木丛为 1.2m；中灌木丛为 1.0m；低灌木丛为 0.8m；草皮与花丛为 1.0~1.5m。若在较宽的灌木丛中种植乔木，能使人行道得到良好的绿色覆盖。

表 10-5　行道树的栽植方式

栽植方式	栽植带宽度（m）	行距（m）	株距（m）	采用的场合
单行乔木	1.25~2.0	—	3~6	街道旁建筑物与车行道距离接近
两行乔木（并列）	2.5~5.0	>2	4~6	街道旁建筑物与车行道间距不小于 8m
两行乔木（品字形）	2.0~4.0	>2	4~6	

布置行道树还应注意下列问题：

①同一道路行道树绿带应当按照同种树、同规格、等距离、无障碍、连续栽植的原则栽植。

②行道树应不妨碍街侧建筑物的日照通风，一般乔木以距房屋 5m 为宜。

③在弯道上或交叉口处不能布置高于 0.7m 的绿丛，必须使树木在视距三角形范围之外中断，以免影响行车安全。

④行道树距侧石线的距离应不小于 0.75m，便于汽车停靠，并须及时修剪，使其分枝高度大于 4m。

⑤注意行道树与架空杆线之间的干扰。必须设置架空线时，应保证架空线下有不小于 9m 的树木生长空间。架空线下配置的乔木应选择开放型树冠或耐修剪的树种。树木与架空电力线路导线的最小垂直距离应符合表 10-6 的规定（道路规范）。

⑥树木与各项公用设施要保证必要的安全间距，宜统一安排，避免相互干扰（表 10-7、表 10-8）。

表 10-6　树木与架空电力线路导线的最小垂直距离

电压（kV）	1~10	35~110	154~220	330
最小距离（m）	1.5	3.0	3.5	4.5

表 10-7　树木与地下管线外缘最小水平距离

管线名称	距乔木中心距离（m）	距灌木中心距离（m）
电力电缆	1.0	1.0
电信电缆（直埋）	1.0	1.0
电信电缆（管道）	1.5	1.0
给水管道	1.5	—
雨水管道	1.5	—
污水管道	1.5	—
燃气管道	1.2	1.2
热力管道	1.5	1.5
排水盲沟	1.0	—

表 10-8　树木与其他设施最小水平距离

设施名称	至乔木中心距离（m）	至灌木中心距离（m）
有窗建筑物外墙	3.0	1.5
无窗建筑物外墙	2.0	1.5
低于 2m 的围墙	1.0	—
挡土墙	1.0	—
路灯杆柱	2.0	—
电力、电线杆柱	1.5	—
消防龙头	1.5	2.0
测量水准点	2.0	2.0

由于行道树长期生长在路旁，下部根系受到路面和建筑物的限制，上部树冠又不断受到尘土和有害气体的危害，因此必须选择那些抗粉尘和有害气体、树干直立、树型好、冠大荫浓、分蘖性好、寿命长、耐修剪、病虫害少、移栽成活率高、落叶期短的树种，最好不要选用那些有落花、落果、飞毛的树种。较窄的街道则可选择冠小的树种，在高压电线下应选用树干矮、树枝开展的树种，南方可选用四季常青、花果兼美的树种。常用的街道绿化树种有国槐、银杏、悬铃木、毛白杨、柳树、栾树、白蜡、香樟、棕榈、梧桐等。花灌木应选择花繁叶茂、花期长、生长健壮和便于管理的品种；地被植物和观叶灌木应当选择适应性强、萌蘖力强、枝繁叶密、耐修剪的品种。

(3) 分车绿带　分车带是组织车辆分向、分流的重要交通设施，但它与路面画线标志不同，在横断面中占有一定宽度，是多功能的交通设施，为绿化植树、行人过街停歇、照明杆柱、公共车辆停靠等提供用地。上、下行机动车道之间的分车绿带为中间分车绿带，机动车道与非机动车道之间或同方向机动车之间的为两侧分车绿带。

分车带分为活动式和固定式两种。活动式分车带是用混凝土墩、石墩或铁墩做成的，墩与墩之间用铁链或钢管相连。其优点是可以根据交通组织变动灵活调整。国内村镇的一块板式干道和繁忙的商业大街，路幅宽度不足，为了保证交通安全和解决机动车、非机动车和行人混行而发生阻滞，大多采用活动式分车带，借此来分隔机动车道和非机动车道以及人行道。固定式分车带一般是用侧石围护成连续性的绿化带。

分车绿带植物配置应形式简洁、色彩协调，根据道路长度，可设置两个或两个以上不同绿化形式、不同色彩的长度单元，交替演变，呈现沿途绿化景观的节奏和韵律。

分车带的宽度宜与街道各组成部分的宽度比例协调，最窄为 1.2~1.5m。若兼做公共交通车辆停靠站或停放自行车用的分流分车带，不宜小于 2m。除了为远期拓宽预留用地的分车带外，一般其宽度不宜大于 4.5~6m。

分车带宜在重要的公共建筑、支路和街坊路出入口，以及在人行横道处中断，通常以 80~150m 为宜，其最短长度不小于一个停车视距。采用较长的分车带可避免自行车任意穿行进入机动车道，以保证分流行车的安全。遇人行横道或道路出入口断开的地方，其端部应当采取通透式植物配置。

分车带较宽时，其绿化配置宜采用高大直立乔木为主。分车带较窄时，限用小树冠的常绿树，地面栽植草皮，逢节日以盆花点缀；或采用高灌木配以花卉、草皮并围以绿篱。

(4) 交叉口绿化 为了保证行车安全，在进入道路的交叉口时，必须在道路转角空出一定的距离，使司机在这段距离内能看到对面开来的车辆，并有充分的刹车和停车的时间而不致发生撞车。这种从发觉对方汽车立即刹车而刚够停车的距离，就称为安全视距。根据两条相交道路的两个最短视距，可在交叉口平面图上绘出一个三角形，称为视距三角形（图10-7）。在此三角形内不能有建筑物、构筑物、树木等遮挡司机视线的地面物。在布置植物时其高度不得超过0.65～0.70m高，或者在三角视距之内不要布置任何植物。

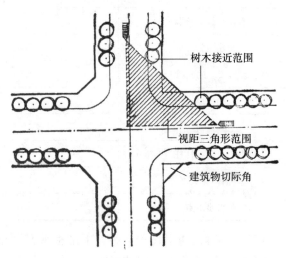

图10-7 视距三角形示意图

视距的大小，随着道路允许的行驶速度、道路的坡度、路面质量情况而定，一般采用30～35m的安全视距为宜。行道树与道路交叉口的最小距离可参考表10-9的要求。

表10-9 行道树与道路交叉口的最小距离

交叉口类型	植树区（m）
机动车交叉口（行车速度≤40km/h）	30
机动车与非机动车道交叉口	10
机动车道与铁路交叉口	50（距铁路） 8（距机动车道）

(5) 路侧绿带 路侧绿带是指在道路侧方，布设在人行道边缘至道路红线之间的绿带。路侧绿带宜结合路边现状环境、可利用的绿地宽度进行布置。当宽度大于8m时，可设计成开放式绿地，但绿化面积不得小于该段绿带总面积的65%。

道路两侧建筑物，在不影响行人行走和阻挡建筑物门窗的前提下，宜采用组合花坛形式。在屋边、墙角栽植耐阴和半耐阴的灌木、花卉及地被植物；道路两侧为护坡、挡墙，应当采用栽植灌木、树墙或攀缘植物等绿化形式（图10-8、图10-9、图10-10）；道路两侧为居民区等具备开放性的单位，不宜设置围墙，应当使其内部绿化与道路绿化融为一体；有安全管理需要的学校等单位宜采用通透式围墙，并栽植灌木或攀缘植物；村镇道路外侧的自然山体、水体和林地，应结合自然环境，突出自然景观特色。

(6) 街头休息绿地 村镇街道还可以因地制宜地布置街头绿化和街心花园。根据街道两旁面积大小、周围建筑物情况、地形条件的不同进行灵活布置、规划。如交通量大且面积很小的空间，可以适当种植灌木、花卉，设立雕塑或广告栏等其他小品，形成封闭的装饰绿地。如空间较大，可以栽植乔木，配以灌木或草坪，形成林荫道或小花园，供游人休息散步。

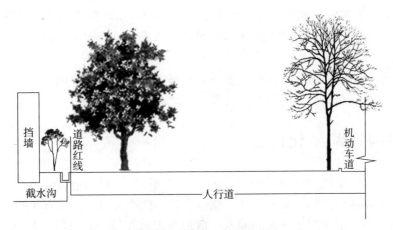

图 10-8 道路红线范围外挡墙绿化剖面示意图
(湖南省住房和城乡建设厅，2012)

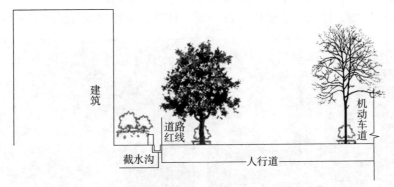

图 10-9 道路红线范围外建筑物绿化剖面示意图
(湖南省住房和城乡建设厅，2012)

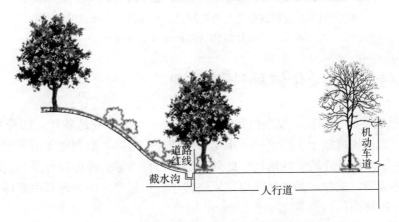

图 10-10 道路红线范围外坡地绿化剖面示意图
(湖南省住房和城乡建设厅，2012)

(7) 停车场绿化 停车场应当栽植冠大荫浓、分枝点高的乔木，载货汽车停车场乔木分枝点高度应大于 4.5m，中型汽车停车场乔木分枝点高度应大于 3.5m，小型汽车停车场乔木分枝点高度应大于 2.5m，摩托车、自行车停车场乔木分枝点高度应大于 2m，株距以 6〜

9m 为宜。乔木种植穴的宽度和深度不得小于 1.5m×1.5m，种植穴宜设置缘石，以防车辆冲撞。地面铺装宜采用透水、透气结构的材料，在不影响车辆承重的前提下，应当采用绿色植物结合承重格铺装。

在进行街道绿化规划时，要注意街道绿化与其他绿化之间的协调和联系，通过街道绿化将所有的绿地有机联系起来，形成整个村镇的绿地系统。

三、村内道路绿化设计

村内道路一般较窄，并且与村民的生活空间更加贴近，村内道路常常是人们日常交往的场所。绿化除了要达到乔木、灌木、花草错落有致，四季常绿、三季有花的标准外，绿化植物还应该多选择那些适应当地气候的灌木、宿根花卉以及具有乡村特色的蔬菜瓜果（图 10-11）。使绿化不仅起到遮阴、美化的功能，而且与庭院绿化互相渗透，扩大绿色空间，并且为村民提供交往空间。如厦门市同安区西塘村村庄道路绿化，在村主、次干道两侧种植芒果、天竺桂、巨尾桉、桂花等，形成一路一景、具有亲切感和场所感的道路绿化空间。

图 10-11　村庄道路绿化与庭院绿化互相渗透，选择宿根花卉和
蔬菜瓜果进行绿化（北京延庆古城村）

四、村镇道路绿化树种选择原则

1. 适地适树，因地制宜　根据村镇不同的土壤、水肥等立地条件，选择适合不同土质生长的树种。如杨树可栽于土壤疏松、水肥条件较好的地区，而刺槐等耐旱耐瘠薄的树种可栽于土壤黏重、水肥条件较差的地区。此外，选择树种要综合考虑树种是否适应当地的气候环境等，且易成活、成材，又能反映地方风格特色。根据当地的地理和生态环境条件，应选择稳定性好、抗性强的树种。

2. 速生树种与慢生树种相结合　速生树种的优点是早期绿化效果好、易成荫，缺点是部分速生树种寿命较短，若仅种植速生树种会导致绿化效果差。慢生树种虽然绿化效果表现得较慢，但是其寿命长，能更持久地维持绿化效果。因此，绿化时要采取以速生树种为主、慢生树种为辅的绿化模式，同时要逐渐远近结合，有计划、分期分批地用慢生树种替换速生树种，这样才能使绿化景观效果长久。例如悬铃木、泡桐、臭椿等速生树种生长到一定时期后易于衰老，影响绿化效果。因此在速生树种中栽植银杏、桂花、塔柏、龙爪槐等一些长寿树种，使速生树种淘汰后，长寿树种发挥绿化效果。

3. 坚持生态效益、经济效益、社会效益有机统一 乡村道路绿化树种选择要综合考虑绿化效果和经济效益。在适地适树的基础上选择杨树、泡桐、水杉、刺槐、白榆、国槐、七叶树、楸树等速生用材树种，或银杏、辛夷、板栗、柿子、大枣、油桐、杜仲、核桃等经济树种，既能起到绿化美化作用，又能获得用材、果实、油料、药材或香料等副产品，可增加经济效益，一举多得。特别是乡村机耕道路沿线长、量多，更应考虑其经济效益。

4. 生物多样性 乡村道路绿化同样要考虑生物多样性的原则。切忌树种过分单一化，如在同一个地方全部栽植同一种树，既不美观，也不利于病虫害防治，因病虫害可沿着公路迅速传播蔓延。如近几年江苏省苏北地区村镇道路的杨树，大面积发生美国白蛾危害，如果树种多样化就不会如此大面积发病，相对损失也会较小。

我国许多村镇根据所处地区的地域特征、自然环境、植物资源等特点，制定了村镇道路绿化植物配置模式（表10-10）。

表10-10 浙江省道路绿化植物配置模式

功能类型或绿化方式	主要配置模式	模式特点及说明	适用范围
乔灌型	①杜英（香樟）、珊瑚树（大叶黄杨、海桐）；②乳源木莲（乐昌含笑）、红叶石楠（红花檵木、火棘、金叶女贞）；③光叶榉（香椿、黄山栾树）、珊瑚树（大叶黄杨、海桐）；④鹅掌楸、无患子、红叶石楠（火棘）、金叶女贞；⑤杜英（香樟）、玉兰（无患子）、珊瑚树（大叶黄杨、海桐）；⑥普陀樟（香樟）、海桐；⑦黄连木（无患子）、火棘（红叶石楠）	模式①③植物配置较经济，实用性强；模式②绿化档次较高，选用彩叶灌木观赏性强；模式④选用的乔木、灌木均为观赏树种，观赏效果好；模式⑤为常绿落叶乔灌模式，常绿与落叶树种可间隔1株或2株栽种	模式①⑤适用于山区、半山区；③④⑦适用于平原、海岛村；⑥适用于海岛村
小乔灌型	①厚皮香、铁冬青、女贞；②柳、珊瑚树（大叶黄杨、海桐）；③玉兰（红叶李、石榴）、金叶女贞（火棘、红叶石楠）；④桂花、金叶女贞（火棘、红叶石楠）	选用小乔木，适宜空间窄小的道路两侧绿化。模式①②绿化树种较普通，养护方便，实用性强；模式③④观赏价值高，可观叶、观花、观果	模式①②适用于山区、半山区及海岛村；③④适用于平原及城郊村
灌木型	绿篱型绿化：①小蜡（小檗）、火棘；②珊瑚树、椤木石楠。球状型绿化：③大叶黄杨、海桐；④金叶女贞、火棘（红叶石楠、红花檵木）	适用于村庄内空间窄小道路两侧绿化。绿篱型绿化修剪等养护方便；球状型栽植绿化种类、色彩、高低、种植可自由搭配，错落有致，艺术性强	各类型村庄均适用

>>> 第十一章 村镇附属绿地规划

一、村镇附属绿地规划的意义与作用

(一) 村镇附属绿地规划概述

村镇附属绿地是相对于城市附属绿地而言,指村镇中分散附属于各单位公共建筑庭院,以改善和美化人工建筑环境为主要功能,不对公众开放的绿地。村镇企事业单位包括村镇政府机关在内的管理机构、文化展览及科技机构、银行、信用、保险机构、医疗卫生机构、中小学校、幼儿园及各类乡镇生产企业,是村镇用地的重要组成部分。乡村文化教育、医疗卫生事业的发展和乡镇企业规模的壮大带来了村镇企事业单位用地的增长,单位内附属绿地的比例在村镇绿地中也越来越大,在改善农村落后面貌、绿化美化农民家园、创造舒适优美的农村人居环境等方面发挥着不可替代的重要作用。

环境建设是社会主义新农村建设的重要组成方面,对于村镇企事业单位来说,优美的绿化环境不仅可以反映单位的精神面貌,成为单位对外展示的窗口,同时,还可以有效降低环境污染,维护农村良好的生态环境。村镇的机关、学校、幼儿园、工厂企业等都有大小不等的庭院,庭院绿化在村镇绿化中占有相当大的比重,是村镇基础绿化中的重要组成部分。庭院内可以沿建筑基础、庭院四周及外围、内部道路两旁、建筑前用地种植乔灌木、草花、绿篱及草坪,合理布置花坛、喷水池、雕塑等景观小品,起到美化环境和安全防护的作用。有条件的单位还可以在内部设置休闲绿地,安排一定的休息设施和景观小品,有效改善单位的环境条件并可满足内部人员的使用需求。

在社会主义新农村建设过程中,村镇企事业单位的绿化水平得到了有效的提高。有些地区制定了绿化标准和管理条例,在农村开展花园式单位评比工作,如对各单位绿地率的要求、树种选择和植物搭配的要求、栽植技术的要求、企业外围林带建设的要求等。标准的细化、量化使得村镇企事业单位在绿化工作中有章可依、有的放矢,在充分挖掘内部潜力、"见缝插绿"、灵活运用绿化布置手法等方面,都取得了较好的效果。

但是,村镇企事业单位绿化工作也存在着一定的问题,地区间发展不够平衡。有的单位盲目绿化,树种选择不当,配置不合理,违背植物的生态习性;有的单位盲目堆砌景观小品、假山、雕塑,结果花钱不少而效果不好。因此,需要在广大乡村大力普及园林绿化的理论知识和技术要求,使村镇机关企业领导和技术人员了解村镇各类单位绿化的特点、原则、要求和方法,解决村镇企事业单位绿化在实际工作中出现的问题,以适应乡村绿化发展的需要。

(二) 村镇企事业单位绿化的意义

当前,建设社会主义新农村已经成为我国社会主义现代化进程中面临的重大历史任务,中央明确指出,在建设社会主义新农村的进程中,要加强农村基础设施建设和生态环境的保护,在这样的新形势下,乡镇企事业单位的绿化工作必将得到进一步的重视和发展。同时,随着农村经济的发展,人们的生活水平和环境意识不断提高,广大农民对身边环境的要求也越来越高,这也将促进村镇企事业单位绿化的水平不断提高。

搞好村镇企事业单位绿化,对于改变农村落后面貌、保护环境、减少污染、改善工农业生产条件、提高群众的生活水平、逐步缩小城乡差距等方面具有十分重要的意义,同时,还可以在村镇绿化工作中起到良好的示范和推进作用。可以说,村镇企事业单位绿化的好与坏,直接关系到村镇绿化的整体水平。目前,我国村镇企事业单位绿化地区间的发展还不够均衡,总体绿化水平有待进一步提高。因此,有必要提高对村镇企事业单位绿化重要性和地位的认识,进一步加强村镇企事业单位的环境绿化,为工作生产创造舒适优美的环境。

(三) 村镇企事业单位绿化的功能与作用

1. 保护环境、防止污染 乡镇企业的快速发展壮大在繁荣农村经济、吸纳农村富余劳动力、促进农村精神文明建设等方面发挥了巨大的作用,但与此同时,也带来了负面影响,对农村环境造成污染。一些乡镇工业企业在生产过程中,向外排放粉尘、有害气体、污水和废物,并产生噪声,给空气、土壤、水源带来严重的污染,对周边农村居民的身体健康造成威胁。植物绿化可以有效缓解企业生产过程中有害物质对环境造成的破坏,在吸收大气中的有毒有害物质、滞尘、过滤、消除异味、降低噪声、隔离防疫等方面具有良好的作用。

(1) 吸收有害气体,净化空气 已经有许多测定和研究表明,植物可以吸收大气中的二氧化硫、氟化物、氯气、氮、臭氧等有害气体。根据测定,臭椿、白蜡、女贞、柿树、构树、梧桐、大叶黄杨、水杉、木瓜、重阳木、夹竹桃等植物具有较强的吸收二氧化硫的能力,云杉、柳杉、龙柏、樟树、香椿、国槐、泡桐、毛白杨等具有中等吸收二氧化硫的能力。滇杨、桑树、垂柳、刺槐、银杏、侧柏等具有较强的吸氟能力。一些植物还对氯气具有较强的吸收和积累能力,如柽柳、女贞、滇朴、君迁子等。

植物在进行光合作用的时候,吸收二氧化碳,释放氧气,所以,绿色植物也是制造氧气的工厂,可以保持大气中氧气和二氧化碳正常含量,达到净化空气的作用。

(2) 吸滞粉尘,过滤空气 植物对于粉尘、烟灰具有明显的阻挡、过滤和吸滞作用,植物的减尘效果与林带结构和季节的关系非常密切,林带宽、密度大,则减尘效果好;夏秋季植物叶量大,减尘效果要好于冬春季。滞尘效果强的树种包括侧柏、广玉兰、构树、刺槐、榆树、栾树、梧桐、臭椿、朴树、悬铃木、丁香等。

(3) 降低噪声 一些企业在生产过程中会产生噪声,噪声对人体的危害是持久的。植物的减消噪声作用非常明显,树冠高、林带宽、结构紧密的绿化带具有较好的减噪效果,据测定,即使是6m宽的林带也具有一定的减噪效果。产生噪声污染的企业,应当积极通过植物绿化来减轻噪声对周围生活环境产生的影响。

(4) 卫生防护、隔离 许多植物能够分泌具有挥发性的杀菌素,如白皮松、桧柏、黄连木、银杏、榆树、杨树、悬铃木、臭椿等,可以杀灭空气中的细菌。医疗卫生机构、饲养场和兽医站等单位应当充分利用植物的这一特性，降低单位内空气中的含菌量，减轻异味，过滤空气。饲养场和兽医站外围还应种植一定宽度的隔离林带，防止人畜往来，减少疫病的传播机会。在产生污染的企业外围应种植围厂隔离林带，有效降低污染、保护环境。

  2. **促进乡村整体生态环境的改善**　村镇企事业单位绿化呈点状分布于村镇的绿化大环境中，在村镇绿地系统中占有一定的比例。搞好机关企事业单位的绿化工作，可以提高村镇整体绿地率指标，促进村镇的绿化美化工作，改善整体环境质量。植物对生境的改善作用是明显的，植物的叶面在蒸腾作用时会吸收热量，同时，植物通过遮阴，可以减少太阳光照辐射，使绿化环境中的气温比空旷地低，空气清新湿润，可以形成舒适宜人的小气候条件。作为村镇整体绿化的一部分，村镇企事业单位绿化对于乡村整体生态环境的改善作用不可或缺。

  3. **美化环境、提升单位的精神风貌**　单位绿化可以从侧面反映一个单位的精神面貌，合理利用企事业单位的用地进行绿化美化，不仅可以为本单位创造优美的工作、学习环境，对提升乡村的整体环境品质也可以发挥重要的作用。单位绿化可以充分利用植物的姿态、颜色等生物学观赏特性，形成乔木、灌木、花卉、草坪合理搭配，绿树成荫、花团锦簇、姿态优美、层次丰富、色彩斑斓的景观，给人以丰富的美感。优美的绿化环境能够很好地衬托建筑，使单位充满活力与生机，因此，单位绿化对提升单位精神风貌的价值是不可低估的。

  4. **促进生产，保证产品质量**　绿化可以改善单位内部的气候效应，单位内部良好的生态环境效应是产品质量的充分保障。有些单位的产品性质和生产工艺过程对环境有特殊的要求，如食品饮料生产加工企业、仪器仪表生产企业等，要求单位具有较高的绿化率，空气洁净，以保证产品质量。对于污染严重的乡镇工业企业来说，良好的厂区绿化则可以有效降低污染，改善生产环境，绿化促进生产，生产反过来又可以带动环境改造。

  因此，绿化对于乡镇工业生产企业单位来说，对工作、生产的促进作用，以及对产品质量的保证方面效果是显著的，是经济价值的体现。

  5. **提高身心健康水平**　村镇企事业单位绿化在提高职工身心健康水平方面的作用是显而易见的。植物在降温、增湿、杀菌、滞尘、减噪、净化空气等方面的综合作用，会使置身于绿色环境中的人感到凉爽、湿润、清洁、安静、舒适、愉悦。好的环境给人以好的心理影响，舒适优美的绿化环境不仅有助于身体健康，还可以愉悦身心，使人们的神经系统得到放松，身心得到调整，心理感觉安静和谐，从而以充沛的精力投入到工作劳动中。

二、村镇企事业单位绿地的类型与特点

（一）村镇企事业单位绿地的类型

  村镇企事业单位绿地附属于各单位，在村镇绿地系统中属于单位附属绿地。根据村镇企事业单位性质的不同，绿地可分为以下几种类型：

  1. **机关单位绿地**　包括政府机关、金融保险、文化科技、信用、展览等单位的绿化用地。

  2. **医疗卫生单位绿地**　包括医疗、休养和疗养、防疫、保健、敬老院等单位内的绿化用地。

  3. **学校、幼儿园绿地**　包括中学、小学、幼儿园、托儿所单位内的绿化用地。

4. **工业企业单位绿地**　主要指从事工业生产的企业单位内的绿化用地。
5. **其他单位绿地**　包括店铺、农机站、饲养场、兽医站、仓库等单位内的绿化用地。

（二）村镇企事业单位绿化的特点

村镇企事业单位绿化有其特殊的一面，综合来说，包括以下特点：

1. **单位性质决定绿化要求**　单位的性质、类型不同，绿化要求也不相同。如绿地率的要求、树种要求、规划设计方法等都是由所属单位的性质决定的，这是村镇企事业单位绿化的主要特点。

总体来说，政府机关、金融保险、文化科技等单位在性质上属于村镇的重点单位，绿化强调观赏性与环境效益，风格要求简洁、整齐。单位绿地应该更好地衬托单位形象，与建筑融为一体，创造优美和谐的办公环境。

医院、休疗养院等单位应具有较高比例的绿化用地，绿化风格应亲切宜人，充分发挥植物在净化空气、调节小气候、杀菌降尘等方面的作用，为广大病员和家属、医护人员提供清新优美的就医、休疗养及办公环境。有条件的医院、休疗养院等单位绿地内还应设置一定的休息设施，在植物选择方面，应选择杀菌能力强、无飞絮的植物种类。

中小学校、幼儿园等单位绿化风格应亲切活泼，强调植物的四季景观效果。植物应选择无毒、无刺、无味、无飞絮、观赏性强的品种。

一些工业企业的绿化更多的是环境防护的要求，强调绿化的防护和净化功能，同时要考虑工人的身心健康需求和一些企业产品质量方面的特殊要求。

2. **绿化用地紧凑有限**　一般来说，村镇企事业单位建筑占地比例较大，用地紧凑，可供绿化的用地较少，且较为零碎。因此，应当充分、合理地利用单位空地，争取绿化用地，"见缝插绿"，巧妙安排，并大力发展垂直绿化，提高单位内总绿量。

3. **植物生长条件不佳**　村镇企事业单位内可供绿化的用地大都处于边角，地上地下有管道、线路的限制，一些工矿企业在生产过程中还会产生有害气体、粉尘、烟尘、污水、废渣，使植物生长发育的大气环境和土壤条件变差，对植物生长造成一定的限制。因此，应当尽量选择耐贫瘠、抗性强的植物种类，以适应村镇企事业单位的环境特点。

三、村镇企事业单位绿化的基本原则

1. **绿化应符合单位性质的要求**　村镇企事业单位绿化必须满足不同单位的性质特点和使用要求，如机关单位观赏性和对外展示的要求，医院、休疗养院空气净化和病员、家属的使用要求，学校、幼儿园环境氛围的要求，工业企业环境质量、工人身心健康和产品质量的特殊要求等。因此，村镇企事业单位绿化应根据单位的性质、特点、规模、环境条件和使用对象的不同，合理进行绿地布局，有针对性地选择植物进行搭配，形成符合单位性质的绿化环境。

2. **以植物绿化为主，体现生态效益**　村镇企事业单位内绿化面积有限，应当以植物绿化为主美化单位环境，避免不当堆砌硬质景观小品，减少不必要的浪费。植物材料能够创造环境优美、景色迷人、健康卫生的环境空间，一株植物从春季到冬季，从幼年到成年，在其不同的生长阶段会具有迥异的形态和特征，植物在美学方面的功能和作用是其他材料无法替代的。许多植物都具有很高的观赏价值，观花、观叶、观果或观其姿态，有些植物具有芬芳的气味,因此合理地应用乔灌木、花、草、藤进行巧妙的搭配,就能在美化单位环境、衬托建筑等方面起到突出的作用。同时,以植物绿化为主美化单位环境,也符合单位的生态效益和经济效益。在北方,可以形成"三季有花、四季常青"的景观;在南方,温暖湿润的气候条件为植物的生长提供了更为有利的条件,一年四季均可形成绿树成荫、蓊郁葱茏、景色优美的植物景观。

3. 挖潜增绿,提高绿地率 单位绿地面积的大小直接影响到环境质量和绿化功能的发挥,虽然村镇企事业单位内绿化用地有限,但仍有潜力可挖,应当想方设法利用各种途径充分挖掘潜力,如建筑和院墙的基础绿化,利用建筑墙体和围墙进行垂直绿化、屋顶绿化,还有院墙外围等可以利用的地方都可以进行绿化,最大限度地增加绿地面积,提高绿化覆盖率和绿量。

4. 普遍绿化,突出重点 村镇企事业单位绿化应当做到合理布局,统一规划设计,在全面绿化的基础上重点突出,特色鲜明。

单位的入口区、办公楼前、厂前区是各单位的重点区域,也是对单位形成第一印象的区域,应当精细绿化,重点处理。重点绿化区域和其他绿化区域在绿化风格上要有很好的衔接,主次分明,以更好地展示单位的形象。

四、村镇企事业单位绿地规划设计依据与指标

村镇企事业单位的环境绿化水平不仅体现了一个单位的精神风貌,同时也代表着当地村镇的经济发展和建设水平,应根据各单位的性质和具体情况,按照适用、美观、经济的原则,做到小而精,避免简单低俗、千篇一律和形式主义,从有利于环境美化、净化的角度出发,有利于人们身心健康和产品质量的角度出发,因地制宜,以人为本,以植物绿化为主,实现单位环境的优美、净化、和谐。

(一)设计依据

(1)单位性质及总体规划设计要求 环境绿化是单位总体规划的一部分,因此,单位性质和总体规划的原则、要求是绿地规划设计的基本依据。

(2)周边用地情况 村镇企事业单位周边有可能是公路、街道、其他单位、民宅、农田、林地等不同性质的用地,应当根据具体情况确定单位绿化布局、风格以及功能上的要求,因此,周边相邻用地的性质也是规划设计的依据之一。

(3)单位院内设施管网情况 单位院内地上、地下设施和管网对植物均有安全距离的要求,应根据相关规定进行绿化种植,保证设施和管网的正常使用和运行。

(4)气候条件和环境状况 当地的气候条件、土壤、环境以及苗木市场状况直接影响到植物的选择和应用,应当依据上述条件,选择适宜生长的植物种类。

(5)地方农村绿化建设相关条例及管理办法 各地农村绿化建设条例及管理办法中对企事业单位绿化的各项规定要求,应当成为各地村镇企事业单位绿化的依据。

(二)相关指标

1. 绿地率 目前,我国对村镇企事业单位的绿地率指标尚无明确规定,实际工作中,

可以参照城市单位附属绿地率指标。《城市绿化规划建设指标的规定》（建城〔1993〕784号）对城市各类单位附属绿地率指标有明确规定（表11-1）。

表 11-1 单位附属绿地率指标

用地类别		绿地率（%）
行政办公用地		≥35
商业金融业用地		≥20
医疗卫生用地		≥35
教育、科研、文化、体育设施用地		≥35
工业用地	一类	≥20
	二类	≥25
	三类	≥30
仓储用地		≥20
市政公用设施用地		≥30
对外交通用地		≥20
特殊用地		≥35

根据上述规定，可以制定村镇企事业单位绿地率指标：

①机关单位、学校、幼儿园绿地率应达到35%以上。

②医院、休疗养院等医疗卫生单位绿地率应达到35%以上。

③所有工业企业的办公区绿地率均应达到30%以上，生产区可以根据企业规模、产品性质和生产流程确定不同的标准，绿地率指标应不低于20%，生产食品、饮料、仪器仪表的工业企业全厂绿地率应达到30%以上。

④店铺、站场、仓库等其他单位绿地率应达到20%以上。

2. 绿化覆盖率　绿化覆盖率略高于绿地率。单位绿化覆盖率指标高，说明绿地内冠幅较大的乔、灌木应用较多，有利于绿地发挥生态效益。

五、村镇企事业单位绿地规划设计要点

（一）机关单位绿地

机关单位绿地包括政府机关、金融保险、文化科技、信用、展览等单位的绿化用地（图11-1），该类单位的绿地率应大于20%，其中，政府机关、文化科技类单位的绿地率应达到35%以上。

机关单位绿地一般包括：单位入口绿地、办公楼前绿地、庭院绿地（观赏或休闲）、道路绿地和院墙基础绿化绿地。除上述五类绿地外，有些单位的绿化还包括屋顶绿化、垂直绿化和立体绿化等内容。

1. 单位入口绿地　单位入口处由门房、大门、围墙和大门内外部分的绿地构成，既是来宾的首到之处，也是单位职工每天出入的必经之地，常给人形成第一印象。单位入口处一般绿地面积不大，但要重点处理，以体现单位的特色和风格（图11-2）。

图 11-1　机关单位绿地

图 11-2　单位入口绿地

　　入口处绿化应该与单位的总体布局统一，与建筑的形体、色彩协调，方便交通，同时与单位外的街道绿化及其他绿化相呼应，入口处绿化一般采用规则式或混合式布局，形成整齐美观、明快开朗的环境特征。无论南方北方，入口处绿地均应保证四季常青，至少一个季节有花观赏。大门的内外两侧宜选用树形整齐、姿态优美的小乔木，再配以修剪整齐的常绿灌木，以及色彩鲜艳的花灌木、宿根花卉。大门内入口对景位置上的绿地，可以设计雕塑、假山石、喷水池、组合花坛、景墙或植物群落，形成视觉中心。这个位置的绿地设计应注重艺术效果，使景观更富于艺术性和观赏性。大门内两侧的绿地边缘可采用修剪常绿绿篱、行列式种植的乔木、花灌木、渐次过渡到自然式种植的群落。

单位的围墙应采用通透式，以符合单位附属绿地开敞化的趋势，使单位绿地和周围环境相融合，并成为对外展示的窗口。围墙栏杆可运用藤本植物进行绿化，如藤本月季、地锦等。机关单位入口处在节日期间还可以摆设盆花以烘托节日气氛。

2. 办公楼前绿地　办公楼是单位的主要建筑，是一个单位的核心区域。其绿地布局要综合考虑建筑的平面布局、周围环境、地形、朝向、通行、停车等多种因素，形成整洁、安静、优美的办公环境，多为规则式布局。办公楼前绿地是沿主要建筑周围的绿化，条件好的单位包括办公楼前广场绿地。办公楼前绿地以植物绿化为主，植物种植设计时要注意两方面：一是树木与建筑墙体的最小距离，按照规定，乔木距楼房的最小水平距离要满足5.0m的要求，距平房2.0m。二是要满足室内通风和采光的要求，正立面窗前应以栽植装饰性强的低矮灌木和花卉为主，避免连排种植冠大荫浓的乔木，影响光线和通风（图11-3）。

图11-3　办公楼前绿地

建筑楼前小广场可以铺设草坪，给人以整齐、洁净、小巧精致之感，草坪中央设置花坛、花钵、山石或其他装饰物。

3. 庭院绿地　有些单位面积较大，建筑和围墙在单位内部能围合出较为集中的空地可供绿化，机关单位中的这类绿地称为内部庭院绿地。和单位内零散分布的其他绿地不同，内部庭院绿地一般具有一定的面积，可供观赏，愉悦身心，也可供单位职工和来宾短时休息、活动、交流，对改善单位内部环境质量和景观效果起到很大的作用（图11-4）。

图11-4　庭院绿地

庭院绿地尽量不要做成封闭式，应当根据场地特点和职工的需要、喜好，合理地安排进出口、小路、活动场地、景观小品和休息设施，既能看，又能用，最大限度地发挥庭院绿地的综合效益。

内部庭院绿地在设计上应有别于村镇的小公园、街心花园等公共绿地，形成具有本单位特点、特色鲜明的单位专用绿地。

4. 道路绿地 机关单位内道路绿地也是环境绿化的重要组成部分，道路绿地作为骨架和脉络，将单位内各部分绿地联系起来，形成单位内自成一体的绿化系统。机关单位内一般道路长度有限，且沿道路地上地下多布置管网设施，因此，道路绿化整体风格应整齐、精致，同时注意植物与设施和管网安全距离的要求，并满足机动车出行要求（图11-5）。

图11-5 道路绿地

道路绿地应选择树冠整齐、姿态优美、生长健壮、抗性强、耐修剪的乔木做道路绿化的骨架，如广玉兰、馒头柳、元宝枫、国槐、女贞、樟树等。乔木下间植花灌木、绿篱、花卉、地被、草坪，使道路绿化带景色优美、层次丰富，为单位增添美景。道路绿化带内应注意植物种类选择不宜过多，以免杂乱，贴近道牙的乔木要求一定高度的分枝点，保证侧枝不影响行人和车辆通行。乔木株距要考虑到树木成年后的冠幅，一般为4～8m。

5. 院墙基础绿化 机关单位内所有附属建筑物、四周院墙都应进行基础绿化，见缝插绿，以提高单位绿地率，并起到卫生防护和美化作用。

基础绿化绿地要满足建筑的使用功能要求，在有限的用地内合理安排低矮花灌木、绿篱、花卉、草坪，并可以适当应用一些藤本植物，对建筑和围墙进行垂直绿化。

（二）医疗卫生单位绿地

医疗卫生单位包括医疗、休疗养、保健、防疫、敬老院等单位。参照城市对于医疗卫生行业绿化规划建设指标的规定，村镇医院、休疗养院等医疗卫生单位绿地率应至少达到35％，有条件的医疗卫生单位还应提高绿地率。

医疗卫生单位的绿地不仅能够创造安静、优美、舒适的就医、休养环境，还能起到非常重要的卫生防护隔离作用，有利于病员、医护人员的身心健康。

1. 综合医院绿地 村镇综合医院一般具有一定的规模，医疗条件较好，门诊部和住院部分开设置。这类医院的绿地主要包括门诊部绿地和住院部绿地两大部分，另外还有少量其他绿地。绿地的位置、功能不同，布置形式和设计要求也不相同。

(1) 门诊部绿地 门诊部大都靠近街道，与医院入口相接，以方便患者就医。门诊部的人流量集中，门诊楼前需要有一定面积的集散场地。针对上述特点，门诊部绿地应将医院出入口、门诊楼前区域作为整体考虑，绿地规划设计要满足人流集散和医疗、就诊车辆快捷进出的需要。有条件的医院，在门诊楼前的场地中央可布置喷泉、组合花坛、主题雕塑等景观小品作为主景，起到美化装饰环境、展示医院形象的作用，同时，也可以分隔场地空间，引导交通、人流。场地周围适宜种植树冠整齐的乔木、绿篱、草坪,并点缀花灌木和花卉,形成开朗、整洁、明快的环境气氛。门诊楼的基础绿化部分应以草坪为主,适当点缀乔、灌木和花卉。栽植乔木时,应避免影响室内采光和通风,并满足距建筑墙体最小距离 5.0m 的要求。入口区及门前道路绿化应整齐、简洁,可摆设盆花。

(2) 住院部绿地 住院部比较靠内,位于医院较为安静的地段。为保证住院病人不被干扰,在住院部和门诊部相邻处,可利用一定宽度的绿化带加以分隔。绿化带上层可行列式种植大乔木,中下层间植灌木,以达到隔离的效果。

为利于病人康复,住院部楼前区域可布置成开放式绿地,绿地内安排一定比例的活动场地和健康步道,场地中设置座椅、棚架等休息设施,为住院病人提供散步、休息、进行日光浴等户外活动的场所。另外,场地也可供亲属在室外探视病人,便于交流。

种植设计方面,应充分利用植物的观赏特性,使自然式种植的植物群落成为绿地中观赏的主景。植物应多选择花期长、花色鲜艳的开花灌木,如月季类,其他花灌木应保持在花期上能够衔接交替,四季有景可观,使住院病人在花团锦簇的优美环境中精神、情绪上感到愉悦,身体尽早恢复健康。

(3) 其他绿地 其他绿地指综合医院中锅炉房、厨房及其他辅助医疗部分零散分布的绿地。这部分用地要根据各部分的性质进行基础绿化或绿化隔离,植物种类应选择抗性强和杀菌力强的种类,如松柏类、杨树、臭椿、悬铃木、香樟等。

2. 小型医院绿地 受医疗条件所限,目前我国部分地区的村镇医院为小型医院,不分门诊区和住院区,或只有门诊治疗区。这类医院一般布局简单,门诊楼一般作为诊疗、办公管理和配套服务综合使用,医院内也没有较大面积的集中绿地。

小型医院应重点考虑医院入口处围墙内外和门诊综合楼前的绿化设计,入口处围墙内外可以选择树形优美、树冠整齐的落叶乔木做绿化的骨架,中间配以开花灌木、常绿灌木或彩叶灌木,下层搭配草坪或地被、花卉,增加入口处的色彩和观赏性。入口处围墙宜通透,可以沿围栏种植藤蔓类植物,如藤本月季、地锦、叶子花等(图 11-6)。

图 11-6 小型医院绿地

门诊综合楼前条件允许的医院可安排绿化主景,如喷泉、山石、花坛等。沿门诊楼墙基的基础栽植部分应精致处理,巧妙布置低矮整齐的花灌木、绿篱、草坪以衬托建筑。医院四周应沿围墙布置不低于 2.0m 宽的绿化带,使有限的空间绿意浓郁,更好地美化医院环境。另外,小型医院内在不影响人车通行和停车的前提下,可结合绿地适当放置一些座椅,供病人和家属临时休息和等候使用。

3. 休养院、疗养院、敬老院绿地　休养院、疗养院、敬老院在村镇中属于医疗卫生用地，这类单位一般占地面积较大，对环境也有较高的要求。

(1) 休养院绿地　在自然条件优越、景色优美、交通便利的村镇通常会建有休养院、疗养院。休养院主要为休养员提供休息、保健、康体、运动、休闲娱乐等服务，使休养员通过短期休养，尽快恢复体力和精力。休养院一般向社会开放，很多休养院还提供会议、培训、考察、度假等服务。休养院对环境绿化有较高的要求，一般包括建筑前广场绿地、庭院休闲绿地、道路绿地、辅助配套部分绿地、建筑围墙基础绿化和院内的边角绿化。

建筑前广场绿地应当配置主景，绿地可以草坪为主适当点缀乔灌木，绿地边缘以地被或绿篱装饰，使建筑前的广场绿地开敞、简洁。绿地还应该考虑院内停车的需要，停车场地可采用嵌草铺装，车位间可以种植高分枝点的乔木，以增加绿化面积，也可为车辆庇荫。庭院休闲绿地一般面积较大，是休养员户外活动、休闲、健身的场所，绿地中应安排一定面积的活动场地供健身休闲使用，适宜采用自然式布局。绿化应采用复层结构种植，增加层次变化，提高绿化覆盖率。植物应选用冠大荫浓的落叶乔木、花灌木、果木，休养员在鸟语花香、绿树成荫、安静幽雅的环境中散步、健身、休息，呼吸清新的空气，秋季还可以观果、采果，在身体得到调理恢复的同时，心灵得到净化，使心情愉快、惬意。其他绿地应注意植物种类和配置方式与整体的协调统一，应充分利用边角用地和建筑围墙基础进行绿化美化，并注意建筑的通风和采光要求。

(2) 疗养院绿地　疗养院具有休息和医疗保健双重作用，专门为疗养员提供增强体质、疾病疗养、康复疗养和健康疗养等服务。疗养院一般建在具有某种天然疗养因子、自然环境清静优美的地方，收住的疗养员一般患有慢性病，或为特殊行业的职业病患者以及伤残军人等。和医院不同，疗养院需要大量运用物理疗法、体育疗法，并使用自然疗养因子，如矿泉、海水、空气、日光、森林等。

疗养院内应用绿化隔离不同的功能分区，整体环境给人以宁静、和谐、安详、整洁的感觉。疗养院内的中心绿地应安排足够的活动场地供疗养人员进行散步、日光浴和其他室外文体活动。植物种植方面，应注意季相变化，使长期疗养的病员可以感觉到季节的交替和生命的活力。

另外，应注意常绿树和落叶树的比例。常绿的松柏类树木应用多，会使环境氛围过于肃穆，显得沉闷压抑；落叶乔木应用多，虽然会显得活泼生动，但到了秋冬季则会显得萧条，容易引起伤感情绪。常绿树与落叶树的比例一般以 1∶3 为宜。

疗养院绿化的根本目的是创造优美清新的环境以利于病员的康复，绿地规划设计时，应以植物造景为主，适当点缀景观小品。由于疗养院具有较大的绿化面积，因此，可以配置一定规模的植物群落形成主题景观。

① 以碧桃为主的植物群落

上层：大乔木馒头柳、银杏，小乔木白碧桃、红碧桃、山桃、日本晚樱、紫叶李。

中层：榆叶梅、连翘、棣棠、菱叶绣线菊。

下层：二月兰、紫花地丁。

② 以丁香为主的植物群落

上层：暴马丁香、流苏、女贞。

中层：紫丁香、白丁香、欧洲丁香以及丁香属的其他种。

下层：鸢尾、马蔺。

③以牡丹、芍药为主的植物群落

上层：白玉兰、二乔玉兰、楸树、梓树。

中层：牡丹品种群。

下层：芍药、荷包牡丹。

④以琼花为主的植物群落

上层：蒙椴、糠椴、栾树、合欢。

中层：木本绣球、蝴蝶绣球、天目琼花、欧洲琼花、香荚蒾、荚蒾。

下层：萱草、玉簪、石竹。

(3) 敬老院绿地 敬老院是农村集体福利事业单位，一般敬老院以乡镇办为主，五保对象较多的村也可以兴办敬老院。为改善供养人员的生活条件和用于院内扩大再生产，敬老院可以开展多种形式的生产经营活动。《农村敬老院管理暂行办法》中明确规定："敬老院的生活区和生产区要分设，要搞好环境绿化，保持美观清洁的院容院貌。"同时还规定，"要因地制宜地开展适合供养人员特点的文体和康复活动，鼓励供养人员参加力所能及的生产劳动和经营活动"。

户外活动和锻炼是老年人敬老院生活的重要组成部分，敬老院绿化的植物选择和设施安排要考虑老年人的年龄特点和心理需要，本着"敬老""爱老"之心进行绿化布局。生活区和生产区之间要以绿化带分隔，保证生活区的老人不受干扰。一般来说，老年人的户外活动以下棋聊天、散步打拳、天凉后晒太阳为主，因此，绿地中要为老人安排这样的活动场地和适当的设施，如亭廊、花架等。植物种植以落叶乔木为绿化骨架，供老人夏季遮阴乘凉，乔木下层应配置形态美观、色香俱佳、观赏价值高的花木，如桂花、海棠、鸡爪槭、山茶、蜡梅、紫薇、绣球、丁香、木槿、南天竹等，构成优美生动的绿地景观供老人观赏。清新优美的绿化环境可以使老人精神和心理上得到愉悦和满足，有利于老人更好地安享晚年生活。生活区还可以适当地安排菜地、果园、花圃，老人可以亲自动手栽种平时食用的蔬菜，秋天采摘果实，丰富晚年生活。

敬老院应充分利用院内的边角空地进行绿化，不要留死角，在建筑的背阴面，应注意选用能耐阴或耐半阴的植物，如珍珠梅、金银木、女贞、枸骨、黄杨等。

(三) 学校、幼儿园绿地

中学、小学、幼儿园、托儿所的绿地率应达到35%以上。

1. 中、小学绿地 具有一定规模的村镇中小学大都具有寄宿条件，因此，学校用地一般分为以主体建筑为主的教学区、提供师生住宿的生活区、以体育运动场地为主的活动区、配套服务区以及联系各分区的道路几个部分。

(1) 教学区绿化 教学区一般位于校园中心，绿化目的是为教学营造良好的条件，在教学区形成安静、整洁、卫生的环境。绿地应为规则式布置，与建筑布局协调呼应，并方便师生通行。教学区绿化设计应简洁、明快、大方，主楼前绿地以外轮廓规整的草坪为主，绿地中可以设置主景，如升旗台、主题雕塑、景石、组合花坛、观赏花木等，以此为中心，两侧对称点缀树形整齐的常绿乔木、花灌木、花卉和地被。靠近建筑前应以低矮花灌木、宿根花卉、绿篱作基础栽植,高度不超过阳台,乔木应至少离开建筑 5.0m 以上,并考虑室内的采光、通风要求。入口处是学校绿化的亮点,大门内外应合理搭配常绿和落叶树木,选用树姿优美、观赏性强的乔、灌木,下层种植绿篱、宿根花卉、地被、草坪和藤蔓植物,保证学校入口花开不断、四季常青。

(2) 体育活动区与学生生活区绿化 体育活动区绿化应在场地四周布置一些大乔木,与教学区应有一定宽度结构紧密的林带相分隔。与教学及体育活动区相比,学生生活区的绿化风格可以更加生动、活泼一些。生活区的绿地内,可以多选用开花乔、灌木,并适当布置景观小品加以装饰点缀,使师生的生活环境更加美丽。在生活区还可以利用植物群落组成不同的季相景观,如由玉兰、海棠、连翘、迎春、碧桃、榆叶梅、丁香等组成春季景观;由栾树、合欢、国槐、紫薇、木槿、珍珠梅、花石榴、香水月季等组成夏季景观;由银杏、元宝枫、桂花、红枫、紫叶李、金银木等组成秋季景观;由蜡梅、忍冬、南天竹等组成冬季景观(图 11-7)。

图 11-7 体育活动区绿地

(3) 配套服务区及道路绿化 配套服务区一般处于学校比较偏僻的位置,绿化应注意与校园其他部分的衔接和分隔。道路绿化应注意遮阴效果,行列式种植的乔木下间植灌木、绿篱、花卉、地被、草坪,增加绿化的层次。学校四周应利用大乔木、灌木和地被形成一定宽度的绿化带,以减少周围道路交通或厂矿噪声对学校教学的影响,同时也降低学生活动声音对周围住户的影响(图 11-8)。

图 11-8 配套服务区绿地

少年儿童的求知欲和好奇心都比较强,应发挥植物在科普教育方面的作用,校园内的树木可以挂牌,标明科、属、种和生物学习性,在满足学生好奇心的同时也普及了植物学知识,从而增加学生对学校的感情和对大自然的热爱。

总之,村镇的中、小学绿化宜以植物造景为主,通过校园各部分绿化点、线、面相结合,形成一个完整的校园绿地系统。

2. 幼儿园、托儿所绿地 村镇幼儿园、托儿所是农村学龄前儿童教育的机构,是农村基础教育的重要组成部分。由于年龄特点,3～6岁的幼儿每天都要有大量的户外活动时间来进行集体活动和自由活动,以使身体协调发展,提高身体素质和适应环境的能力。因此,户外环境也是幼儿重要的学习、认知和活动场所。幼儿园、托儿所的环境绿化应根据幼儿的年龄特点和活动需要来安排。

一般来说,镇中心的示范幼儿园具有一定的规模,园内有一定的功能分区,这类幼儿园应当根据不同的分区布置绿化环境,使建筑物和室外的绿化环境很好地结合起来。公共活动场地可以作为绿化的重点部分,以冠大荫浓的落叶乔木为主,夏季遮阴,树下栽植花灌木和花卉,并适当点缀小品设施。一般的村镇幼儿园、托儿所受条件所限没有功能分区,这类幼儿园应当充分利用园内的空地、边角地、建筑基础见缝插绿,环境绿化还应和户外活动场地结合起来考虑,如场地的四周种植乔、灌木,场地中央布置草坪、塑胶场地、水泥地面、沙坑、小路以及跷跷板、平衡木、滑梯、转椅等游戏设施。植物要注意选择那些落果少、无飞毛飞絮、无毒、无刺、无味、发芽早、落叶晚的种类。

有条件的幼儿园、托儿所还应在园内开辟一定面积的菜园、花圃地、饲养园,让幼儿观察作物的春华秋实,饲养小鸡、小鸭、鸟类、小鱼等幼儿喜欢的动物,丰富幼儿的知识经验并增添幼儿园生活的乐趣。花卉可选取易栽培、色彩鲜艳的种类,如迎春、牵牛花、菊花、茉莉、鸡冠花、大丽菊等。

(四) 工业企业单位绿地

村镇工业企业包括从事工业生产、其他行业生产的企业单位。工业企业单位的绿地率应达到30%以上,生产区绿地率也应达到20%以上。工业企业单位绿化设计的目的是改善、净化、美化环境,利用植物达到美化绿化、健全生态、卫生防护、增进健康的目标。工业企业一般包括厂前办公区、生产区和仓库、堆料区等部分,工业企业单位应该搞好厂区内各部分的绿化设计,做到观赏性与防护功能相结合。从整体到局部,点、线、面相结合,形成不同功能分区既各自独立,又有机联系的厂内绿地系统。

1. 厂前区绿地 厂前区是单位的门面,代表着一个企业的形象和风貌,厂前区一般与道路相邻,上下班人流集中,有停车需要,是厂内绿化要求较高的地区,应重点处理(图11-9)。

厂前区绿地布置要注意艺术效果,富于装饰性和观赏性,并与建筑布局有机结合,一般采用规则式或混合式布局。厂前区广场的绿地

图11-9 厂前区绿地

中可运用色带植物如大叶黄杨、卫矛、金叶女贞、紫叶小檗修剪成各种规则的几何图案,以强化视觉效果,绿地中还可以设置反映企业文化的雕塑、喷水池、花坛等主景,和搭配精美的植物群落形成整齐美观、明快开朗的印象,达到美化和艺术上的要求。厂前区绿化还应考虑单位停车的需要,在停车区域种植大乔木以遮阴蔽阳,停车地面采用嵌草铺装。办公建筑的南侧栽植乔木时,还应避免影响室内的采光通风,并离开建筑墙体5.0m以上。

2. 生产区绿地 企业内的生产区应给人形成文明生产的良好印象,依据企业单位产品性质不同,生产区绿地的面积和功能要求也不同。生产区大致分以下三类情况:对环境有污染的生产区、一般生产区、对环境绿化有一定要求的生产区。

(1) 对环境有污染的生产区绿化 对环境有污染的生产区主要指冶金、化工、建材、造纸等排放有害气体、污染严重的企业的生产区。该类生产区绿化以卫生防护功能为主,目的是对环境进行净化、滞尘、隔离、防护。生产区绿化以植物种植为主,不宜布置景观小品和休息设施,靠近车间附近的种植不要过密,应以开阔的草坪为主,适当点缀乔、灌木,以利于有害气体的稀释、扩散,同时,还应采取垂直绿化、屋顶绿化、砌种植池等多种手法增加绿化面积(图11-10)。

图11-10 工厂生产区绿地

①抗污染植物:对环境有污染的生产区绿化的重点是抗污染植物的选择,应根据产生污染的情况和防护需要选择不同的抗性树种。

抗二氧化硫树种:臭椿、泡桐、悬铃木、毛白杨、国槐、榆树、刺槐、侧柏、圆柏、垂柳、旱柳、柿树、黄连木、白蜡、构树(雄株)、枇杷、紫薇、大叶黄杨、银杏、紫荆、黄杨等。

滞尘树种:黑松、侧柏、圆柏、龙柏、广玉兰、构树、刺槐、榆树、栾树、梧桐、核桃、麻栎、臭椿、朴树、悬铃木、女贞、刺槐、丁香、石楠、木槿、大叶黄杨等。

抗氟化氢树种:白皮松、桧柏、侧柏、银杏、构树、胡颓子、悬铃木、国槐、臭椿、龙爪槐、垂柳、泡桐、紫薇、紫穗槐、连翘、郁香忍冬、金银花、小檗、丁香、大叶黄杨、木本绣球、小叶女贞、海州常山、接骨木、地锦、五叶地锦等。

耐盐碱树种:黑松、侧柏、栾树、绒毛白蜡、合欢、臭椿、苦楝、榆树、女贞、金银木、紫薇、火炬树、石榴、紫穗槐、柽柳、桂香柳、沙地柏等。

防火树种:蚊母、女贞、广玉兰、枸骨、冬青、棕榈、海桐、雪松、黑松、白皮松、银杏、臭椿等。

②减噪植物:在产生强烈噪声的生产区周围,应该用密集栽植的绿化带与其他区域分隔,减低噪声。以下是三种减噪植物群落结构:

a. 苦楝+毛白杨+垂柳+白蜡—紫穗槐+小蜡—金银花+二月兰。

b. 泡桐+桧柏+旱柳+合欢—美国地锦+连钱草。

c. 复羽叶栾树+龙柏+构树+流苏—火炬树+小叶黄杨+紫穗槐—宽叶麦冬。

③滞尘植物:滞尘林带应既有一定的宽度,采用多层混交的群落种植结构,以便多层滞

尘，达到最大滞尘量；平面布局采用大乔木和小乔木间植的形式，形成高低起伏波浪式的林冠线增大滞尘量，增加一定的常绿树种的比例，以便达到一年四季都能有效滞尘。以下是两种滞尘植物群落结构：

a. 黑松＋悬铃木＋广玉兰＋朴树＋构树—火棘＋金银木＋珍珠梅＋丁香—蜀葵＋阔叶麦冬。

b. 桧柏＋女贞＋刺槐＋榆树—石楠＋木槿＋大叶黄杨＋木绣球—地锦＋白三叶。

(2) 一般生产区绿化　一般生产区是指服装加工、文化用品等企业的生产区，绿化限制因素较少，可以根据生产区的布局因地制宜地种植花草树木，绿地中还可以安排一些景观小品和休息设施，装饰美化环境，形成良好的绿化空间。

(3) 对环境绿化有一定要求的生产区绿化　对环境绿化有一定要求的生产区指食品饮料加工企业、仪器仪表生产等企业的生产区，该类企业由于产品性质的特点，要求生产区有较大绿地面积，如果绿地少，空气含尘量高，就会影响到产品质量。

这类生产区所有的空地都要绿化，黄土不露天，以保证生产区环境的清洁。植物应避免选择飞毛飞絮的树种，如毛白杨、柳、悬铃木等。靠近生产车间的区域应种植低矮花灌木做基础栽植，如迎春、棣棠、丁香、榆叶梅、绣线菊、绣球等。外围可选择一些枝叶茂盛、生长健壮的乔木，提高绿量，保证净化空气的效果。

3. 厂内小游园　工业企业内应适当增加休闲绿地，有条件的工业企业内部可设置一定面积的小游园。一方面，增加绿地率，提高环境质量，美化环境；另一方面，为职工提供工余休息、交流的场所，使工人在劳动之余放松身心，能够以充沛的精力投入到工作中。厂内小游园适宜自然式布局，用园林艺术手法合理安排植物、场地、景观小品、园路，形成具有本单位特色的景观优美的花园绿地（图11-11）。

厂内小游园应充分利用植物素材进行环境美化，利用植物的季相转换、色彩变换营造层次丰富、接近自然的植物景观群落，可以加大植物的栽植密度，丰富景观层次，提高绿化覆盖率。

4. 道路绿地　道路绿地就像绿色廊道把单位内的各部分绿地串联起来，通过道路绿地连接，单位内各部分绿地相互融合、渗透，共同构成一个企业单位完整的绿地系统。道路绿化是企业绿化的重点之一，要满足美观、庇荫、净化环境和交通安全的需要（图11-12）。

道路两侧行道树应选择抗性强、耐修剪、分枝点高、树冠整齐的大乔木做基调树种，构成道路整体形象，乔木可以一行

图 11-11　工厂小游园

图 11-12　道路绿地

或多行行列式栽植，乔木下配置花灌木、绿篱、花卉、草坪、地被，丰富景观层次。植物种植时要注意道路两侧地下管线的埋深和地上架空线的高度，留出安全距离，在道路交叉口和转弯处还要留出足够的安全视距，安全视距内植物高度不得超过 0.65～0.7m。

5. 仓库、料场绿地　单位中的仓库、料场四周应当进行绿化并进行必要的分隔遮挡。绿地布置宜简洁，以大乔木为主，下层适当配置灌木、绿篱、草坪，避免影响仓库、料场装卸、运输、成品摆放和消防的需要。

大乔木应当选择树干通直、病虫害少、生长健壮，具有滞尘防火作用的落叶乔木，如泡桐、大叶榆、杜仲、银杏等。多种落叶乔木搭配在一起时，由于各种树木落叶早晚的不同，会使整个树群的落叶时间不整齐，加之乔木的落叶量大，会使场地清扫落叶的工作量加重、时间拉长。为避免这种情况，建议一个单位的仓库、料场做基调树种的落叶乔木最好不要超过两种，灌木种类适当变化。

6. 围厂林带　工业企业的厂区周围要建设围厂林带，特别是污染企业，要有足够宽的防护林带，使企业排放的有害物质、噪声在绿化带内得以稀释、过滤、降低，减轻危害程度。

(1) 围厂林带的结构　围厂林带也是工业企业绿化的重要组成部分，要根据企业的位置、与村镇其他用地的关系、风向等因素确定林带的宽度和结构，其中，与村庄相邻的企业外围的防护林带应加宽加密，以降低对农民生产生活和农作物的影响。围场林带的树种以高大乔木为主，林带结构分为通透结构、半通透结构和紧密结构。林带的结构不同，防护效果也不相同。

①通透结构：林带仅由乔木组成，中下层通透，林下不配置灌木，气流可以部分从树干中间穿过。在靠近企业的一侧，可以采用通透结构的林带。

②半通透结构：林带以乔木为主，每行乔木中间配置一行灌木，使林带形成半通透的结构，林下通过的气流少于通透结构。

③紧密结构：林带由大乔木、小乔木、灌木紧密配置，防护隔离效果最大，在围厂林带的最外围适宜采用紧密结构。

总之，应根据企业的性质、污染状况以及与周边用地的关系设置围厂林带的宽度和结构，当林带有足够宽度时，可以将通透、半通透和紧密三种结构形式结合起来使用，形成复合结构，达到最佳防护效果。

(2) 围厂林带组成 工厂防护林带主要包括防风林带和防火林带。

①防风林带：防风林带是防止风沙灾害、保护工厂生产和职工生活环境的林带，常紧靠被保护的工厂、车间、作业场地设置。在防风林带前的迎风面，防护范围是林带高度的10倍左右，可以降低风速15%～25%；在林带后的防护距离则为林带高度的25倍左右，能减弱风速10%～70%。

防风林带的结构以半透风林带为最佳。这种林带结构上下均匀，它能使大部分气流穿过，在穿过时与枝叶发生充分的摩擦作用，使气流的能量大量消耗掉。当林带的通透率为48%时，其防风效果最高。林带过密或过稀，防风效果均不好。林带过密，穿过林带的气流少，大部分气流从林冠上翻过去，气流受到林带的摩擦作用小，防风效能低；林带过稀，大部分气流穿过林带，气流受到的阻力小，防风效果也小。

②防火林带：在石油化工、化学制品、冶炼、易燃易爆产品的生产工厂的车间、作业场地，为确保安全生产，减少事故的损失，应设置防火林带绿地。林带由不易燃烧、萌生能力强的防火、耐火树种组成。防火林带的宽度依据工厂的生产规模、火种的类型而定。一般火灾规模小的林带约为3m以上，可能引起较大规模火灾的，林带宽度为40～100m。石油化工厂、大型冶炼厂的有效宽度为300～500m，也可以在防护距离内设置隔离沟、障碍物等设施，与林带一起共同阻隔火源，延缓火势蔓延。常见的防火树种有珊瑚树、厚皮香、交让木、山茶、油茶、罗汉松、蚊母、夹竹桃、海桐、女贞、冬青、青冈栎、大叶黄杨、枸骨、银杏、栓皮栎、麻栎、泡桐、悬铃木、枫香、白杨、柳树、国槐、刺槐、臭椿、苦木等。

（五）其他单位绿地

其他企事业单位包括店铺、农机站、饲养场、兽医站、仓库等，这些单位的绿地率应达到20%以上。店铺、农机站、饲养场、兽医站等单位在村镇建设用地中占有一定的比例，搞好这些单位的绿化建设，对于改善村镇的整体环境质量具有不容忽视的意义。单位中的花草树木在卫生防护方面、美化装点环境方面都具有十分重要的作用，可以代表一个单位的形象，反映精神风貌。

这类单位绿化用地有限，大都没有集中的整块用地可供绿化，一般在入口处、庭院四周和建筑基础部分可以进行绿化。绿化要简洁、整齐，以植物种植为主，以落叶乔木为基调，配置花灌木，合理搭配落叶树和常绿树、乔木和灌木及草坪的比例，并运用垂直绿化、立体绿化的手法，使单位在有限的绿地中营造出满院绿色、花团锦簇的景色。

（六）村镇企事业单位绿化树种选择

植物是村镇企事业单位绿化的基本材料，各单位应根据本地区的气候条件、土壤特性、单位性质、绿地功能选择适合的植物进行绿化。

第十二章 新型农村社区绿地规划设计

新型农村社区是指城市总体规划、县域村镇体系规划、镇和乡规划中确定的,由若干个行政村或自然村整合而成的,参照城市社区标准规划建设的空间布局合理,基础设施和公共服务设施齐全,社区服务和管理体系完善,居住方式和产业发展协调,融经济、政治、文化、生态建设和服务、管理、自治为一体的城镇或农村居民点。

新型农村社区打破了原有的村庄界限,经过统一规划,按照统一要求,在一定的期限内搬迁合并,统一建设新的居民住房和服务设施,统一规划和调整产业布局,形成了农村新的居住模式、服务管理模式和产业格局。

新型农村社区绿化景观是由不同土地单元镶嵌而成的嵌块体,既有居民点、商业中心,又有农田、果园和自然风光;既受自然环境条件的制约,又受人类经营活动和经营策略的影响。可持续发展的农村社区绿化景观,是融合自然美、社会美和艺术美的有机整体。农村社区绿化景观规划能合理解决并安排乡村土地及土地上的物质和空间,为人们创建高效、安全、健康、舒适、优美的环境,核心是土地利用规划和生态环境设计,目的是为社会创造一个可持续发展的乡村整体生态系统。

新型农村社区绿化景观规划应对村庄空间形态、布局及其成因进行分析,尊重村庄所在地域的地形地貌、自然植被、河流水系等环境要素,充分考虑人与环境的协调关系,将新村与周边环境融合成有机的整体,体现顺应自然、因地制宜的生态内涵,满足现代生产、生活的需要,使村庄的历史文化、社会结构、自然环境特色得以传承,形成多元化、多层次的乡村绿化景观。

一、新型农村社区的分类及特点

(一)新型农村社区的分类

1. 按区域位置划分 可分为一般新型农村社区和城郊新型农村社区。一般新型农村社区指位于城镇规划区范围以外的新型农村社区。城郊新型农村社区指位于城镇规划范围以内,城镇规划建设用地范围以外的新型农村社区,布局规划时应充分考虑与城镇发展的关系。城镇型居住社区是指位于城镇和产业集聚区规划建设用地范围内的城中村改造建设模式的社区。

2. 根据村庄的整合情况分 可分为单村独建型新型农村社区和多村合建型新型农村社区。2010年,北京市确定了10个新型农村社区建设试点,涉及25个村庄。按照地域相近、产业相似、习俗相同、便于发展的原则,农村社区可以由几个村联建,也可以由一个村庄单独建设。

(1) 单村独建型新型农村社区 指一个行政村或一个行政村内部几个自然村庄单独建设新型农村社区的建设方式，应根据实际情况在编制新型农村社区空间发展规划时编制村庄迁并整合规划，主要是集体建设用地和人口的整合，如北京市平谷区将军关新村、北京市八达岭镇南园新村、北京市平谷区玻璃台新村等。

(2) 多村合建型新型农村社区 指两个以上行政村或多个自然村共同建设一个新型农村社区的规划建设方式。在编制新型农村社区空间发展规划时应进一步编制以人口、土地、边界调整为主要内容的村庄迁并整合规划。

北京延庆八达岭镇的新村规划，现状大浮坨村占地 23hm²，东曹营村占地 14.4hm²，程家窑村占地 11hm²，营城子村占地 18hm²，分别位于京大高速公路两侧，规划将 4 个村集中到京大高速公路南侧，依托营城子村重建一个新的农村社区，规划用地面积 23.5hm²（图 12-1、图 12-2）。

图 12-1　八达岭镇旧村改造的村落包括东曹营等四个村（占地 66.4hm²，人口 3 000）
(方明、董艳芳，2006)

山东省莱芜市新型社区规划对地缘上靠拢或相近的行政村进行整合，将除城区村、镇区村外的 828 个行政村合并为 577 个村庄，规划保留的村庄分为"中心村—基层村"两级，规划分期予以撤销或合并的村庄称为规划撤并村（现状控制其发展，依据经济发展与人口减少情况适时并入中心村或基层村）。考虑上述影响因素，依托中心村组建农村社区，即以中心村为社区中心，辐射带动服务于周围基层村与规划撤并村，规划 87 个农村社区，每个社区有 1 处中心村、若干个基层村和规划撤并村（图 12-3、图 12-4、表 12-1）。

3. 根据人口规模分 可分为特大型、大型、中型和小型新型农村社区（表 12-2）。

4. 根据地域情况分 可分为平原农区新型农村社区和山区、丘陵区新型农村社区。

(1) 平原农区新型农村社区 宜采取集聚整合、规模发展的模式进行建设，重点推广特大、大型新型农村社区。

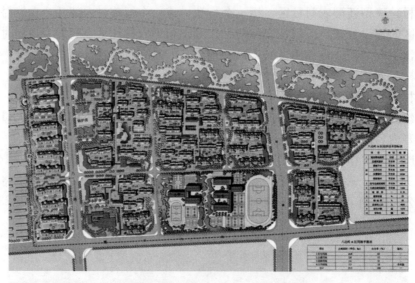

图 12-2　八达岭镇新村社区规划图
（董艳芳等，2006）

（2）山区、丘陵区新型农村社区　宜采取适度集聚、完善功能、突出特色的模式进行建设，重点推广中型和小型新型农村社区。

5. 根据自然地理环境、居民生活习惯和现有建设基础、经济发展水平等因素分　可分为就地改建型和异地新建型。就地改建型新型农村社区建设应不占或少占耕地，具有较好的或便于形成的对外交通条件，拥有值得保护利用的自然资源和文化资源，具有一定基础设施，并可以实施更新改造，村庄周边用地能够满足社区建设需求。异地新建型新型农村社区，宜选择荒坡地或一般耕地实施。

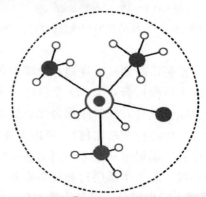

图 12-3　山东省莱芜市新型农村社区规划示意图
（张东升等，2011）

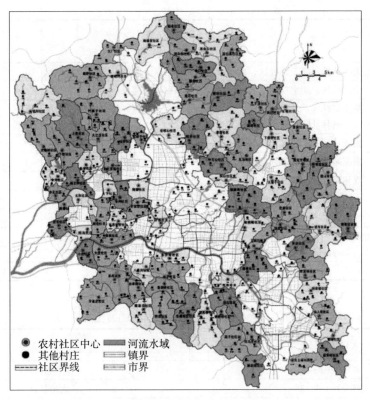

图 12-4 山东省莱芜市新型农村社区规划图
(张东升等,2011)

表 12-1 山东省莱芜市农村新型社区规划
(张东升等,2011)

乡镇、街道办	农村社区名称	社区数量(个)	社区人口(万人)
凤城街道办		0	0
鹏泉街道办	老鸦峪社区、邹家埠社区	2	0.6
张家洼街道办		0	0
高庄街道办	东汶南社区、塔子社区、鲁家庄社区、野店社区、东蔺家庄社区、谭家楼社区	6	2.1
方下镇	公清社区、鲁西社区、亓官庄社区、石泉官庄社区	4	1.6
雪野镇	南栾宫社区、西峪河社区、大厂社区、鹿野社区	45	1.9
口镇	谷堆山社区、陈林社区、陶镇社区	3	1.4
羊里镇	北三官庙社区、址坊社区、红领子社区、辛兴社区	4	2.5
牛泉镇	圣井社区、八里沟社区、吕家楼社区、蔺家庄社区、大庄社区、小庄社区、亓省庄社区	7	3.3
苗山镇	中方山社区、崮山社区、常庄社区、南文字社区、大漫子社区、见马社区、铜山社区、漫道社区	8	3.3
大王庄镇	大王庄社区、卞庄社区、宅科社区、大槐树社区、上崮社区、竹园子社区	6	3.5

(续)

乡镇、街道办	农村社区名称	社区数量（个）	社区人口（万人）
寨里镇	大下社区、韩王许社区、水北社区、宋埠社区、鱼池社区	5	3.5
杨庄镇	桥沟社区、胡宅社区、太和社区、营房社区、陈楼社区	5	2.4
茶业口镇	茶业口社区、刘白杨社区、阁老社区、双山泉社区、埠口社区、腰关社区、榆林社区、嵬石社区	8	3.0
和庄乡	和庄社区、车辐社区、麻家社区、蔷泉社区、马家峪社区、下佛羊社区	6	1.8
艾山街道办	施家峪社区、庙子社区、肖马社区	3	1.2
里辛镇	双龙峪社区、杨家楼社区	2	0.5
黄庄镇	大上峪社区、仙人桥社区、霞峰社区、通香峪社区	4	0.9
颜庄镇	西港社区、柳桥峪社区、澜头社区	3	1
辛庄镇	铁车社区、裴家庄社区、乔店社区、岱道社区、徐店社区、百嘴红社区、墨埠社区	7	2.4
	合计	128	36.9

表12-2 新型农村社区规模划分
（河南省住房和城乡建设厅，2012）

人口规模（人）	社区类型
6 001~10 000	特大型社区
4 001~6 000	大型社区
2 001~4 000	中型社区
≤2 000	小型社区

（二）新型农村社区的特点

（1）规模不等 少则几千人，多则上万人乃至几万人，完全由当地经济社会发展条件、资源禀赋和环境基础而定。

（2）基础设施相当完善 新型农村社区的道路、供电、供水、通信、购物、电脑网络、有线电视、垃圾污水处理等各项设施基本齐全，可以保证农民生产和生活的需要。

（3）公共服务全面覆盖 教育、卫生、文化、体育、科技、法律、就业、社保、社会治安、社会福利等各项政府服务全面覆盖，很多事情群众不出村也能办好。

（4）居住环境优美 新型农村社区注意环境的美化、绿化、亮化，娱乐休闲设施齐全，群众的住房设计科学，既有独门独院的别墅，也有多层、高层、廉租房等不同样式、不同面积的套房，群众可以根据自己的需要和财力状况选择不同的住房标准。

（5）社会管理得到加强 建立了党总支、居委会、经济协会、文化协会、老年协会、村民理事会等组织，社会管理得到完善和加强。

二、新型农村社区绿地规划概述

新型农村社区绿化是社区建设的重要组成部分，对于改变农村整体面貌、改善农村人居环境、提高农民生活质量有着举足轻重的作用。各地新型农村社区的背景与地域的差异，决定了新型农村社区的绿化有着区别于城市绿化的诸多特点，加之前期不少地区农村传统景观、自然和人文生态的破坏和缺失，因此，通过新型农村社区的绿化建设，探索富有地域特色、满足农村社区居民生活习惯与心理特点的绿化模式，构建环境优美、生态良好的社区环境，对于重新构建农村良好的景观系统与生态系统有着重要的现实意义。

对于不同规模的新型农村社区的规划建设，我国各地也出台了相关规定，如河南省颁布了《河南省新型农村社区规划建设标准》，其中规定：人口规模超过10 000人的新型农村社区宜按《镇规划标准》编制新型农村社区空间发展规划，其内部社区的详细规划也宜按《城市居住区规划设计规范》（GB 50180—1993）进行编制。人口规模不大于10 000人的新型农村社区，其空间发展规划和详细规划应按地方规定和相关导则的要求进行编制。因此，在绿地规划层面，新型农村社区可以遵照以上规定；在绿地景观设计层面，还应对新型农村的以农村人口为主体的特殊人口构成予以关注，并应在生态设计手法、人文关怀等角度进行深入挖掘。因此，本章内容也参照了《城市居住区规划设计规范》的相关内容。

新型农村社区绿地是居住环境的主要组成部分，一般指在住区范围内，住宅建筑、公建设施和道路用地以外布置绿化、园林建筑和园林小品，为居民提供游憩活动场地。社区绿地是接近居民生活并直接为居民服务的绿地，其中的公共绿地是居民进行日常户外活动的良好场所；社区绿地形成住宅建筑间必需的通风采光和景观视觉空间，它以绿化为主，能有效地改善社区的生态环境；通过绿化与建筑物的配合，使室外开放空间富于变化，形成赏心悦目、富有特色的景观环境。

（一）社区绿地的功能

(1) 生态防护功能 社区绿化以植物为主，净化空气、减少尘埃、吸收噪声，在保护社区环境方面有良好的作用，同时也有利于改善小气候、遮阳降温、防止西晒、调节气温、降低风速，而在炎夏静风时，由于温差促进空气交换，可以造成微风。

(2) 美化功能 婀娜多姿的花草树木，丰富多彩的植物布置，以及少量的建筑小品、水体等的点缀，美化了社区的面貌，使社区建筑群更显生动活泼。

(3) 使用功能 在良好的绿化环境下，组织吸引居民的户外活动，使老人、少年儿童各得其所，能在就近的绿地中游憩、观赏并进行社会交往，有利于人们身心健康，增进居民间的互相了解，使居民和睦相处。

(4) 经济效益 随着人们生活水平的提高，居住环境质量的高低越来越成为人们选择住房的一个重要的标准。绿化环境良好的居住小区房价比同地段一般小区房价可高出20%～50%，而且这样的小区中的商品房升值潜力也高于一般小区的住房。

(5) 防灾避难功能 在地震、战时能利用绿地疏散人口，有着防灾避难、隐蔽建筑的作用，绿色植物还能过滤、吸收放射性物质，有利于保护居民的身体健康。

（二）新型农村社区绿地类型

社区内绿地分为公共绿地、宅旁绿地、配套公建所属绿地和道路绿地，其中包括满足当地植树绿化覆土要求、方便居民出入的地下或半地下建筑的屋顶绿地。

1. 社区公共绿地 社区公共绿地指社区内居民公共使用的绿地，这类绿地常与社区的公共活动中心和商业服务中心结合布局。公共绿地的功能主要是给居民提供日常户外游憩活动空间，开展儿童游戏、健身锻炼、散步游览和文化娱乐等活动。在规划建设中，应结合环境条件和功能要求，布置园林水体、园林建筑、园林小品、铺地广场和照明灯具等，以植物景观为主体，创造社区自然优美的园林环境。公共绿地还能起到防灾避灾的作用。

(1) 社区游园 社区游园一般通称居住小区公园。社区游园就近服务居住小区内的居民，设置一定的健身活动设施和社交游憩场地，一般面积 4 000m^2 以上，在居住小区中位置适中，服务半径为 400～500m。

(2) 组团绿地 组团绿地是直接接近居民的公共绿地，布局灵活，以住宅组团内居民为服务对象。一般面积规模不小于 400m^2，离住宅入口最大步行距离在 100m 左右。

社区内除上述两种公共绿地外，根据社区所处的自然地形条件和规划布局，还可在社区服务中心、河滨地带及人流比较集中的地段布局街心花园、滨河绿地、集散绿荫广场等不同形式的社区公共绿地。

2. 宅旁绿地 宅旁绿地是最基本的绿地类型，包括宅前、宅后以及建筑物本身的绿化，是社区绿地内总面积最大、居民最常使用的一种绿地形式。这类绿地令社区与外界之间、各幢楼之间分隔开，具有美化、阻挡外界视线、噪声和灰尘的作用，能创造安静、舒适、卫生的生活环境。

3. 配套公建所属绿地 配套公建所属绿地是指住区的各类公共建筑和公共设施四周的绿地，如中小学、商店、医院等用地周围的绿地。其绿化布置不仅要满足公共建筑和公用设施的功能要求，而且要考虑与周围环境的关系。

4. 道路绿地 社区的道路可分为社区道路、小区路、组团路和宅间小路 4 级。社区道路绿地是联系社区内外道路红线以内的绿地，将住区各类绿地联系起来。社区道路绿地是居民日常生活的必经之地，也是居民散步的场所，对社区的绿化面貌有着极大的影响。

（三）新型农村社区绿地定额指标及规模

根据我国规定的定额指标，组团不少于 0.5m^2/人、小区（含组团）不少于 1m^2/人，并根据社区规划组织结构类型统一安排使用。就地改建型社区不应低于 30%，异地新建型社区不应低于 35%。异地新建型农村社区人均公共绿地不少于 8.0m^2，就地改建型农村社区人均公共绿地不少于 6.0m^2。

社区公共绿地的用地面积应根据其功能要求来确定，大小要适宜。可以采用集中与分散相结合的方式。《2000 年小康型城乡住宅科技产业工程村镇示范小区规划设计导则》规定，住区级公共绿地的最小规模为 750m^2，应配置中心广场、草木、水面、休息亭椅、老幼活动设施、停车场地、铺装地面等。

此外，绿地由于位置、布置和种植情况的不同，绿化效果也会有显著的差异。如绿地的位置和其布置是否方便群众，与居民生活的需要是否相适应等。因此，评价社区绿化除绿地的指标数据外，还得结合绿地的设计布置一起综合评定。

（四）新型农村社区绿地规划布局

社区绿地规划布局要遵循绿地规划原则，以人为本，从使用功能出发，在空间层次划分、住宅组团结合、景观序列布置、小区识别性各方面体现地方特色，创造良好的功能环境和景观环境，做到科学性和艺术性的有机结合。

1. 社区绿地规划前的基础工作 社区绿地规划设计必须全面把握社区布局形式和开放

空间系统的格局,了解社区要求的景观风貌特色。具体如住宅建筑的类型、组成及其布局,社区公共建筑的布局,社区所有建筑的造型、色彩和风格,社区道路系统布局等。

要求收集社区总体规划的文本、图纸和部分有关的土建和现状情况的图文资料。做好社会环境和自然环境的调查,特别是和绿化有密切关系的植被调查、土壤调查、水系调查等。调查主要包括以下几个方面:①社区总体规划;②具体规划过程;③社区设计过程;④绿化地段现状情况;⑤社区内居民情况,包括居民人数、年龄结构、文化素质、共同习惯等;⑥社区周边绿地条件。

2. 社区绿地规划布局的原则

①社区绿地规划应在社区总图规划阶段同时进行,统一规划,绿地均匀分布在社区内部,使绿地指标、功能得到平衡,方便居民使用。

②社区绿地建设应将新村绿化与周边自然环境绿化相结合,将公共绿地与道路绿地、宅间绿化和庭院绿化相结合,构成点、线、面相结合的绿化体系。

③应体现当地的村庄地域特色风貌,形成良好的生态环境。充分利用原有自然条件,因地制宜,充分利用地形、果园、林地,以节约用地和投资。尽量利用劣地、坡地、洼地及水面作为绿化用地,并且要特别对古树名木加以保护和利用。

④充分考虑各类居民的使用要求,要有各种不同的设施设置。通过对居民室外环境需求的调查,大多数居民的共同愿望是社区内多种花草树木,另外还要根据不同年龄组的居民使用特点和使用程度,做出恰当的安排。

⑤社区绿化应以植物造景为主进行布局,并利用植物组织和分隔空间,改善环境卫生与小气候;利用绿色植物塑造绿色空间的内在气质,风格宜亲切、平和、开朗,各社区绿地也应突出自身特点,各具特色。

⑥社区内各组团绿地既要保持格调的统一,又要在立意构思、布局方式、植物选择等方面做到多样化,在统一中追求变化。

⑦社区兼容的功能多,有人行步道的交通空间,有休闲娱乐的交流空间,有健身、游戏的场地空间,有自然绿化的生态空间,有文化、艺术的景观空间以及消防、停车的功能性空间,因此社区绿地设计必须是一个多元的环境设计。

⑧充分运用屋顶绿化、天台绿化、阳台绿化、墙面绿化等多种绿化方式,增加绿地景观效果,美化居住环境。

三、新型农村社区绿地规划设计

(一) 公共绿地

新型农村社区公共绿地是居民日常休息、观赏、锻炼和社交的就近便捷的户外活动场所,规划布局必须以满足这些功能为依据。社区公共绿地主要有社区游园和住宅组团绿地两类中心公共绿地,以及儿童游戏场和其他块状、带状公共绿地等(图12-5)。

社区公共绿地是社区景观的主要展示区域,应在结合传统造园手法和城市小区绿化设计手法的同时,融入乡村景观的田园野趣元素,反映农民朴实爽朗的性情,同时映射出他们过上城市般生活的喜悦心理。因而,设计需简洁明快,又不失小区绿化景观的传统功能。

公共绿地的设置内容和规模参见表12-3。其他块状、带状公共绿地应同时满足宽度不小于4m、面积不小于200m²的要求。

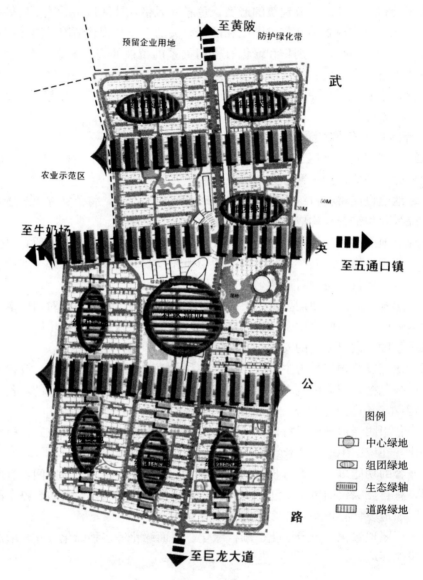

图12-5 湖北省武汉市武湖中心村公共绿地
(方明、董艳芳, 2006)

表12-3 各级中心公共绿地设置规定
(河南省住房和城乡建设厅, 2012)

中心绿地名称	设置内容	要　　求	最小规模（hm²）
社区游园	花木、草坪、花坛、水面、雕塑、儿童设施和铺装地面等	园内布局应有一定的功能划分	0.4
组团绿地	花木、草坪、桌椅、简易儿童设施等	灵活布局	0.04

注：表内"设置内容"可视具体条件选用。

中心公共绿地至少应有一个边与相应级别的道路相邻，绿化面积（含水面）不宜小于70%，便于居民休憩、散步和交往之用，宜采用开敞式，以绿篱或其他通透式院墙栏杆作分隔。社区公共绿地需结合周围苗圃等乡村绿地统一建设。

社区组团绿地的设置应满足有不少于 1/3 的绿地面积在标准的建筑日照阴影线范围之外的要求，并便于设置儿童游戏设施和适于成人游憩活动。其中院落式组团绿地的设置还应同时满足表 12-4 的各项要求。

表 12-4　院落式组团绿地设置规定
（河南省住房和城乡建设厅，2012）

封闭型绿地		开敞型绿地	
南侧多层楼	南侧高层楼	南侧多层楼	南侧高层楼
$L \geqslant 1.5L_2$	$L \geqslant 1.5L_2$	$L \geqslant 1.5L_2$	$L \geqslant 1.5L_2$
$L \geqslant 30m$	$L \geqslant 50m$	$L \geqslant 30m$	$L \geqslant 50m$
$S_1 \geqslant 800m^2$	$S_1 \geqslant 1800m^2$	$S_1 \geqslant 500m^2$	$S_1 \geqslant 1200m^2$
$S_2 \geqslant 1000m^2$	$S_2 \geqslant 2000m^2$	$S_2 \geqslant 600m^2$	$S_2 \geqslant 1400m^2$

注：L——南北两楼正面间距（m）；L_2——当地住宅的标准日照间距（m）；S_1——北侧为多层楼的组团绿地面积（m^2）；S_2——北侧为高层楼的组团绿地面积（m^2）。

社区游园、组团绿地在用地规模、服务功能和布局方面都有不同的特点，因而在规划布局时，应区别对待。

1. 社区游园　小区游园多布置在小区中心，并尽可能和小区公共活动或商业服务中心结合起来布置，使居民的游憩活动和日常生活活动相结合，使小游园能方便到达，以吸引居民前往。购物之余，到游园内休息，交换信息，或到游园游憩的同时，顺便购物，使游憩、购物两方便。如与公共活动中心结合起来，也能达到同样的效果（图 12-6、图 12-7）。一般

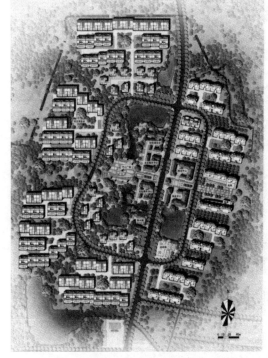

图 12-6　北京市平谷区南宅村中心绿地
与商业服务中心结合平面图
（方明、董艳芳，2006）

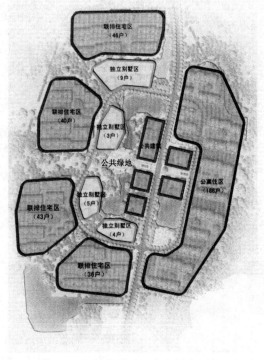

图 12-7　北京市平谷区南宅村中心绿地与
商业服务中心结合分析图
（方明、董艳芳，2006）

1万人左右的小区可有一个大于 0.5hm² 的小游园，服务半径不超过 500m。基于上述环境特点、用地规模和功能要求，社区游园规划布局应注意以下几个方面的问题：

①社区游园内部布局形式可灵活多样，但必须协调好公园与周围居住小区环境间的相互关系，包括公园出入口与居住小区道路的合理连接，公园与社区活动中心、商业服务中心以及文化活动广场之间的相对独立和互相联系，绿化景观与小区其他开放空间绿化景观的联系协调等。

②居住小区公园用地规模较小，但为居民服务的效率较高。在规划布局时，要以绿化为主，形成小区公园优美的绿化景观和良好的生态环境，也要尽量满足居民日常活动对铺装场地的要求，规划中可适当增设树荫式活动广场，设置儿童游戏设施和供不同年龄段居民健身锻炼、休憩散步、社交娱乐的铺装场地和供居民使用的公共服务设施，如园亭、花架、座椅等。

③适当布置园林建筑小品，丰富绿地景观，增加游憩趣味，既起点景作用，又为居民提供停留休息观赏的地方。被社区建筑所包围的小区公园用地范围较小，因此，园林建筑小品的布置和造型设计应特别注意与居住小区公园用地的尺度和居住小区建筑相协调，一般来说，其造型应轻巧而不笨拙，体量宜小而不宜大，用材应精细而不粗糙。

2. 组团绿地 组团绿地是结合住宅组团的不同组合形成的公共绿地，面积不大，靠近住宅，服务对象是组团内居民，主要为老人和儿童就近活动、休息提供场所。服务半径不超过 100m（图 12-8）。

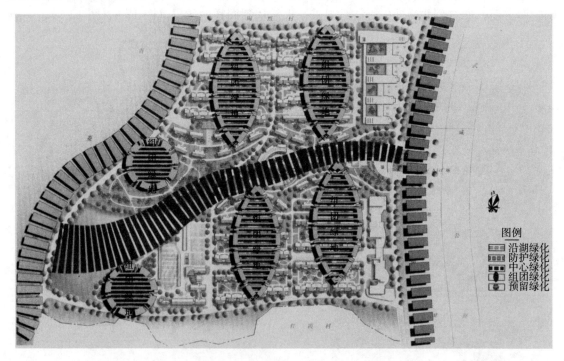

图 12-8 湖北洪山区青菱乡园艺场居民点组团绿地
（方明、董艳芳，2006）

由于住宅组团的布置方式和布局手法多种多样，组团绿地的大小、位置和形状也是千变万化的，有以下几种方式：

①把山墙间距离适当拉开，开辟成绿地。这种设计不仅为居民提供了一个有充足阳光的活动空间，而且从构图上打破了行列式山墙所形成的狭长胡同的感觉，产生较为丰富的空间变化。

②扩大住宅间距。在行列式布置中如果将适当位置的住宅间距扩大到原间距的1.5～2倍，就可以在扩大的住宅间距中布置组团绿地，并可使连续单调的行列式狭长空间产生变化。

③在地形不规则的地段，利用不便于布置住宅的角隅空地，安排绿地，能起到充分利用土地的作用。

④把绿地临街布置，绿化空间与建筑产生虚实、高低的对比，可以打破建筑连线过长的感觉，还可以使过往群众有歇脚之地。

⑤利用建筑形成的院子布置，不受道路行人车辆的影响，环境安静，比较封闭，有较强的庭院感。

⑥结合公共建筑布置，使组团绿地同附属绿地连成一片，相互渗透，可扩大绿化空间感。

⑦自由式布置的住宅，组团绿地穿插其间，组团绿地与庭院绿地结合，扩大绿色空间，构图也显得自由活泼。

组团绿地是当地居民半公共空间，应根据组团的规模、大小与形式、特征布置绿化空间。以不同的树木花草，强调组团特征，铺设一定面积的硬质地面，设置富有特色的儿童游戏设施等，有条件的还设置小型水景，使不同组团具有各自的特色。

3. 平台绿地 此处的平台绿地是指满足当地植树绿化覆土要求，方便居民出入的地下或半地下建筑的屋顶绿地。平台绿化一般要结合地形特点及使用要求设计，平台下部空间可作为停车库，辅助设备用房、商场或活动健身场地等，平台上部空间作为安全美观的行人活动场所。

绿化设计时要把握"人流居中，绿地靠窗"的原则，即将人流限制在平台中部，以防止对平台首层居民的干扰，绿地靠窗设置，并种植一定数量的灌木和乔木，减少户外人员对室内居民的视线干扰。

平台绿地应根据平台结构的承载力及小气候条件进行种植设计，要解决好排水和草木浇灌问题，也要解决下部采光问题，可结合采光口或采光罩进行统一规划。平台上种植土厚度必须满足植物生长的要求，一般控制厚度参见表12-5，对于较高大的树木，可在平台上设置树池栽植。

表12-5 平台绿地种植土厚度

（建设部住宅产业化促进中心，2006）

种植物	种植土最小厚度（cm）		
	南方地区	中部地区	北方地区
花卉草坪地	30	40	50
灌木	50	60	80
乔木、藤本植物	60	80	100
中高乔木	80	100	150

(二) 宅旁绿地

在小区总用地中，宅旁绿地占35%左右。住宅四周及庭院内的绿化是送到家门口的花园绿地，是住宅区绿化的最基本单元，最接近居民。宅间宅旁绿地一般不作为居民的游憩绿地，在绿地中不布置硬质园林景观，而完全以园林植物进行布置，当宅旁绿地较宽时（20m以上），可布置一些简单的园林设施，如园路、座凳、小铺地等，作为居民十分方便的安静休息用地。别墅庭院绿地及多层、低层住宅的底层单元小庭园，是仅供居住家庭使用的私人室外空间。

1. 宅旁绿地设计应注意的几个问题

①考虑到农民生产生活的特点，即"出门有菜园"的便捷生活方式，在各户楼门两旁和社区外围绿化带留有村民自主种植的区域，使村民在新居也可延续乡村传统的生活生产方式。

②宅旁绿化树种的选择要体现多样化，以丰富绿化面貌。宅旁绿化是区别不同行列、不同住宅单元的识别标志，因此既要注意配置艺术的统一，又要保持各幢之间绿化的特色。

③乔木和大灌木的栽植不能影响住宅建筑的日照、通风、采光，特别是在南向阳台、窗前不要栽植乔木，尤其是常绿乔木，绿化植物与建筑物、构筑物的最小间距参见表12-6。

表 12-6　绿化植物与建筑物、构筑物的最小间距
（建设部住宅产业化促进中心，2006）

建筑物、构筑物名称	最小间距（m）	
	至乔木中心	至灌木中心
建筑物外墙：有窗	3.0~5.0	1.5
无窗	2.0	1.5
挡土墙顶内和墙脚外	2.0	0.5
围墙	2.0	1.0
铁路中心线	5.0	3.5
道路路面边缘	0.75	0.5
人行道路面边缘	0.75	0.5
排水沟边缘	1.0	0.5
体育用场地	3.0	3.0
喷水冷却池外缘	40.0	—
塔式冷却塔外缘	1.5倍塔高	—

④住宅周围常因建筑物的遮挡形成面积不一的庇荫区，在树种选择上受到一定的限制，因此要注意耐阴树种、地被的选择和配置，确保阴影部位良好的绿化效果。

⑤住宅周围地下管线和构筑物较多，地下管线一般包括电信、电缆、热力管、煤气管、给水管、雨水管（目前少数社区的电信线、电力线采用架空线），地下地上构筑物包括化粪池、雨水井、污水井、各种管线检查井、室外配电箱、冷却塔和垃圾站等，在绿地中这些管线和构筑物都直接对绿化布置起限制作用。因此设计时应根据管线和构筑物分布情况，选择合适的植物，并在树木栽植时留够距离（表12-7），具体应按有关规范进行。

表 12-7　绿化植物与管线的最小间距

（建设部住宅产业化促进中心，2006）

管线名称	最小间距（m）	
	乔木（至中心）	灌木（至中心）
给水管、闸井	1.5	不限
污水管、雨水管、探井	1.0	不限
煤气管、探井	1.5	1.5
电力电缆、电信电缆、电信管道	1.5	1.0
热力管（沟）	1.5	1.5
地上杆柱（中心）	2.0	不限
消防龙头	2.0	1.2

⑥绿化布置要注意绿地的空间尺度，避免由于乔木种植过多或选择树种的树形过于高大，而使绿地空间显得拥挤、狭窄及过于荫蔽。乔木的体量、数量、布局要与绿地的尺度、建筑间距和层数相适应。

⑦要把庭院、屋基、天井、阳台、室内的绿化结合起来，把室外自然环境通过植物的安排与室内环境连成一体，使居民有一个良好的绿色环境心理感，使人赏心悦目。

2. 宅间绿化布置的形式

(1) 多层、低层行列式住宅群宅间宅旁绿地　多层、低层行列式住宅群体的布局形式中，建筑物一般沿东西向排列，宅间道路在住宅建筑北侧靠近住宅建筑布置，形成宅间和宅旁两种立地环境有明显差异的绿地。住宅建筑北侧与宅间道路间的宅旁绿地一般较窄，被住宅北面的单元入口分段，光照条件较差；绿地中地下管线和雨水井、检查井等管线和构筑物较多；绿化不能影响建筑物北窗、门的通风采光。绿化材料常采用浅根性、较耐阴的常绿灌木和地被植物，布置成较为规则的形式。

宅间道路以北至其北部的行列式住宅建筑之间，是宽达十多米的宅间绿地（又称幢间绿地），绿地集中成片，立地条件较好。一般在宅间道路北侧布置落叶乔木作行道树，绿地中要以常绿地被（或草坪）为主，适当布置以落叶乔木为骨干的树丛、灌木球和多年生花卉，形成开敞而简洁的绿色空间。具体配置形式可灵活多样，形成每一处宅间绿地风格基本统一又各有特色的绿化景观效果。宅间绿地一般不布置居民活动场地，地面以覆盖常绿地被为主，可减少日常养护管理，也较符合绿化配置中的生态要求。

宅间绿地中北面接近住宅南窗、阳台前的部位，不应布置常绿乔木（高大乔木至少离建筑 5～7m 定植），常自然式布置常绿大灌木，既不影响住宅通风采光，又可保持住宅内及庭院空间的私密性。

(2) 周边式布置的住宅群宅间宅旁绿地　周边式布置的住宅群体，一般有多层周边式布置住宅群和低层周边式布置住宅群两类。多层周边式住宅群大多围合中心公共绿地，一般为组团公共绿地；低层周边式住宅群大多围合庭园中的小游园或住宅群公共空间。建筑物近旁的绿地布置根据其面积大小和宽度进行，以衬托中心绿地或小游园为基本格局。绿地较宽时，可在靠近道路一侧布置乔木行道树或庭荫树，绿地较窄时，则布置常绿绿篱带、树球和地被。

(3) 多层点式及高层塔式住宅群宅间宅旁绿地　高层塔式住宅"四旁"绿地面积较大，宜成片种植地被、草坪和布置乔灌木树丛，形成与住宅建筑体量相协调的尺度较大、疏密有致、开敞明快的绿化景观，在高层阳台上可俯视景观效果。在每幢高层住宅边的较大绿地中，可布置面积不大的室外停留空间。多层点式住宅"四旁"绿地的平面形状和高层塔式大致相似，但面积尺度较小，绿化布置时，一般结合住宅道路的行道树布置乔木，在建筑物角隅和路口布置灌木丛或树球，其余地面铺植草坪或地被。

（三）配套公建所属绿地

社区内公共建筑、服务设施的院落和场地，如学校、幼儿园、托儿所、社区中心、商场、社区（或居住小区）出入口周围的绿地，除了按所属建筑、设施的功能要求和环境特点进行绿化布置外，还应与社区整体环境的绿化相联系，通过绿化来协调社区中不同功能的建筑、区域之间的景观及空间关系。

在主入口和中心地带等开放空间系统的重要部位，往往布置有标志性的喷泉或环境艺术小品的景观集散广场。景观集散广场、商场建筑周围和社区中心的绿地，要发挥绿化在组织开放空间环境方面的作用，绿化布置应具有较突出的装饰美化效果，以体现现代社区的环境风貌。近年来，常采用缀花草坪、铺地广场边的装饰花钵和模纹花坛，园林花木的布置宜简洁明快，多为规则式布局，植物材料以草坪、常绿灌木带和树形端庄的乔木为主。

（四）道路绿地

新型农村社区道路在平原区及微丘区一般采用人车混行的道路系统，对于特大型、大型的新型农村社区宜推广人车部分分流的道路系统；在重丘区及山区可根据地形特点将车行道与人行道分开设置，自成系统。

道路系统分级设置，一般分为三级：社区级道路、组团级道路和宅间道路（图12-9），其设置应符合表12-8的要求。道路系统联系了住宅建筑、社区各功能区、社区出入口至街道，是居民日常生活和散步休息的必经通道。道路空间是社区开放空间系统的重要部分，在构成社区空间景观、

图12-9　新型农村社区道路系统结构图（浙江省绍兴县新未庄）
（方明、董艳芳，2006）

小区内道路系统采用三级道路组合形式：主干道即连接组团
之间道路，宽8m，次干道宽6m，宅前道路宽3.5m

生态环境方面具有十分重要的作用。作为道路空间景观的重要组成成分，道路绿化自然发挥着多方面不可缺少的重要作用。道路绿化结合道路网络，将社区各处各类绿地连成一个整体，增加社区绿化覆盖率，发挥改善道路小气候、减少交通噪声、保护路面和组织交通等方面的作用。

表12-8 新型农村社区道路分级设置一览表

（河南省住房和城乡建设厅，2012）

	特大型社区		大型社区		中型社区		小型社区	
	道路红线	建筑控制线	道路红线	建筑控制线	道路红线	建筑控制线	道路红线	建筑控制线
社区级道路	10～20m	20～30m	8～15m	14～21m	8～12m	14～18m	8～10m	14～16m
组团级道路	8～12m	14～18m	8～10m	12～14m	6～10m	10～14m	6～8m	10～12m
宅间道路	4～6m	6～8m	4～6m	6～8m	4～6m	6～8m	4～6m	6～8m

1. 社区级道路绿化 社区级道路是联系各住宅组团之间的道路，是组织和联系小区各项绿地的纽带，对居住小区的绿化面貌有很大作用。这里以人行为主，也常是居民散步之地，树木配置要活泼多样，根据居住建筑的布置、道路走向以及所处位置、周围环境等加以考虑。树种选择上可以多选小乔木及开花灌木，特别是一些开花繁密的树种、叶色变化的树种，如合欢、樱花、五角枫、紫叶李、乌桕、栾树等。每条道路又选择不同树种、不同断面种植形式，使每条路各有个性，在一条路上以一两种花木为主体，形成合欢路、樱花路、紫薇路、丁香路等。

在靠近建筑一侧的绿地中进行绿化布置时，常采用绿篱、花灌木来强调道路空间，减少交通对多层低层住宅的底层单元的影响。

2. 组团级道路绿化 一般以通行自行车和人行为主，绿化与建筑的关系较密切，还需满足救护、消防、清运垃圾、搬运等要求。

3. 宅间道路绿化 宅间道路是联系各住宅的道路，供人行走，绿化布置时要适当后退0.5～1m，以便必要时急救车和搬运车驶近住宅。小路交叉口有时可适当放宽，与休息场地结合布置，也显得灵活多样，丰富道路景观。行列式住宅各条小路，从树种选择到配置采取多样化的方式，形成不同景观，也便于识别家门。

（五）活动场地

1. 休闲广场 休闲广场应设于住区的人流集散地（如中心区、主入口处），面积应根据住区规模和规划设计要求确定，形式宜结合地方特色和建筑风格考虑。广场上应保证大部分面积有日照和遮风条件。

广场周边宜种植适量庭荫树和设置休息座椅，为居民提供休息、活动、交往的设施，在不干扰邻近居民休息的前提下保证适度的灯光照度。广场铺装以硬质材料为主，形式及色彩搭配应具有一定的图案感，不宜采用无防滑措施的光面石材、地砖、玻璃等。广场出入口应符合无障碍设计要求。

2. 健身运动场地 居住小区的运动场所分为专用运动场和一般的健身运动场，小区的专用运动场多指网球场、羽毛球场、门球场和室内外游泳场，这些运动场应按其技术要求由专业人员进行设计。健身运动场应分散在住区方便居民就近使用又不扰民的区域。不允许有机动车和非机动车穿越运动场地。

健身运动场包括运动区和休息区。运动区应保证有良好的日照和通风，地面宜选用平整防滑、适于运动的铺装材料，同时满足易清洗、耐磨、耐腐蚀的要求。室外健身器材要考虑老年人的使用特点，要采取防跌倒措施。休息区布置在运动区周围，供健身运动的居民休息和存放物品。休息区宜种植遮阳乔木，并设置适量的座椅。有条件的小区可设置直饮水装置（饮泉）。

3. 儿童活动场地　社区中儿童占有相当比重，在社区设置专门的儿童游戏场，使儿童拥有自己活动的小天地，有利于儿童的身心健康与智力开发，有利于儿童的意志与性格的锻炼，满足社区儿童活动交往的心理需求，也是社区"人居"与"人聚"环境创造的基本要求。

(1) 儿童游戏场的设计原则　不同年龄组儿童的行为和游戏特征不同，在游戏场的位置上应尽量满足各年龄组儿童的需求，并设计好合适的活动设施及周边环境，保证儿童活动的正常进行及活动的安全性。

①在不同地段设置不同规模的场地和设施。儿童游乐场应该在景观绿地中划出固定的区域，一般均为开敞式。在社区公园和小区游园中应设置比较齐全的儿童游戏场地和设施，在组团绿地中设置相对简单的场地和设施，如滑梯、转椅、秋千等，而宅间绿地设置沙坑、木马等为幼儿使用。这些场地面积包括在绿地指标中。

②游乐场地必须阳光充足，空气清洁，能避开强风的袭扰。应与住区的主要交通道路相隔一定距离，减少汽车噪声的影响并保障儿童的安全。游乐场的选址还应充分考虑儿童活动产生的嘈杂声对附近居民的影响，距离居民窗户10m远为宜。

③合理利用地形，形成丰富的游戏空间。儿童游戏场的设立，可根据社区的地形变化，设置下沉或抬升的游戏场地，这样容易形成相对独立、安全、安静的儿童游乐空间。

④合理设置休息设施。在保证有良好的日照、通风、排水良好地段的前提下，要设置便于家长休息的阴凉空间和安放休息设施，家长可以一边休息一边看护自己的孩子，可设置荫棚、座椅、花架等。

⑤设置形象生动和能调动参与热情的雕塑设施、园林小品。儿童游乐场设施的选择应注重教育性、知识性、科学性、趣味性、娱乐性的有机结合，应能吸引和调动儿童参与游戏的热情，兼顾实用性与美观。色彩可鲜艳但应与周围环境相协调。游戏器械选择和设计应尺度适宜，避免儿童被器械划伤或从高处跌落，可设置保护栏、柔软地垫、警示牌等。

⑥社区中心较具规模的游乐场附近应为儿童提供饮用水和游戏水，便于儿童饮用、冲洗和进行筑沙游戏等。

(2) 植物种植要求

①选择合适的植物，儿童游戏场的树种选择要注意"五忌"：忌用有毒植物——夹竹桃植株有毒，凌霄花粉有毒；忌用有刺植物——有刺植物易刺伤儿童皮肤和刺破儿童衣服，如枸骨、刺槐、蔷薇、紫叶小檗等；忌用有刺激性和有奇臭的植物——它们会引起儿童的过敏性反应，如海州常山、蓖麻、苦楝、黄连木等；忌用易招致病害及易结浆果的植物，如榆树、金银木、构树、乌蔹莓等；忌用给人体呼吸道带来不良作用的植物，如杨树、垂柳、悬铃木。

②用植物分隔空间：儿童游戏场地四周可用植物分隔空间，形成相对封闭而独立的场

地，既有利于儿童活动安全，又可减少儿童嬉戏时对居民产生的噪声干扰，使社区保持安静、舒适。

③保证绿化面积：儿童游戏场应充分绿化，绿化面积不少于50%，充分利用活动设施之间的空隙进行绿化。

④应符合儿童需要：儿童游戏场所选树种不宜过多，配置方式应符合儿童心理，色彩宜鲜艳，体态应活泼，有利于儿童记忆和识别。可选树种有樱花、石榴、木槿、丁香、紫薇等。

4. 停车场 社区停车场绿化是指居住用地中配套建设的停车场用地内的绿化。停车场的绿化景观可分为：周界绿化、车位间绿化和地面绿化及铺装，其设计要点参见表12-9。除用于计算社区绿地率指标的停车场按相关规定执行外，停车场在主要满足停车使用功能的前提下，应进行充分绿化。

停车场的种植设计应符合下列规定：

①树木间距应满足车位、通道、转弯、回车半径的要求。

②应选择高大庇荫落叶乔木形成林荫停车场。庇荫乔木分枝点高度的标准是：大、中型汽车停车场应大于4.0m，小型汽车停车场应大于2.5m，自行车停车场应大于2.2m。

③停车场内其他种植池宽度应大于1.2m，池壁高度应大于20cm，并应设置保护设施。

表12-9 停车场绿化设计要点
（建设部住宅产业化促进中心，2006）

绿化部位	景观及功能效果	设计要点
周界绿化	形成分隔带，减少视线干扰和居民的随意穿越，遮挡车辆反光对居室内的影响，增加了车场的领域感，同时美化了周边环境	较密集排列种植灌木和乔木，乔木树干要求挺直；车场周边也可围合装饰景墙，或种植攀缘植物进行垂直绿化
车位间绿化	多条带状绿化种植产生陈列式韵律感，改变车场内环境，并形成庇荫，避免阳光直射车辆	车位间绿化带由于受车辆尾气排放影响，不宜种植花卉，为满足车辆的垂直停放和种植物保水要求，绿化带一般宽为1.5~2m，乔木沿绿带排列，间距应≥2.5m，以保证车辆在其间停放
地面绿化及铺装	地面铺装和植草砖使场地色彩产生变化，减弱大面积硬质地面的生硬感	采用混凝土或塑料植草砖铺地，种植耐碾压草种，选择满足碾压要求具有透水功能的实心砌块铺装材料

（六）新型农村社区绿地植物配置及树种选择

社区绿地的植物配置是构成社区绿化景观的主题，它不仅起到保持、改善环境，满足居住功能等作用，而且还起到美化环境、满足人们游憩的作用。

农民集中居住区的主体是农民，他们是一群特殊人口，有别于都市人口和仍居住于乡村的农村人口。他们渴望城市的生活，又希望居住环境具有亲切感，不加改动、一味地沿用城市小区绿化景观造景模式会给他们造成对居住环境的陌生感和不适应感，使得设计出的绿化景观效果不具有功能效应。因此，在设计中要剖析村民的心理情感，突出人性化景观功能，坚持以人为本的规划理念。植物配置应充分结合"农村集中居住区"概念的特点，设计形式不要过于"城市化"。

1. 植物配置的原则 社区植物配置总的原则是：充分考虑到植物的生物学特性，做到适地适树，最大限度地发挥其使用功能，满足人们生活、休息的需要。根据社区的各种环境要求，在进行植物配置和选择植物时应把握以下原则：

①异地新建新型农村社区植物配置要统一规划，反映地域田园特色与文化特色。

②要考虑四季景观及早日普遍绿化的效果，采用常绿树与落叶树、乔木和灌木、速生树与慢长树、重点与一般相结合，不同树形、色彩变化的树种的配置。使乔、灌、花、草相映于景，丰富美化居住环境。

③植物种植形式要多样。除道路两侧需要成行栽植冠幅大、遮阴好的树木外，可多采用丛植、群植等手法，以打破行列式住宅群的单调和呆板感，以植物布置的多种形式，丰富空间的变化，并结合道路的走向、建筑、门洞等形成对景、框景、借景等，创造良好的景观效果。

④立体绿化。要多种攀缘植物结合，以绿化建筑墙面、各种围栏、矮墙，提高社区立体绿化效果，并用攀缘植物遮蔽不美观之物。

2. 植物配置方法

(1) 空间处理 社区除了中心绿地外，其他大部分绿地都分布在住宅前后，其布局大都以行列式为主，形成平行、等大的绿地，狭长空间的感觉非常强烈，因此，可以充分利用植物的不同组合，打破原有的僵化空间，形成活泼、和谐的空间。根据植物的生态特性，可分为：

①适合于作上层栽植的植物：落叶乔木包括银杏、白蜡、栾树、元宝枫、柿树、杜仲、泡桐、刺槐、悬铃木。常绿乔木包括白皮松、雪松、华山松、蜀桧、侧柏、油松、洒金柏。

②适合于作中层栽植的植物：适合于林下遮阴条件下的植物包括鸡麻、连翘、小花溲疏、天目琼花、红瑞木、金银木、麻叶绣线菊、棣棠。适合于林下半阴或全光照条件下的植物包括紫荆、猬实、太平花、珍珠梅、紫叶小檗、铺地柏、紫穗槐。适合于林缘或疏林空地栽植的植物包括黄栌、西府海棠、紫叶李、紫薇、丰花月季、榆叶梅、锦带花、平枝栒子、迎春、牡丹。

③适合于作下层栽植的植物：紫花地丁、金银花、扶芳藤、白三叶、草坪草、铺地柏、常春藤等。

(2) 线型变化 由于社区绿地内平行的直线条较多，如道路、围墙、居住建筑等，因此，植物配置时可以利用植物林缘线的曲折变化等手法，使平行的直线融进曲线。突出林缘曲线变化的手法有：

①灌木边缘栽植，利用花灌木矮小、枝密叶茂的特征，如郁李、金钟花、火棘、迎春、棣棠、木瓜海棠、贴梗海棠等植物密栽，使之形成一条变化的曲线。

②孤植球类栽植，在绿地边缘挑出几个孤植球，增加边缘线曲折变化。突出林冠线起伏变化的手法有利用尖塔形植物如水杉、铅笔柏、龙柏、桧柏、蜀桧等，此类植物构成林冠线起伏变化较强烈、节奏感较强；利用地形变化，使高低差不多的植物也有相应林冠线起伏变化，这种变化较柔和，节奏感较慢。

(3) 季相变化 社区是居民一年四季生活、憩息的地方，植物配置应该有季相变化，使之同居民春、夏、秋、冬的生活规律同步。

一个社区内应该注意一年四季季相变化，使之产生春则繁花似锦、夏则绿荫暗香、秋则霜叶似火、冬则翠绿常延的景观，如春以樱花为主附以玉兰，夏以百日红为主附以棣棠，秋以石榴为主点缀柿子树并配以红枫，冬以蜡梅、云杉为主并穿插红瑞木。这样达到了四季皆有景，不同季节有不同的景观效果。

3. 植物选择

①在植物选择上优先考虑美观的乡土植物、经济植物和园林植物的结合。运用村民熟知的植物，如核桃、梨树、香椿、桑树等，这类植物是很好的经济树种，也同样具有观赏价值。通过对这类植物的运用，一方面展示出社区景观的乡村元素，另一方面给社区带来经济效益，是景观生态性、实用性、人文性和地方性的有机结合。这样既体现出规划设计的人文关怀，又展示了农村绿化景观的特色，同时具有良好的经济效益。

②树种宜选择生长健壮、少病虫害、便于管理、有地方特色的优良树种。

③无污染、无伤害。忌栽植有毒、有刺尖、有异味、易引起过敏的植物，应选无飞毛、少花粉、落叶整齐的植物。

>>> 第十三章 乡村庭院绿化

随着农村居民生活水平的提高和美好乡村建设步伐的不断推进，庭院绿化美化越来越引起人们的重视，在庭院中种树栽花、绿化造景，创造一个休闲、舒适的宜居环境，已逐步成为人们追求的目标。农村庭院绿化并不只是简单地栽几棵树，而是构建一个适宜人类生存居住的和谐生态系统。不同的地区、不同的农户、不同的自然社会环境，对农家庭院绿化模式的要求不同，应本着因地制宜、因户制宜、灵活多样、量力而行的原则，选择适当的绿化模式。

一、我国农村庭院的结构

我国农村庭院结构是农村庭院总体功能的一个决定性因素，并且已经形成了不同地区、不同民族农家院落的独特结构格局。

1. 北方地区 我国广大的北方地区气候干燥而且寒冷，冬季经常刮着凛冽的西北寒风。因此，当地农村庭院结构的基本特征是以保温、采暖、防寒、防风等功能为主。例如，在房屋的朝向选择上，基本上是以坐北朝南和背山面水的格局为主。如华北、东北与陕西一带农村的四合院结构、延边朝鲜族的一字形庭院结构、藏族的碉房等。

2. 南方地区 我国的南方地区气候炎热、降水量大、空气潮湿、河渠纵横。因此，庭院结构的基本特征是靠山沿溪、朝向随意、轻盈疏透、通风良好。例如，广东一带的三合院结构、浙江乌镇一带的水阁与临溪建筑、苗族的吊脚楼建筑、福建客家的土楼建筑、广西龙胜壮族的麻栏结构、傣族的竹楼等。

3. 西北地区 我国西北的黄土高原地区不但气候干燥寒冷、风沙狂暴，同时由于历史上长期以来人类对森林的毁灭性破坏，当地十分缺乏木材一类的常规建筑材料，因此，这些地方只能利用当地深厚的黄土层，挖掘出冬暖夏凉的窑洞结构或者采用版筑法（类似干打垒）建设的农村庭院建筑格局。

4. 北方草原和林区的少数民族 居住在我国北方草原和林区的一些少数民族，历史上主要过着以游牧、狩猎为主的生活。他们常常是居无定所或者逐水草而居。因此，他们的庭院住房必须具有防寒、轻巧、移动和搭建方便的特殊结构格局。例如，北方草原地带蒙古族居住的蒙古包、东北林区鄂伦春族居住的仙人柱、西北草原地区哈萨克民族居住的毡房等。

以上这些农村庭院格局，都充分地反映了全国各地不同民族对当地的地形地貌条件、物产条件、气候条件、经济条件、生活方式、文化传统、传统习俗、道德伦理、宗教信仰等自然环境与社会经济环境长期适应、利用与改造的历史阶段定格。随着当地气候、物产、经济、文化教育、宗教信仰等条件的不断变化或进步，各地农村的庭院结构必然发生相应的变化。例如，随着农业机械的应用，农村庭院逐渐增加了车库、机库；随着钢筋混凝土在农村庭院的使用，住宅的木结构比例在逐渐减少，建筑形式也发生了相应的变化；随着一些地区地下水位的不断下降，水井这个农村庭院的重要组成部分已经逐渐消失；随着农民经济收入的不断增加，砖瓦建筑开始取代过去的泥土建筑。因此，随着我国农村资源环境的不断变化和社会经济的逐渐发展，农村庭院的结构必然会不断发生着变化。

二、农村庭院绿化美化与庭院经济

农村庭院的范围主要是指房前、屋后、宅旁的空隙地。幽静雅致而又朴实温馨的乡村庭院是农民的家园，通过庭院绿地的绿化美化，可以提高农村庭院环境质量，提升农民居住条件和农村居民综合生活品位，使村民在农村庭院中安居乐业。

我国国民经济和社会发展"十一五"规划中已明确提出了"生产发展、生活富裕、乡村文明、村容整洁、管理民主"的新农村建设目标和要求。庭院绿化作为庭院经济的生活与生产活动，在社会主义新农村建设过程中，自然扮演着重要的角色。

近年来，一些地方以建设全面小康社会为目标，以提高农民生活质量为出发点，以乡村自然院落为单位，大力开展了"生态文明村落"创建活动。"生态文明村落"确立了"五个五"的建设目标，即"五改""五通""五园""五治"和"五进家"。其中的"五园"就是指在院前屋后建设小菜园、小果园、小竹园、小花园、小药园，把院落建设与发展庭院经济、生态农业结合起来。例如在20世纪80年代，界首市、太和县乡村就发展了小果园、小药园、小菜园、小养殖场、小加工作坊，颍上、临泉发展了小竹园、小林园、小桑园、小花园、小鱼池等，阜阳城郊农村庭院发展小菜园、小果园、小养殖场、小加工作坊，他们都把发展庭院经济与绿化结合起来，既美化了环境，又获得了一定的经济收入。据相关部门对阜阳"八五"时期的抽样调查，共对100户595人进行统计，统计结果显示：家庭从庭院经济中获得的总收入为10.85万元，人均182.35元。"八五"期间，阜阳的农民纯收入为681.4元，庭院经济的人均收入占当时农民纯收入的26.76%，这个比例在当时来说是相当可观的和比较实惠的。

三、农村庭院绿化设计应注意的几个问题

农村庭院既是农民生活的场所，也是他们从事家庭生产的场所，因此庭院具备多种复合功能，如下棋、打牌、和邻居家人聊天等娱乐活动，也有家庭种植、手工生产、农机具存放等生产功能，同时又由于农村的庭院面积一般并不是很大，为了在这有限的空间里将这一小块地方利用好，绿化设计应该注意以下几点：

①村民庭院绿化要将观赏、使用、经济三者有机结合起来，选择既好看又实用的树种栽植，取得良好效果。庭院绿化如果不从经济入手很难为广大农民所接受，所以庭院绿化必须和庭院经济相结合。最合理的庭院绿化是既要为人们生活创造良好的生态环境，又可以获得较高的经济收益。

②要根据住宅布置形式、层数、庭院空间大小选择植物，既要考虑住户室内的安宁、卫

生、通风、采光等要求，又要考虑居民的视觉美和嗅觉美。

③庭院里和房前屋后以布置少量高大阔叶乔木和花灌木为主，也可选择一些经济类干鲜果树栽植，达到绿化美化、遮阳降温、减少尘埃、吸收噪声、保护环境的功能。以北京地区为例，防护遮阳类阔叶乔木有毛白杨、柳树、国槐、千头椿、泡桐、悬铃木、白蜡等；经济树种有樱桃、杏、海棠、枣、山里红、葡萄、核桃、柿子、花椒等；观赏花灌木有牡丹、西府海棠、玉兰、丁香、紫薇、月季、蔷薇、爬山虎、凌霄、紫藤等。

④村民住宅前后如有可利用的零星边角空地，在经村委会同意的前提下，可以栽植干鲜果树、速生用材树等，以获得一定的经济收益。也可按照农民个人喜好，栽植各类观赏树木、花灌木等。

⑤开拓绿化空间，增大绿量。因为庭院的绿化用地较小，因而庭院绿地设计要提倡垂直绿化、屋顶绿化、盆栽绿化等，努力开拓绿化空间。以庭院绿化、美化为基础，因地制宜，灵活安排，种植、养殖、旅游观光、手工艺品加工等多种经济方式并举，适合什么就发展什么。庭院内外既可栽植杨树、松树等用材树种，也可栽植山杏、苹果等果树；林下既可培育蔬菜瓜果，也可养殖鸡、鸭、牛、羊等家禽，家畜家禽的粪便集中起来开发沼气，沼气废液又成为林木和其他植物的最好肥源。屋顶和墙面既可用爬山虎、山荞麦、葡萄等藤本植物绿化，也可用菜瓜、南瓜、冬瓜、豌豆、豆角、菜豆等攀缘蔬菜绿化。低洼处挖池养鱼种植莲藕（图13-1）。

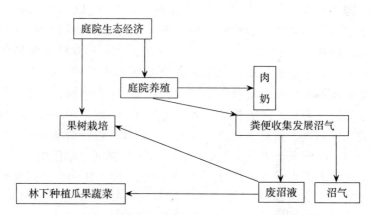

图 13-1　农村庭院绿化"海、陆、空"模式示意
(吴云霄等, 2008)

⑥尊重群众风俗习惯。农村庭院绿化与村民的日常生活息息相关，关系到村民的衣、食、住、行、生、老、病、死等生活方面。农村庭院绿化要尊重当地群众的风俗习惯和当地农村庭院的特殊要求，不在庭院的房前、屋后、门前两侧栽植群众忌讳的树种，绿化后不应影响群众的正常生活和生产活动。例如，一些地区就有"前不栽桑，后不栽柳，门前不栽鬼拍手（杨树）"等，还有的村民认为街门左右不宜栽植松柏类树种。应该了解并尊重村民的风俗习惯，再进行绿化规划。

四、农村庭院绿化模式

农村庭院绿化在于充分、合理、巧妙、有效地利用院落空间。根据自家的环境，采用一两种最有效的种植形式,选种几种最喜欢的树木花草,把改善生态环境、美化农家院落、陶冶情操与农宅庭院经济结合起来。

(一) 农宅周边绿化

独家散居没有围墙的农户,可以在院落周围打上木(水泥)桩,拉上几道铁丝或用植物嫩枝编织围篱,栽种葡萄、金银花、佛手瓜、豆角等藤蔓植物组成围篱或种植有棘刺的玫瑰、月季、海棠、花椒等直立植物,围栽成绿墙,既通风遮阳又隔离保护,只要精心管理就能花团锦簇,硕果累累,并有极好的收益。

墙边树下宜种麦冬、玉簪、黄花菜、桔梗、杭菊等多年生药用、食用植物,既覆盖地面美化庭院又有收益(图 13-2、图 13-3)。

图 13-2 用植物嫩枝编织的围篱
(张晓峰,2003)

图 13-3 墙边树下种植的药用植物(北京密云河西村)

(二) 农宅院落绿化

由于各个地区、各个农户的经济状况,自然条件及庭院占地面积各不相同,农家庭院绿化美化应因地制宜,因户制宜,模式多样,各具特色。现介绍几种农家庭院开发利用、绿化美化的方式,以供参考和借鉴。

1. 园林庭院型 此模式适用于经济条件好,且庭院面积较大的农户。可以在庭院中栽培桂花、玉兰、铁树、月季、芙蓉、兰花、杜鹃、牡丹等观赏植物;有条件者,还可以建造水池、水景、亭廊等(图 13-4、图 13-5)。

2. 花卉庭院型(小花园) 此模式适用于家庭较殷实,爱好并懂得花卉栽培技术,但庭院占地面积不大的农家。种植以灌木、草本为主的花木或地被,既可四季观叶、观花、观果,自得其乐,又可出售部分花木获取收益,还可设置斜面花台,扩大花木摆放面积。有条件者,还可建筑各式花棚或小型温室。

3. 果树庭院型(小果园) 一是单一果院型,以某种果树为主,如梨、苹果、枣或柑橘,基本上形成一个小果园。二是混杂果院型,因庭院面积相对较小,可选择数种果树品种栽植,每个品种一至数株,每年可收获多种果实。

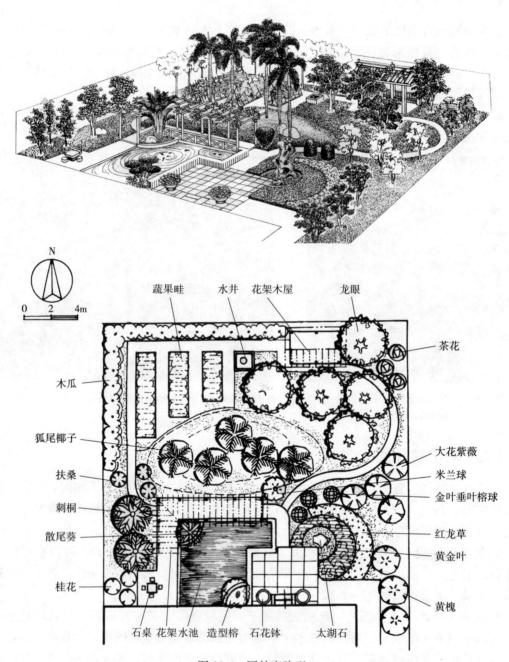

图 13-4 园林庭院型
（魏贻铮，2007）

这是一个集花园、果园、菜园于一体的庭院，住宅前的铺地露台、花境、水池、矮墙用花架围合，菜畦上是整齐架着细条竹的人字瓜架、西红柿架，墙边列植木瓜，具有浓郁的乡村气息。

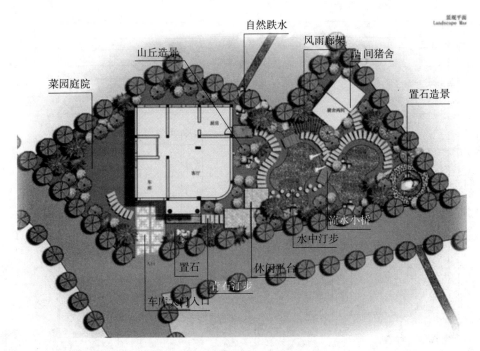

图 13-5 园林庭院型

设计结合农村的实际情况，充分考虑美观、实用性以及项目所处的乡村自然环境，设置了几个功能区：
①南面正门的设计简洁、大方、清新，并有一车库的通道。
②建筑东面结合农村自然优美的环境和现场情况，利用原有小水渠来造水景，融合廊架等构筑物，形成美丽的中心景观。通过中心景观造景把住宅与猪舍分隔开来，但又保持空间上的联系。
③建筑西面部分主要设计一个半通透的隔断围墙，在绿化植物的掩映下，种植蔬菜，整个庭院生机盎然。
④在绿地中设计微地形，从而丰富空间的层次感和视觉效果。

4. 林果庭院型 一般农户均可选择此类型，我国北方面积为 $120\sim300m^2$ 的农村庭院，西北方可种植数排梧桐、榆、柳、槐，以起到挡风的作用，而东南方可种植葡萄、石榴、桃、李、梨等，也可间种几株香椿、国槐、柳，还可以在空隙处种一些花卉。房前场院种植果树，屋后场地栽培林木或翠竹。栽培林木种类可多样，乔、灌木结合效果好，果树品种不宜多，分门别类管理，林木和果树不要混交栽种，否则果树易遭荫蔽而产量低。

5. 林木庭院型 林木稀少，用地缺乏，或气候、土壤等条件较恶劣，经济基础薄弱地区的农户可首先选择这一模式。优先栽培适宜的乔木树种，可以多树种搭配，常绿和落叶树种混交，要注意密度适当，如密度过大，虽有绿化成效，但长时间难以长成大材。

6. 果菜间作型 对于庭院宽大、四周通风透光、土层深厚适宜种植的农家，家有 $1\sim2$ 名辅助劳力，有一定的种植、养殖技术，即可成为庭院开发与利用的有利条件。

大门外两旁种植经济林木或观花、观果树，如柿子、香椿等，呈行列式种植。庭院内栽矮化丛形小冠果树，如李、石榴等，可以密植。果树行距大、株距小，便于间作。套种各种蔬菜，如番茄、地芸豆、草莓、韭菜，小拱棚地膜覆盖（图 13-6）。

以北京地区和无锡市为例，可以采用表 13-1、表 13-2 中的庭院绿化模式。其他地区应根据所在地区的地理气候环境、经济、文化等因素进行不同类型的农村庭院绿化模式，合理利用生态资源，营造高效的生态系统，改善农居环境。

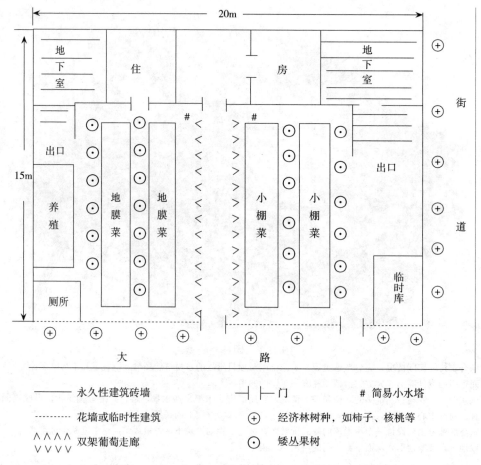

图 13-6 果菜间作型庭院设计图
(蓼生，2000)

表 13-1 北京地区庭院绿化模式
(纪书琴等，2011)

模式	适用农户	适用植物	注意事项
园林为主型	经济条件好，庭院面积较大	玉兰、海棠、碧桃、牡丹、樱桃、竹子等，再配合月季、菊花等观赏类花卉，形成微缩的城市公园或园林景观，达到曲径通幽的效果	可搭配水池、喷泉、假山、亭廊等建筑
林木为主型	庭院面积较大，当地经济基础薄弱、林木稀少、用材缺乏或气候、土壤等条件较恶劣	以高大乔木为主，灌木为辅。厨房附近宜种植可吸附油烟及灰尘的刺槐、杨树；厕所及猪圈附近宜种植榆树、国槐；厅房附近宜种植榆树、国槐；屋后宜种植枝干较小的树种或间种蔷薇科果树	可多树种搭配，常绿和落叶树种混交，密度适当
林果为主型	庭院面积为120~300m²	西北方可种植数排榆树、柳树、刺槐用以挡风；东南方可种植果树类的经济植物，间植香椿等叶菜类林木，增加经济效益；林木与果树的空隙种植耐阴花卉或绿草。树种以梨、石榴、葡萄、枣、柿子、杏、李子等为主	栽培林木品种可多样，乔灌木结合效果好，果树品种不宜多，林木和果树不要混交栽种，各农家种的果树品种应各不相同，有助于产生互补效应

(续)

模式	适用农户	适用植物	注意事项
花卉为主型	经济基础好,户主爱好并懂得花卉盆景制作、栽培技术或庭院占地面积小	栽种花卉为主,间种乔木	可设置斜面花台,扩大花木盆景摆放面积。有条件者,还可建筑各式花棚或小型温室,发展树桩盆景、山石盆景等
蔬菜为主型	经济基础弱或主业不务农的户主	蔬菜,如黄瓜、茄子、豆角、番茄;围墙的垂直绿化可选择藤本类植物,如紫藤、爬山虎、常春藤等	可搭设篱笆、棚架

表 13-2　无锡农村庭院绿化单元结构与功能布局
(祁力等,2008)

绿化单元	结构布局		主要绿化形式	主要组成树种	主要功能
	占院落面积比率(%)	绿化覆盖率(%)			
前庭	30~90	12~35	花坛、花池、花境、花台、绿地	桂花、月季、蜡梅、石楠、桃、石榴、广玉兰、含笑、黄杨、红枫、茶花、火棘、枇杷等,以花灌木为主	观赏、美化、果用
左庭	10~25	25~40	花池、花境、廊架、树列、绿地、盆景	桂花、枣、无花果、月季、葡萄、紫藤、柑橘等,以经济林果和花灌木为主	观赏、遮阳、休闲
右庭	10~25	25~40	花池、花境、树列、绿地、盆景	桂花、枣、无花果、月季、桃、石榴、栀子、黄杨等,以经济林果和花灌木为主	观赏、遮阳、休闲
后院	5~10	60~90	竹苑、花池、树列、绿地	刚竹、孝顺竹、棕榈、桃树、水杉、银杏、枫杨、朴树等,以竹类和高大乔木为主	观赏、休闲、苗圃
外围	<10	40~60	行道树或小游园	榉树、广玉兰、香樟、棕榈、水杉、朴树、桂花、月季、红枫、茶花、石楠等,以景观乔木和花灌木为主	观赏、护路、防风、休闲

(三) 立体绿化

立体绿化是指利用地面以上的各种不同立地条件,选择各类适宜植物,栽植于人工创造的环境,使绿色植物覆盖地面以上的各类建筑物、构筑物及其他空间结构的表面,利用植物向空间发展的绿化方式,包括建筑墙面、坡面、屋顶、门庭、花架、棚架、阳台、廊、柱、栅栏、枯树、假山及建筑设施上的绿化。立体绿化可以充分利用空间,节省土地。

1. 墙体、篱笆绿化　院墙和篱笆是我国北方农村庭院重要的防护设施。它不但界定了农民居住地的全部范围和归属,同时又是农民居住安全的重要保障和改变庭院环境因子的重要设施。我国农村庭院的院墙结构有砖结构、土坯结构、石块结构和夯土结构;庭院的篱笆一般用秫秸、木棍、树条、板皮、毛竹、芦苇等材料建成。围墙和篱笆具体的利用方式有以下三种。

(1) 利用院墙和篱笆栽培攀缘植物　在庭院围墙和篱笆这些设施的内侧,栽植攀缘植物,利用这些植物的攀缘特性,形成一个绿色围墙,既能装饰美化院落,又能吸收热能降低室内温度,增加湿度,并能隔音滞尘净化空气。可供选择的植物有爬山虎、凌霄、常春藤、金银花、葡萄、树莓、何首乌、蔷薇、豆角、丝瓜、葫芦、苦瓜、茑萝等。

(2) 利用特殊修建的院墙栽培经济植物 这种方式是在修建院墙的时候，在墙体上设计一些专门的植物栽培槽，槽内装满栽培植物用的基质，用来栽培蔬菜、花卉等绿色植物（图13-7）。在湿润多雨地区，可以用土壤作基质直接栽培。在干旱的地区，可以用蛭石、河沙、泥炭等作为基质，进行营养液滴灌栽培。

(3) 附壁立体绿化 附壁栽培主要是利用房屋墙壁的立体空间进行立体绿化、美化的一种方式。这种立体绿化形式不但北方可以应用，在我国南方农村庭院里更加适合。具体做法有两种方式：第一种称为附壁钉桩拉线法，如图13-8所示，在建筑物周围栽培攀缘植物，在墙壁上打入铁钉、竹钉，拉上铁丝，将攀缘植物如葡萄、丝瓜、佛手瓜、小葫芦、金银瓜等的藤蔓在铁丝上加以固定。第二种方式称为附壁篱架法，在墙壁外侧固定上竹竿编织成的骨架，作为绿色植物的附着物。有了这些附着物以后，就可以使绿色植物爬满整个建筑物（图13-9、图13-10）。这样既美化了环境又减少了植物与院子争光的矛盾。

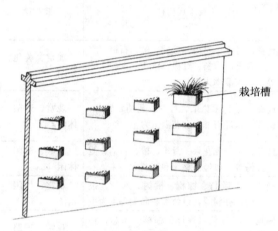

图13-7　院墙立体栽培图示
（云正明，2002）

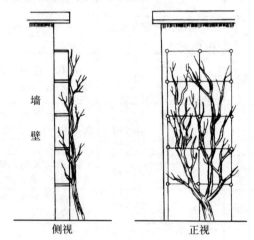

图13-8　附壁钉桩拉线法示意图
（云正明，2002）

图13-9　苹果树墙给庭院增添了亮色，节省了空间
（张晓峰，2003）

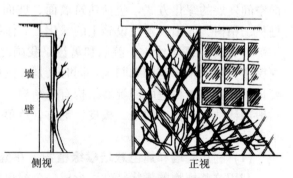

图13-10　附壁篱架法示意图
（云正明，2002）

2. **廊道绿化**　人行廊道是任何一个农村庭院都必须具备的重要组成部分。它包括门廊、通道、天井、影壁等。这些场所除了影壁以外，一般必须保证留有 2.2m 以上的人类活动空间。因此，在这些地方上搭上棚架，进行绿色植物栽培是一种很好的方式（表 13-3）。这样不但可以有效地利用庭院平面空间，还能够形成一个优美的绿色廊道，为人们遮蔽骄阳，同时还可以增加经济效益。可以应用的植物有葡萄、猕猴桃、葫芦、瓜类等。

表 13-3　农村庭院廊道栽培图示说明
（云正明，2002）

名称	图示	简要说明
拱形门廊栽培		在门口台阶的两侧，砌上水泥池或砖池，上面用竹竿、铁杆或塑料管制成拱形支架，拱形支架比门宽度和高度各长 50～60cm，池中栽培葡萄、葫芦等攀缘植物，这些植物的藤蔓爬在支架上，形成一个绿色的拱
长方形门廊栽培		这种结构基本上与拱形门廊相同，只是上边不是拱形而是方形的
折扇形影壁栽培		临街的大门里面，用竹竿、铁杆、木条等制成折扇形的支架，支架下面的栽培池中，栽培蔷薇等攀缘花卉或葡萄、树莓等攀缘果树，使之爬上支架形成一扇浓绿美观的屏风

(续)

名称	图示	简要说明
单侧门廊栽培	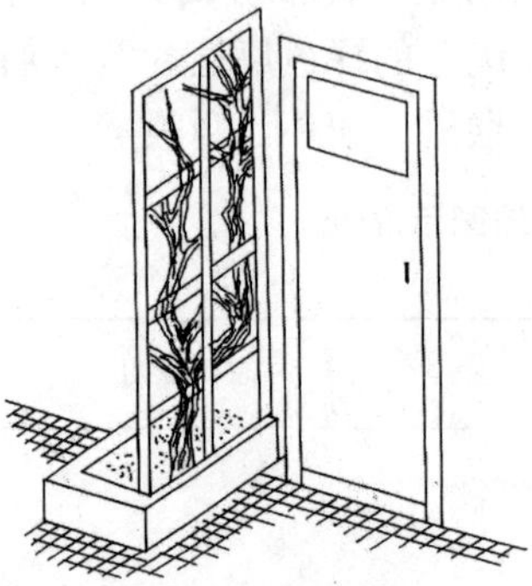	有一些农村庭院房屋的屋门上方建有雨搭,利用它的一侧建上支架,下面种植一些攀缘植物,成为一个单面的绿色屏障
拱形廊道栽培		在农村庭院的人行道路上,用铁管、塑料管、竹片等材料绑扎成拱形棚架,高度2.5m以上。棚架两侧地下栽培池中种植一些攀缘植物,构成一个拱形的绿色长廊
方形廊道栽培	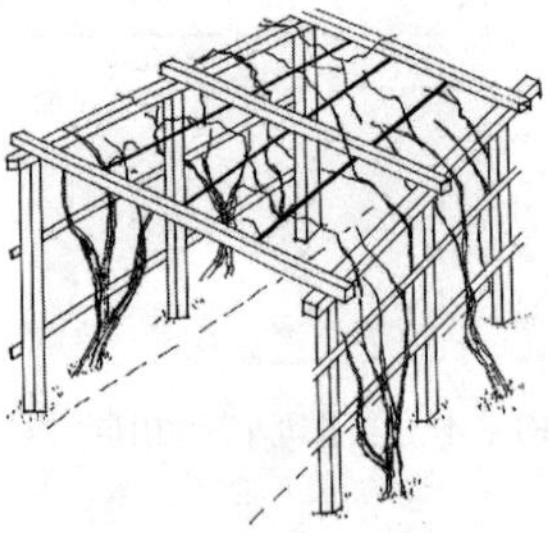	这种结构基本与以上的拱形廊道相同。只是上面不是拱形面而是平直的,材料可用水泥桩或者方形木条
单臂廊道栽培	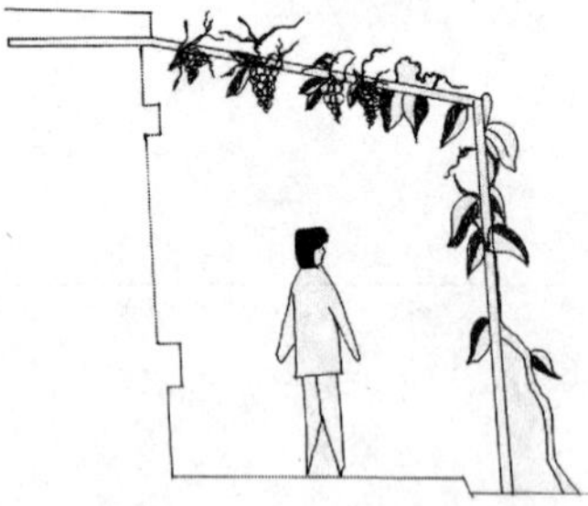	在庭院房屋前面的人行道上搭建T形支架,支架距离房屋2m以上,高度2.5m以上。下面栽植一些攀缘植物,形成一个绿色长廊,既可为居室遮阳,又能收获绿色产品
敞篷式栽培架		在庭院中,搭建敞篷形支架,把墙脚的攀缘植物引上支架,形成一个"绿色的天幕",既可为夏季庭院遮阳,又能获得收益效果

名称	图示	简要说明
天井栽培架		庭院的房屋之间，交叉地拉上铁丝或塑料绳，使葡萄、丝瓜、栝楼、豆角、葫芦、苦瓜等攀缘植物爬满上面，构成一个美丽的绿色棚面。它既可以为庭院遮阳，供一家人休息，又可以取得不小的收获

3. 阳台、窗台绿化 农村庭院的阳台、窗台都是房屋最明显的设施。因此也是可以进行立体绿化的空间。进行这种立体绿化一方面可以美化居室，同时也可以取得一些收益。

(1) 阳台绿化 阳台利用的具体工艺技术有阳台双侧篱架、阳台三面篱架、阳台软支架栽培、阳台框架多层栽培、阳台香肠式吊挂栽培、阳台盆栽果树等。阳台绿化的具体工艺技术见表13-4。

表13-4 阳台绿化、美化栽培图示说明

（云正明，2002）

名称	图示	简要说明	名称	图示	简要说明
阳台双侧篱架栽培		在阳台的两侧用竹竿、塑料管、木条等搭上支架。下面种植葡萄、树莓等攀缘植物，平房可以种植在阳台外侧的土地上，楼房种植在阳台内侧的栽植槽。将攀缘植物的藤蔓引到支架上，在阳台两侧形成绿色屏障	阳台框架多层栽培		在阳台两侧摆上多层次栽培架，架上利用栽植盆种植一些叶菜类或芽菜类植物。它的特点是通过多层次栽植，扩大栽植面积，管理和采摘十分方便
阳台三面篱架栽培		这种方式基本与双侧篱架相同，区别是在阳台的正面也搭上支架，形成用绿色屏障围绕的生物阳台	阳台香肠式吊挂栽培		把香肠式栽培容器吊挂在阳台的两侧或者三面，采取营养液滴灌的方式栽培一些叶菜类植物
阳台软支架栽培		阳台软支架栽培的方式与以上两种类型基本相同，只是阳台上的支架材料不是用竹竿一类的硬结构，而是用塑料绳、铁丝等软材料拉成软支架	阳台盆栽果树栽培		阳台盆栽果树，就是把盆栽果树直接摆放在阳台周围的墙台上，形成一个小型的盆栽果园。这种方式不但具有很强的装饰效果，而且管理方便

(2) 窗台绿化 在窗台上可以摆放一些盆栽果树或花卉，或者是在窗台的外面吊挂上栽

培槽来栽植一些蔬菜、花卉。这种利用方式不但可以有效地利用窗台空间，同时还能够为居室增加一定的观赏情趣。需要注意的是栽培植物不宜过高，以保证室内充足的光照（图13-11）。

另外还可以利用窗口进行绿化。窗口是指住房窗户的上方、左右以及左右延长到地面的部分。将窗口周围利用绿色攀缘植物装点起来，可以给居民的每一扇窗户周围都布置上一个美丽的绿色装饰。一般窗口利用的具体方式见图13-12、图13-13，是在窗口周围的墙面上固定竹竿做的支架，攀缘植物栽植在窗台前，一直攀爬到支架上。

图13-11　阳台果树盆栽和吊挂栽培示意图

（云正明，2002）

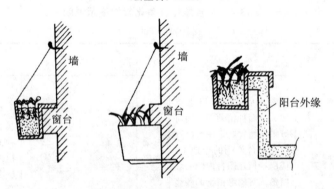

图13-12　窗台栽培设施吊挂方式示意图

（云正明，2002）

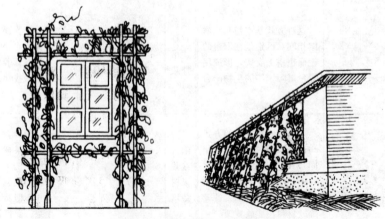

图13-13　窗口利用的其他方式

（云正明，2002）

第十四章 村庄外围绿地规划

一、村庄外围绿化的意义与功能

村庄外围绿化指村庄外围对村庄生态、景观、农业生产具有积极意义和重要影响的山体、水库、河流、公路、荒地等的绿化，以森林、林木和林地为主体，是村镇大环境绿化的重要组成部分，也是建设生态园林化社会主义新农村的重要内容。

（一）村庄外围绿化的意义

我国是世界农业大国，幅员辽阔，不同地区乡村的地理环境、地貌特征、气候条件、土壤类型、自然资源条件以及经济发展水平等差异较大，村庄外围的环境条件和面貌也各不相同。在农村各产业蓬勃兴起和乡镇企业快速发展的同时，也带来了一定的农业资源与环境问题，如工业排放物带来的环境污染，无序、掠夺式采矿对环境造成的破坏，在人地矛盾突出的地区，乡镇企业、工业园区对土地资源的占用和对传统农业景观格局的改变等。另外，由于个别乡镇管理上的欠缺和认识上的偏差也带来了一定的环境问题，如滥砍滥伐、过度放牧导致的植被破坏、生态退化问题，农民盲目随意地在村庄外围盖房问题等。这些问题对乡村的整体生态环境和景观结构带来了一定的破坏和影响，也不利于资源的合理利用和农业的可持续发展。

作为村镇大背景的村庄外围绿化，给村镇以优美的映衬，同时也为村镇提供了良好的生态环境，促进生态系统的良性运行，因此，搞好村庄外围绿化具有十分重要的意义。村庄外围绿化不仅可以创造良好的农村环境，美化绿化农民家园，还可以改善农业生产条件和生态环境，保持水土，促进乡村的生态旅游开发。所以，应当确立村镇绿化大环境的概念，把村庄外围绿化纳入村镇绿化总体规划中，把村镇公共绿地、单位附属绿地、道路绿地和村庄外围绿化作为一个整体进行统筹规划控制，建立村镇内外一体化、系统化的绿化格局。

（二）村庄外围绿化的功能

1. 村庄外围绿化的生态功能　村庄外围绿化的主要功能表现在维持村镇生态环境平衡，保持村庄景观的稳定性，提高环境水平几个方面。

村庄外围以林木为主体构成的绿化环境是村镇复合生态系统的重要组成部分，具有调节气候、涵养水源、保持水土、防风固沙、改良土壤、净化空气、净化水体、减少污染、保持生物多样性等多种功能，对改善村庄的生态环境、维护生态平衡，有着十分重要的生态作用。

2. 村庄外围绿化的生产功能 村庄外围绿化在提高生态效益、改善环境条件的同时，改善了农作物赖以生存的光、热、水、空气等条件，从而提高作物产量，即农业用地的产出，促进农业综合生产力的提高。

村庄外围绿化经济林与生态公益林相结合的造林模式，在改善生态环境的基础上还能发挥林木的经济效益，提供木材、果实、种子，体现林木的产品的价值，果木间还可以进行间作，如套种马铃薯-花生-菠菜或药材等，这样，就可以利用村庄外围绿地直接进行作物生产。另外，在村庄外围立地条件差的山坡地封坡种草，在满足覆盖功能的前提下，还可以作为饲草和绿肥。饲草为牛、羊、鹅、兔等草食性家畜提供饲料，可以促进养殖业的发展；绿肥作为农家肥施用，能够提高土壤肥力并改良土壤结构。

3. 村庄外围绿化的美学功能 作为村镇绿色屏障的村庄外围绿化在美学上具有显著的功能。村庄外围绿化通过对山体、水库、河流、公路、荒地进行绿化，可以让荒漠变为绿洲，荒山变为青山，公路变为绿色廊道，河流两侧成为绿色景观带，使村落和农田菜园环绕于郁郁葱葱的青山绿树中，构成具有勃勃生机的、景观层次丰富多样的乡村绿化大环境。

村镇与外围一体化的绿化环境无疑具有更高的审美价值，村落和农田属于人工及人工经营景观类型，而通过村庄外围绿化营造的林、草地则属于人工自然景观类型，景观特征更接近自然，更具宁静、平和、深远之美。不同地域的乡村外围景观风貌各具特色，但各地村庄外围绿化的景观主体大都为林地，林木群落所具有的优美的林相、季相景观与村庄内部的村落、农田、菜园交相呼应、相互渗透，达到自然美、生态美和艺术美和谐统一，形成了古朴自然、美丽动人的田园风光。

二、村庄外围绿化的构成

村庄外围绿化以森林、林木、林地为主体，根据功能、作用、绿化要求及景观类型的不同，将村庄外围绿化分为以下六个部分：①生态林地；②防护林地；③经济生产林地；④其他特种用途林地；⑤天然及人工草地；⑥荒地、闲置地等未利用土地绿化。

三、村庄外围绿化的原则

1. 系统性原则 村庄外围绿化应体现系统性原则，注重乡村整体绿色空间的建设，完善乡村绿色空间体系，从绿化大环境着眼，统筹安排乡村中的农业绿地、林业绿地、环保绿地、水源绿地、游憩绿地、专用绿地，实现村庄内外一体化的绿化系统。坚持生态保护、农业生产和美学价值并举，综合发挥村庄外围绿化的生态效益、经济效益和社会效益，建设具有宜人景观和良好环境质量的农村人居环境。

2. 生态性原则 村庄外围绿化应当以生态保护为基本出发点，建设高效人工生态系统，充分发挥村庄外围绿化的生态效益，使封山育林、人工造林和林地的天然更新相结合，营造混交林，增加生物多样性。通过对村庄外围大环境进行绿化、保护，增加植被斑块和绿色廊道，加强地方生态培育，补偿和恢复景观的生态功能，使村庄的绿色景观系统与生态系统和谐共生，并为地区的整体生态系统服务。

3. 特色原则 村庄外围绿化应当充分考虑乡村特点，根据村庄所处的地貌特征、气候类型、土壤情况、水文及灌溉条件、植被类型等条件，确定村庄外围绿化的类型、布局和结构，适地适树，以优良乡土树种为主，合理利用外来树种，做到多林种、多树种、多层次相结合，因地制宜地进行环境绿化，突出地域特征，构建特色鲜明的乡村绿化景观。

4. 可持续发展原则 村庄外围绿化应当从乡村的发展需求出发，科学地制定规划目标和建设时序，改变粗放式经营发展模式，实行土地集约经营。利用间作、套作、混交和对荒地、闲置地进行改良整理等方式，提高乡村土地利用率，控制村落盲目扩张。通过有针对性地对良种壮苗和树种结构进行调整，优化林地结构。坚持大力造林、采育结合、永续利用的方针，促进乡村经济、环境、社会持续协调发展。

四、村庄外围绿化的主要内容与要求

(一) 生态林地

生态林地是指起生态保护作用的自然保存林、半自然的混合林、灌木林和人工抚育林，以满足乡村生态、社会需求和可持续发展为主体功能。生态林地是乡村绿色空间的基础，应当发挥在维持生态平衡、保护生物多样性、优化生态环境方面的主导作用。规划的生态林地要严格控制侵占、采伐、采石、取土、开垦、狩猎、焚烧等毁林破坏行为，在生态林地范围内，按照建设规划需要进行林副产品及森林旅游、休闲等开发利用的，应当报林业行政主管部门批准，以保证生态林业的用地，从而达到防风固沙、保持水土、降低风速、改善环境、提高生态效益的目的。

1. 生态保护林地 生态保护林地特指天然保存的森林、林木、林地，生态敏感区域的半自然及人工的水土保持林、防风固沙林，宜林荒山绿化林等，应当按照因害设防、因地制宜、合理布局的原则，形成保障乡村生态系统安全的生态保护林地网络体系。生态保护林地绿化造林要求如下：

(1) 天然生态林 天然生态林就是天然更新的、具有显著生态效益的林地，在形成方式上不同于人工繁育而成的人工林。天然林又分为原始林、次生林、残次林几种类型。村庄外围的天然生态林具有涵养水源、防风固沙、保持水土、减少污染、调节气候、净化空气以及保持生物多样性等多种功能，在优化生态环境方面有着人工林不可替代的作用，生态效益和社会效益显著（图14-1）。

村庄外围天然生态林的绿化要求应当结合乡镇土地利用规划、水土保持规划和村镇建设规划等相关规划统一安排，重点立足于保护和恢复，对于生态林地进行大面积封禁管护，按照生态区位、功能等级、项目类型实行分类管护，对于纯林、郁闭度低的疏林以及受病虫害破坏严重的林地在保留原生植被的基础上进行人工抚育和林分改造。增加植被类型，丰富林相。

(2) 水土保持林 村庄外围的水土保持林是为防止、减少水土流失而人工营建的林地。水土保持林的作用表现在以下几个方面：保护地表，减少地表径流和泥沙流失；改良土壤，提高地力；改善小气候，降低风速，减少土壤水分蒸发，从而改善农作物的生长条件；增加经济效益，带动山区商品生产。

水土保持林的绿化造林要求应当根据它的作用和特性来确定，如为增强其保护地表、减少地表径流和泥沙流失的能力，应当采用上、中、下复层林地结构的模式紧密种植，使林地

图 14-1　纯天然生态林

的上层具有密集的林冠以截留降雨，下层植被和枯枝落叶减小径流速度，达到保护地表和改良土壤的作用。水土保持林应选择根系发达、固土能力强、有利于防止地表径流的树种，乔木有红松、樟子松、落叶松、赤松、杨树、白桦、水曲柳、胡桃楸、黄菠萝、柳树、柞树、枫桦、榆树、椴树等；灌木有锦鸡儿、沙棘、杏、紫穗槐等。另外，还可以选择具有水土保持、经济双重效益的树种、草种，如杜仲、核桃、桑、银杏、茶、紫花苜蓿等，增加经济效益（图14-2）。

村庄外围的水土保持林建设还应当考虑绿化的景观效果，发挥林地的美学功能，如确定主调树种，采用自然式混交的方式层间混交搭配，适当改变林冠线，以避免景观的呆板单调，从而形成层次对比鲜明、形式自然活泼、林相赏心悦目的景观风貌。为提高观赏效果，还可以进行林缘美化，同时也可以增强林地的抵抗力。在林缘选择生长力强，花、果、枝、叶具有较高观赏价值的小乔木或灌木进行恰当配置，使林地具有层次美、色彩美和季相美。

（3）防风固沙林　我国有些地区风沙活跃、土地沙化严重，为有效遏制土地沙化的扩展，免受风沙侵袭，改善区域生态环境，大力兴建防风固沙林具有十分重要的意义，在风沙严重的地区，村庄外围往往建有防风固沙林。防风固沙林的根本目的是降低风速，防止或减缓风蚀，固定沙地，保护耕地、果园、经济作物、牧场。在独立工矿区四周，为有效减少风沙扬尘污染，改善矿区周围大气环境质量，通常也建有防风固沙林。

防风固沙林建设以功能要求为主，应注意林地的种植结构，营造乔、灌、草相结合的防风固沙林带，充分利用林下地被的草地提高植被覆盖率，最大限度地覆盖住裸露山坡地表，

图 14-2 水土保持林

提高防护效果。另外,一些林木老化、病虫危害或人畜破坏的林带整体防护功能会大大减退,因此,要注意防风固沙林的抚育更新(图 14-3)。

图 14-3 防风固沙林

(4) 荒山绿化林 在我国广大农村,宜林荒山占有相当大的面积,一般来说,山体大都位于村庄的可视范围内,与村庄相互依存,与村庄的关系更为密切。因此,搞好村庄外围宜林荒山的绿化是一项非常重要的工作。荒山绿化是乡村绿化系统中重要的组成部分,从生态意义上看,搞好荒山绿化可以维持区域生态平衡,丰富生物多样性,改善村庄的环境质量;从景观意义上看,荒山绿化林作为村庄的绿色背景和屏障,使村庄的景观特征更为显著,具有明显的美化作用；从经济意义上看，荒山绿化在提升环境品质的同时可以促进旅游开发，同时根据荒山的土质、水源情况，可以适当栽植林果，如沙拐枣、大果沙棘、红枣等，为农民创收；从休闲娱乐的角度看，景观条件好的荒山绿化林中还可以铺设登山小径，并在适当位置布置亭等景观小品，成为村民及城镇居民休闲游玩的场所（图14-4）。

图14-4 荒山绿化林

荒山绿化要求包括以下几点：

①荒山绿化首先要使山体尽快绿化起来，选用适于当地荒山生长的耐寒抗旱耐贫瘠树种进行植树造林。在土质贫瘠的干旱地区，以营造灌木林为主，充分发挥灌木容易成活、快速郁闭的优势；在其他地区提倡乔、灌、草结合的绿化方式，尽快增加覆盖度。

②注意经济效益、社会效益和生态效益并举，在自然条件许可的地区，可以栽植经济林，把治山和治穷结合起来，实现效益最大化。

③提高荒山绿化的品位和观赏价值，灌木层栽植具有优美叶色的灌木，如文冠果、紫穗槐、火炬树等，丰富荒山绿化的色彩和季相景观。

④利用先进技术和工程措施保证绿化效果，如挖鱼鳞坑、采用滴灌技术等。

⑤实行封山育林，保护造林成果，加快自然恢复。

2. 特殊保护林地　　特殊保护林地指具有特殊保护作用的林地，包括文物古迹保护区、旅游区、风景名胜区和革命纪念地等保护范围内的保护林地，其目的是保护这些区域内的自然风貌及自然、历史文化遗产。村庄外围的特殊保护林地对于村庄的大环境来说，具有较高的生态意义和景观价值。

古迹保护区、旅游区、风景名胜区和革命纪念地等级和价值的不同，外围都会划有宽度不等的保护范围和建设控制地带，特殊保护林地应根据保护对象的性质、要求以及国家相应的保护法规和管理条例进行绿化造林，严格遵守各级保护范围的保护规定，在保护控制地带内，进行植树造林，退耕还林，禁止毁林和开挖山体，保护范围内坚持适度开发，严格控制建设活动。特殊保护林地除了保护这些区域的自然人文资源，还具有生态作用和美化环境的作用，因此，应注意林地的结构和林相、季相、色彩等外貌特征。

（二）防护林地

1. 水源涵养林地　　村庄外围大中型水库、湖泊保护范围的水源涵养林地，以涵养和保护水源地为基本功能，保证饮用水源的水质为基本要求，在饮用水源地周围，一般划定不同级别的保护区范围，保护范围内全部进行造林绿化，搞好水源涵养林地的绿化建设具有重大的意义。水源涵养林地绿化应当按照水源保护区划定的范围和保护要求，有计划地分级进行植树造林和林地的抚育管理。

水源防护林的结构宜以生态防护林为主、经济林为辅，林种应选择有利于涵养水源、保护地表植被、根系发达、固土能力强、有一定耐水湿能力的树种。主要乔木树种包括红松、樟子松、落叶松、冷杉、云杉、水曲柳、紫椴、榆树、杨树、白桦、胡桃楸、黄菠萝、柞树等，主要灌木树种包括紫穗槐、灌木柳、丁香、锦鸡儿、胡枝子等（图14-5）。

图 14-5 水源涵养林

2. 其他水域保护林地 其他水域保护林地包括村庄外围湿地、滩涂、池塘等水域的保护林地（图14-6）。《湿地公约》对湿地的定义是：指天然或人工、长久或暂时性的沼泽地、泥炭地或水域地带，静止或流动的淡水、半咸水、咸水体，包括低潮时水深不超过6m的水域。湿地既是陆地上的天然蓄水库，也是生物多样性和物种资源的集中聚集地，在抵御洪水、调节径流、降解污染、调节气候、美化环境等方面起到重要作用，同时，湿地丰富秀丽的自然风光还具有旅游休闲、教育和科研价值，湿地和滩涂、池塘等水域对改善乡村的生态环境起着重要的作用。

在划定的湿地保护范围内及滩涂、池塘等水域周围应建设生态保护林地，加强湿地的连片保护。林地以乔木为主，采用混交方式，建立起水域保护林地。

3. 护岸林地 村庄外围沿海、江、河两岸及沟渠两侧的护岸林地，绿化要求如下：

（1）沿海、沿江防护林地 沿海、沿江两侧是生态区位特别重要的区域，也是生态环境特别脆弱的区域，其中，海岸线是人类最重要的资源之一，具有极高的生态价值、景观价值和旅游价值，因此，应当划定江、海的保护范围，加大保护力度，建设生态公益防护林。沿海、沿江两侧的防护林带应和打造江、海风光带结合起来。

（2）河流、沟渠防护绿地 河流、沟渠防护绿地在村庄外围中较为常见，河渠绿化以保护河道生态环境，护堤护岸、保土固沙、净化水质、绿化美化河岸为主要目标。以河床为中心，在不影响行洪的情况下，两侧依次营造护滩林、护岸林，如有堤坝，要营造护堤林。

河流、沟渠防护绿地应结合护坡绿化，形成质朴、整齐的生态景观，在满足防护功能的前提下，应注重滨河景观的营造，保证河岸开敞景观的连续性，综合发挥景观和防护功能。植物应以乡土速生、抗性强、耐水湿的高大乔木为主（图14-7）。在河渠绿化中，可结合绿

图 14-6 其他水域保护林地

化营造景点，供人们游憩、接近水面、观景。在河岸边种植花灌木，水边种香蒲、芦苇等水生植物以供观赏。岸边建设护栏、台阶、座椅、园林小品等，规划建成带状滨河绿地。从而形成具有游憩功能的河流景观廊道，发挥河流、沟渠防护绿地的综合效益。

图 14-7 河流、沟渠防护绿地

4. 道路和高压走廊防护林地 带状分布的道路和高压走廊防护林地是村庄外围的绿色通道，集护路、防风沙、降噪、安全、遮阴、观景等功能于一体，使村庄内的田园生活景观和生产景观与外围山水、林地等自然景观相互渗透、相互联系、相互融合，构成乡村完整的绿地系统。

(1) 道路防护绿地

①道路防护林地应当确定合理的防护绿地断面形式，在高速公路两侧，布置50～200m宽的防护林带，在国道及省级公路两侧，应布置10～30m宽的防护林带，同时，还应根据道路两侧的用地情况，林带宜宽则宽，宜窄则窄。

②防护林地应采用针阔混交、乔灌搭配的方式，植物应以速生、抗性强、树冠整齐的乡土乔木为主要树种，形成道路防护林带，在林带靠近道路一侧采用乔、灌、花、篱相结合的配置方式，美化道路景观。

③公路干道防护绿地应与相邻的生态林地、农田林网、河流防护林以及果园等结合布置，做到一林多用。

④林带结构可选择通透式、半通透式和密闭式的植物群落结构。例如，在自然景观较好的公路沿线可选择通透式植物群落结构，在村落附近应选用密闭式植物群落结构，以增强隔音防噪效果。

(2) 铁路防护绿地 沿铁路两侧应布置100～200m宽的铁路防护林，林带离开铁路外轨10m以上，植物选用乡土树种。

(3) 高压走廊防护绿地 220kV线路下高压走廊绿地的宽度应为30～40m，110kV线路下高压走廊绿地的宽度应为20m，绿地应采用乔、灌、草复层结构。电力线路与乔木（成年高度）之间最小垂直距离：220kV不小于3.5m，110kV不小于3m。树木管护单位必须保证树木生长高度与架空线之间的安全净距。

5. 防护林网 位于村庄外围、沿田间道路、乡村道路、排灌渠道等建设的农田、果园、菜地、草牧场的防护林地、林网以一定的树种组成，按一定的结构（如400m×500m，500m×500m）成带状或网状配置，以抵御自然灾害，改善农田小气候环境，给农作物的生长和发育创造有利条件，保障作物高产稳产。农田防护林具有重要的生态效益和社会效益。

在当前的农田防护林体系建设中，大部分采用纯林的形式。大面积的纯林可以迅速提高一个地区的林木覆盖率和林木覆盖总量，但也存在一些问题：树种结构单一，增加了林木病虫害防治难度。

采用乔灌结合、落叶树种与常绿树种相搭配的农田防护林，可以形成疏透或紧密的防护结构，如河南省临颍县大郭乡的农田防护林就采用一路3行、一路4行的标准规划。在树种选择上，根据适地适树的原则优先选择有特色、防护性能好、生长快且稳定、经济价值高的绿化树种。路肩绿化选用速生楸树、白蜡、千头椿、重阳木等乔木为主，路边沟配以广玉兰、大叶女贞、紫薇等小乔木和花灌木；夏季容易积水的农沟选用银芽柳、馒头柳作为绿化树种。这种立体配置模式，形成了不同树种的林冠在林带的上、中、下部位错落配置，增加了林带的密度，防护效果更优；另外用材林与城市园林绿化树种相结合的农田防护林配置模式，在更新利用方式上，可以采用渐进式更新或有选择的利用，与纯林皆伐式更新相比，不存在防护效能的周期性下降，从而保证农田防护林整体效能的发挥；用城市绿化苗木建植农田林网可以培育大规格苗木；农田内一路一景、特色不同的绿化林带，形成了春有花、夏有荫、四季常绿的景观效果。

（三）经济生产林地

经济生产林地是指木本干果、木本水果、木本油料、木本药材及特用经济林树种的生产基地（图14-8），主要执行果品生产功能，兼顾环境保护、美化功能。经济林是近年来发展较快的树种，在乡村林地中占有较大比例，是构成村庄外围绿化的重要组成部分。经济生产林地绿化要求如下：

①经济林种应选择那些产量高、结果早、品质好、抗病虫能力强、市场前景广阔的种类，注重规模化、产业化，注重新技术的应用。

②单纯经济林木保持水土的能力弱，生态效益低，应当采取生态种植方式，推广生态价值和经济价值兼备的生态经济兼作，如林草间作、林药间作、乔灌混交等种植模式，兼顾经济林的生态、经济和社会效益。如北京平谷区的果、草、畜综合种养方式，在桃园树下栽草，草给羊供应饲料，羊给树提供肥料，代替施肥，避免土壤板结，桃园的经济价值也得到提高。还有果树间的马铃薯-花生-菠菜套种方式。

③在实现经济效益最大化的基础上尽量丰富景观，达到生产与环境服务多功能的统一，起到村庄与森林、林地良好的景观过渡的作用。

④注重林果新品种的引入，适当发展高档次水果，避免林果产业结构趋同，农民利益受损。同时，可以提高生物多样性，丰富乡村景观的美学效果。

⑤利用经济生产林地发展农家休闲旅游，让游人在欣赏乡村淳朴的自然景观的同时，品尝新鲜美味，体会亲手采摘的乐趣。

图14-8　经济生产林地

（四）其他特种用途林地

特种用途林特指以保护环境、开展科学实验等特殊用途为主要目的的天然林或人工林，包括国防林、实验林、种子林、风景林、文化纪念林等具有特殊用途的林地。

有些村庄的外围会有一定面积的特种用途林分布，特种用途林由于其功能和用途的特定性，使得林地规模大，林相整齐划一，具有独特的视觉艺术，具有较高的审美价值，同时也具有重要的生态意义。特种用途林的绿化应根据不同林地的性质和功能确定适宜的林木结构模式，有针对性地选择植物品种，在满足特种需要的同时，改善乡村的绿化大环境。

特种用途林带宜选用树干高大、速生成材、抗性强的树种，如杨树、柳树、刺槐、侧柏、泡桐、核桃、柿树、紫穗槐、黄栌等（图14-9）。

图 14-9　其他特种用途林地

（五）天然及人工草地

草地在乡村绿化大环境中具有和林地完全不同的景观特征和美学价值，充满古朴、自然之美和乡村特有的野趣，因此在满足畜牧业经济发展需要的同时，还是一种独特的景观资源。

村庄外围的草地一般为人工栽种的草地，主要功能是畜牧、改良土壤、环境保护、作绿肥和绿化覆盖。对于人工草地，应当结合当地的环境条件，模拟天然植物群落的结构，采用混播形式和节水灌溉技术。一方面，提高草地的产量、品质、青草期和利用年限；另一方面，更有效地发挥草地环境保护和景观功能。为有效利用土地，一些地区的林间草地兼作及粮草种植结构取得了较好的效果，值得大力推广。

（六）荒地、闲置地等未利用土地绿化

乡村中的荒地、闲置地往往荒草丛生、垃圾遍布，不仅造成了土地资源的浪费，也对乡村的环境景观造成了较大的影响，因此，应当对农村集体经济组织所有的未利用土地，包括村庄外围的荒山、荒沟、荒丘、荒滩以及被抛荒的园地、旱地和果园地等进行整理和改良，造林、种草、种粮、种菜、建立苗圃和花卉基地，节约国家土地资源，发挥综合效益。

荒地、闲置地是农村的土地后备资源，对于荒地、闲置地的利用应当以绿化为主，综合开发，通过平地、打井、拉电等措施进行整理和改良，达到复垦和植树造林的要求。根据各地乡村的自然条件及发展需要，荒地、闲置地可以改良为林地、耕地或林、果、粮、草并茂的生态园。

主要参考文献

陈威,2007. 景观新农村:乡村景观规划理论与方法 [M]. 北京:中国电力出版社.
陈言,2010. 新农村景观规划原则与实施策略 [J]. 安徽农业科学,38 (22):12079-12080.
董艳芳,陈敏,单彦名,2006. 新农村规划设计实例 [M]. 北京:中国社会出版社.
方明,董艳芳,2006. 新农村社区规划设计研究 [M]. 北京:中国建筑工业出版社.
付军,蒋林树,2008. 乡村景观规划设计 [M]. 北京:中国农业出版社.
付军,李玉仓,等,2013. 乡村河道生态修复与景观规划 [M]. 北京:中国农业出版社.
耿虹,2002. 中国当代小城镇规划精品集:探索篇 [M]. 北京:中国建筑工业出版社.
谷川真美,2003. 公众艺术:日本+模式 [M]. 上海:上海科学技术出版社.
关传友,2001. 中国传统园林与风水理论 [J]. 皖西学院学报 (2):69-72.
郭竹梅,徐波,李悦,张承明,2012. 北京小城镇绿地系统规划研究 [J]. 中国园林 (10):71-74.
河川治理中心,2004. 滨水自然景观设计理念与实践 [M]. 北京:中国建筑工业出版社.
河南省住房和城乡建设厅,2012. 河南省新型农村社区规划建设标准(导则)[Z].
湖南省住房和城乡建设厅,2012. 湖南省城镇道路绿化建设导则 [Z].
胡宗庆,谢芳,2006. 福建省农村园林化规划与建设初探 [J]. 华东森林经理 (2):54-57.
贾有源,等,2004. 村镇规划 [M]. 北京:中国建筑工业出版社.
建设部住宅产业化促进中心,2006. 居住区景观环境设计导则 [M]. 北京:中国建筑工业出版社.
金兆森,等,2005. 村镇规划 [M]. 南京:东南大学出版社.
亢亮,亢羽,2001. 风水与城市 [M]. 天津:百花文艺出版社.
李继均,2004. 农村庭院绿化及其模式要多样化 [J]. 国土绿化 (10):38.
梁洁,2009. 我国乡村公园及其体系构建研究 [D]. 保定:河北农业大学.
梁伊任,2000. 园林建设工程 [M]. 北京:中国城市出版社.
梁永基,王莲清,2001. 城镇园林绿地设计丛书 [M]. 北京:中国林业出版社.
蓼生,2000. 农家庭院巧利用 [J]. 乡镇论坛 (3):28.
刘滨谊,陈威,2005. 关于中国目前乡村景观规划与建设的思考 [J]. 小城镇建设 (9):45-47.
刘滨谊,周江,2004. 论景观水系整治中的护岸规划设计 [J]. 中国园林 (3):49-52.
刘殿华,等,1999. 村镇建筑设计 [M]. 南京:东南大学出版社.
刘黎明,等,2003. 乡村景观规划 [M]. 北京:中国农业大学出版社.
刘黎明,李振鹏,张虹波,2004. 试论我国乡村景观的特点及乡村景观规划的目标和内容 [J]. 生态环境,13 (3):445-448.
刘沛林,2005. 风水:中国人的环境观 [M]. 上海:上海三联书店.
刘沛林,1998. 古村落:和谐的人聚空间 [M]. 上海:上海三联书店.
刘沛林,董双双,1998. 中国古村落景观的空间意象研究 [J]. 地理研究 (3):31-37.
刘文平,宇振荣,郧文聚,等,2012. 土地整治过程中农田防护林的生态景观设计 [J]. 农业工程学报,28 (18):233-240.
罗彩君,2006. 对目前新农村建设中村庄绿化的几点建议 [OL]. http://www.zjtzzx.gov.cn/www/news/show.asp?id=26

骆中钊,等,2005. 小城镇规划与建筑管理 [M]. 北京:化学工业出版社.
马钦忠,2008. 公共艺术基本理论 [M]. 天津:天津大学出版社.
祁力,等,2008. 无锡新农村庭院绿化模式及结构布局研究 [J]. 江苏林业科技(2):21-24.
秦源泽,邹志荣,管丽娟,陈虹,2010. 区域乡村景观规划体系研究初探 [J]. 西北林学院学报,25(5):207-211.
沈福煦,1997. 现代西方文化史概论 [M]. 上海:同济大学出版社.
石磊,张云路,李佳怿,2015. 城镇化背景下中国乡村绿地系统规划相关基础内容探讨 [J]. 中国园林,31(4):55-57.
苏雪痕,李雷,苏晓黎,2004. 城镇园林植物规划的方法及应用(Ⅰ):植物材料的调查与规划 [J]. 中国园林(6):61-64.
唐学山,等,2008. 园林设计 [M]. 北京:中国林业出版社.
万艳华,2000. 我国古代园林的风水情结 [J]. 古建园林技术(3):41-44.
汪晖,陈燕谷,2005. 文化与公共性 [M]. 上海:生活·读书·新知三联书店.
汪梅,王利焕,2006. 乡村景观的二元性刍议 [J]. 安徽农业科学,34(24):6492-6493.
王俊英,宇振荣,2012. 北京农田景观建设 [M]. 北京:中国农业科学技术出版社.
王璐艳,2014. 乡村绿化研究 [EB/OL]. (5-29). http://co.163.com/forum/content/1794_447924_1.htm
王其亨,2005. 风水理论研究 [M]. 天津:天津大学出版社.
王云才,刘滨谊,2003. 论中国乡村景观及乡村景观规划 [J]. 中国园林,19(1):55-58.
韦河民,等,2006. 调整农田防护林树种结构的新探索 [J]. 河南林业科技(3):34-35.
魏贻铮,2007. 庭院设计典例 [M]. 北京:中国林业出版社.
吴玉洁,胡希军,但新球,2010. 复合系统视角下的乡村景观类型研究 [J]. 中南林业科技大学学报:社会科学版(2):80-82.
吴云霄,邱兵,屈亚潭,2008. 农村庭院绿化模式探讨 [J]. 安徽农业科学,36(30):13146-13148.
武国胜,2007. 农宅绿化与生态和经济效益 [J]. 农业科技与信息(8):61.
肖笃宁,高峻,2001. 农村景观规划与生态建设 [J]. 农村生态环境学报,17(4):48-51.
谢花林,2004. 乡村景观功能评价 [J]. 生态学报,24(9):1988-1993.
薛玉剑,2011. 新型农村社区绿化模式研究——以山东省德州市为例 [J]. 安徽农业科学,39(9):5389-5390,5392.
杨赉丽,2006. 城市园林绿地规划 [M]. 北京:中国林业出版社.
姚允聪,付占芳,李雄,2009. 观光果园建设——理论、实践与鉴赏 [M]. 北京:中国农业出版社.
俞孔坚,2006. 土地伦理学视野中的新农村建设:"新桃源"陷阱与出路 [J]. 科学对社会的影响(3):26-31.
云正明,2002. 农村庭院生态工程 [M]. 北京:化学工业出版社.
翟振元,李小云,王秀清,2006. 中国社会主义新农村建设研究 [M]. 北京:社会科学文献出版社.
张东升,张竞,张卫国,2011. 农村新型社区规划研究——以山东省莱芜市为例 [C]//中国城市规划学会. 规划创新:2010 中国城市规划年会论文集. 重庆:重庆出版社.
张贵鑫,付军,等,2011. 不同功能区域乡村河道岸线植物景观设计研究 [J]. 北京农学院学报(2):61-63.
张晓峰,2003. 乡村园林 [M]. 重庆:重庆出版社.
张岳望,2001. 古村张谷英的风水格局与环境意向 [J]. 中外建筑(1):25-27.
赵德义,张侠,2009. 村庄景观规划 [M]. 北京:中国农业出版社.
浙江省质量技术监督局,2011. 村庄绿化技术规程(DB 33/T 842—2011)[S].

图书在版编目（CIP）数据

乡村景观规划设计/付军主编．—北京：中国农业出版社，2017.10（2024.8重印）
全国高等农林院校"十三五"规划教材　都市型现代农业特色规划系列教材
ISBN 978-7-109-22167-3

Ⅰ.①乡…　Ⅱ.①付…　Ⅲ.①乡村规划－景观规划－景观设计－高等学校－教材　Ⅳ.①TU98

中国版本图书馆 CIP 数据核字（2016）第 231047 号

中国农业出版社出版
（北京市朝阳区麦子店街 18 号楼）
（邮政编码 100125）
责任编辑　戴碧霞　史　敏

中农印务有限公司印刷　新华书店北京发行所发行
2017 年 10 月第 1 版　2024 年 8 月北京第 3 次印刷

开本：787mm×1092mm 1/16　印张：14.5
字数：358 千字
定价：38.00 元

（凡本版图书出现印刷、装订错误，请向出版社发行部调换）